广义电动力学

(第2版)

[俄] A·K·托米林　著
李传军　杨　毅　译

北京航空航天大学出版社

内 容 简 介

本书通过对电动力学中已知的不一致和悖论进行批判性分析，得出了现代电动力学理论具有局限性的结论；提出了基于场论的广义电动力学的物理概念，并建立了考虑到磁场的两个组成部分即涡旋场和势场的理论；讨论了一些自然科学的概念问题以及应用问题，为科学技术的研究开辟了新的方向。专著中对近十年的研究成果进行了修订和补充。

本书面向从事电磁学、电气工程和无线电物理问题研究的科研人员、教师、研究生和工程师。

图书在版编目(CIP)数据

广义电动力学 ：第 2 版 / (俄罗斯) A·K·托米林著 ；李传军，杨毅译. -- 北京 ：北京航空航天大学出版社，2024. 12. -- ISBN 978-7-5124-4560-4

Ⅰ. O442

中国国家版本馆 CIP 数据核字第 2025S429G5 号

本书中文简体字版由 Томилин А. К. 授权北京航空航天大学出版社在全球范围内独家出版发行。

北京市版权局著作权合同登记号 图字：01-2025-1144 号

广义电动力学(第 2 版)

[俄] A·K·托米林 著

李传军 杨 毅 译

策划编辑 董宜斌 责任编辑 刘晓明

*

北京航空航天大学出版社出版发行

北京市海淀区学院路 37 号(邮编 100191) http://www.buaapress.com.cn

发行部电话：(010)82317024 传真：(010)82328026

读者信箱：copyrights@buaacm.com.cn 邮购电话：(010)82316936

北京富资园科技发展有限公司印装 各地书店经销

*

开本：710×1 000 1/16 印张：11.5 字数：245 千字

2025 年 1 月第 1 版 2025 年 1 月第 1 次印刷

ISBN 978-7-5124-4560-4 定价：79.00 元

若本书有倒页、脱页、缺页等印装质量问题，请与本社发行部联系调换。联系电话：(010)82317024

作者序

2009年出版了《广义电动力学》的第1版专著。其电子版本《广义电动力学基础》在互联网上流传开来，并引起了从事电动力学问题研究的物理学家们的兴趣。与国外科学家建立了联系后，他们表达了希望出版英文版专著的意愿。自第1版问世以来，我们获得了新的发展并证实广义理论的研究结果。在各类会议、会面和私人通信中，与同行进行了有益的讨论，获得并分析了大量新信息。因此，产生了准备出版第2版的想法。第2版中包括了近十年的研究成果，纠正了第1版中的不准确和不足之处，在第1版的基础上做了修订和补充。

在教授电动力学理论课程的过程中，我多次注意到现有理论与物理意义之间存在一些矛盾。其中一个问题涉及电磁波传播机制。为什么磁场和电场矢量会同相变化？这意味着能量波的能量在传播中从最大值变为零。在这个过程中，能量转化成了什么？这是否符合将电磁波视为电场和磁场互相转换的过程的观念？我在教科书中寻找明确答案的尝试没有成功。然而，我发现一些教科书的作者也意识到了这个问题，但他们也没有找到解决办法。

另一个让我困惑的问题涉及库仑规范和洛伦兹规范的校准。这两个规范在物理上有什么意义？任何强加的条件都会限制理论。通过引入规范，我们是否限制了电动力学？在提出这个问题后，我开始思考矢量电动力学势的物理意义和性质。通常情况下，通过对任何理论进行概括，我们可以达到更高层次的理解，并发现新的性质，揭示以前未知的现象。但是，引入矢量电动力学势似乎没有带来这样的结果。给人的印象是，通过规范，反而在更高理论水平上关闭了新视野。

我相信，对于那些认真研究电磁理论的人来说，他们都会遇到类似的问题。现代电动力学理论似乎将数学放在了首位，而物理则在某种程度上被约束和依赖于所使用的数学方法，这给人一种人为的印象。

在大多数教科书中，对于“磁场”这个概念的解释往往没有涉及其物理本质。因此，任何深入研究电磁理论的人都会遇到类似的问题：为什么在与带电体相连的参考系中，磁场不存在，而在移动的参考系中存在？最好的情况下可能会得到这样的回答:磁场是相对论效应。然而,事实上,磁场被认为是物质存在的一种形式。那么为什么在某个参考系中这种物质存在,在另一个参考系中却不存在呢?这个问题通常被忽略不讨论;并且,常常将电场和磁场视为两个具有对称性质的等价对象。只有在缺乏磁荷(单极子)的情况下才存在差异,但很多人相信,发现磁荷(单极子)只是时间问题。

在20世纪90年代中期,我有幸了解到来自汤姆斯克的物理学家G·V·尼古拉耶夫的思想。通过他的研究,我开始关注电磁相互作用的问题。事实证明,在考虑一般情况下电流之间的相互作用时,会违背牛顿第三定律。查阅了许多教科书后,我发现只有少数几本提及了这个问题。但即使在那些书中,也没有找到深入的分析,问题只是以泛泛而谈的措辞来掩盖。对于某些作者来说,这个问题似乎并不令人困扰:他们认为牛顿定律在电动力学中不适用……

然而,对于我和我的许多同事来说,G·V·尼古拉耶夫关于存在一个与电流方向相同或相反的力的想法,长时间都是不可接受的。因此,我能理解物理学家们在初次接触这个想法时对它的负面反应:它给习惯了固定观念的人带来了压力,似乎怀疑是不可接受的。直到我重复进行了一些G·V·尼古拉耶夫的实验,并进行了自己的实验后,我头脑中那种坚决的“不可能!”变成了谨慎的“这里有些东西可能存在……”,并产生了深入探究的欲望。

经过多年的研究,电动力学问题的研究成果被收录在第1版专著中。这个出版物似乎是及时的,因为每年在权威科学期刊上发表的文章数量都在显著增加,其中讨论了现代电动力学的问题,并提出了需要在其发展方面进行重大突破的观点。新电动力学的轮廓已经勾勒出来。它并不否定麦克斯韦电动力学,后者仅仅描述了涡旋部分,而新电动力学通过补充描述与实验证实的电磁场的势能相关的现象来完善电动力学。

在准备专著的第1版时,我遇到了一个问题,那就是很难形成一个完整的参考文献列表。这个领域里的重要研究工作非常少。我不得不依赖于在互联网资源上发布的文章。然而,这些文章通常缺乏深入的分析,只提供了一些零散的关键知识。而在第2版中,参考文献列表得到了大幅扩充。其中包括了许多内容丰富、深入的研究,这些研究最近发表在权威科学期刊和专著上。新理论的核心观点已经被纳入一些国内外教材中。这意味着这个新的科学理念正在成功地发展,并在科学界获得认可。

接下来的阶段涉及将研究结果应用到实践中。我们与相关组织合作进行了工作。我们已经取得了一些具有实际意义的初步成果:我们成功地创建并测试了使用纵向(电标量)波的收发设备样品。类似的研究也在国外的科研中心进行着。

我要感谢所有在这项工作中帮助过我的人,首先是与我一起进行实验和发表文章的合作者们。在准备第1版时,我考虑了V. Yu. Kirillov(莫斯科航空航天大学)、E. I. Nefedov(俄罗斯科学院Kotelnikov V. A.无线电工程和电子研究所)和Pavlov A. M.(乌斯季堪察加州立大学)教授的有益建议和评论。第2版补充了与B. Sacco(都灵研究与技术创新中心)、Vikulin V. S.和Misyuchenko I. L.(圣彼得堡)合作进行的研究结果,并考虑了V. N. Fefelov(托木斯克)和其他同事的有益建议。

一部分研究工作是在俄罗斯基金委员会(RFBR)的资助下进行的,项目编号为13-01-90904和14-31-50037。

联系方式:aktomilim@gmail.com aktomilin@tpu.ru

A·K·托米林

译者序

电动力学是一个古老又经典的学科，近100年来，支撑电子信息科技领域的麦克斯韦方程成为了本门学科的圭臬，随着人们对时空的相对性和微观领域认知的增强，电动力学和相对论以及量子力学的结合也逐步进入学术界的视野，俄罗斯托木斯克理工大学的托米林教授就是深入研究该领域的重要学者之一。

托米林教授早在2009年即出版了《广义电动力学》专著的第1版，10多年来托米林带领团队致力于基础理论研究，从麦克斯韦方程之前的原始电场、磁场概念出发，又有了一定的新发现，并在实验中佐证了一些新的结论。在2020年出版了《广义电动力学》专著的第2版。译者在一个偶然的机会得到北京航空航天大学杨东凯教授的推荐，介绍书中在电磁领域的探索和实验研究，并在杨教授的推动下将该书翻译为中文，供国内的同行参考。在翻译过程中，北京航空航天大学的学生李唐、杨新宇、江忆南、丁小康、黄舒涵和王梦园等完成了大量的基础性工作，莫那什大学研究生刘一伊参与了部分校对工作。

对于电磁领域和相对论的结合，欧美的学者在近20年间也有不同程度的研究，并撰文发表相应的成果。然而托米林较为系统全面地阐述了广义电动力学的基础理论和实验研究，书中蕴藏的创新理念也有一定的革命性，期望该书中文版的出版能够在此领域引起更多思考和创新的研究成果。如果能引起国内同行的研究兴趣，加入到此行列，出版本书的目的也算达成。

北京航空航天大学出版社的董宜斌主任慧眼识书，在杨教授的建议下全力支持版权对接和出版策划等事项，对新思想的追求同样是出版界的动力和源泉。

本书试图从电和磁两个独立的维度阐述能量的本质，并在传统横波的概念基础上强化了电磁波的纵向特征，简要给出了天线设计，既有理论层面的深化分析，也有实践层面的演示验证，具有很强的可读性和很大的参考价值。翻译过程中得到了刘忆宁研究员的指导和全文审校,在此表示由衷的感谢。

译者竭尽所能,力争原原本本表达原作者的思想,但限于水平,不一定如偿所愿,请读者见谅。如有不足或错误之处,恳请批评指正。

译　者
2025 年 1 月于北京

“没有比自然更迷人、更值得研究的事物了。
理解这个伟大的机制，
揭示其运行的力量和法则，
这是人类理智的最高目标。”

尼古拉·特斯拉

“……至于电动力学这一科学领域，
人类将会在这里受到极其深刻的震撼和变革。”

格奥尔基·尼古拉耶夫

前　言

现代电动力学理论在19世纪末由麦克斯韦、洛伦兹、哈维赛德和赫兹的研究形成。这些理论为现代无线通信和电信技术的发展奠定了基础。然而，在过去的一百年中，已经积累了大量实验事实、悖论和理论思考，这些都暗示着现代理论的局限性。在这种情况下，我们首先需要回顾电磁学的历史发展，试图找到经典物理学家所熟知但在形成的理论中被忽视的现象和实验事实。因为物理学是关于物质对象相互作用的科学，所以我们认为应该首先关注电磁相互作用的问题。正是这个问题吸引了电磁理论的奠基人：安培、法拉第和麦克斯韦。直接参考这些创始人的原始文献[1-4]可以发现，他们对电磁相互作用有着比19世纪中叶以后所接受的理论更为复杂的理解。那么，现代公认的观点是否过于简化和局限？它们是否存在矛盾？这些问题需要首先进行回答。

在探讨这些问题时，不可避免地会涉及到现代物理学的基本原理。其中，最重要的是“场”和“真空”的概念。在物理学中存在着一种矛盾的情况：一方面，相对论理论使用了“真空”的概念，将其定义为一个空无一物的数学化空间(即时空连续体)；另一方面，在量子电动力学中，真空被赋予了物理特性，也被称为“物理真空”。这种情况是否意味着物理学正步入新的发展阶段，并重新考虑以太的存在？

在19世纪末之前，基于以太观念的物理学理论占主导地位，并能够充分描述自然现象。尼古拉·特斯拉[5]正是基于对以太的理解做出了一些从现代角度看似矛盾的发现。在这方面,埃里克·惠特克尔的经典著作《以太和电的理论史》[6]非常值得一提。该书作者充分意识到,彻底放弃以太会使理论失去物理内涵。因此,他努力保留了所有已知的以太模型,并对它们进行了分析,全面反映了这些模型的优缺点。

在解决这些问题时,需要采用实用主义的方法和科学方法,要求对所有假设持批判态度,并进行实验验证。因此,在本专著中,理论分析与实验描述交替进行。书中提出了对安培的历史实验关于电磁相互作用的解释,并描述了现代作者进行的实验,以验证新的理论推断。通过这些实验结果,一些长期存在的物理悖论得到了解释。

本研究的目标是对现代电动力学进行批判性分析,并构建一个完全考虑到已知现象和实验事实的电磁理论基础。我们将其称为广义电动力学。

在本书的开头,我们研究了磁场与静电相互作用问题,并阐述了新理论的基本思想。随后,我们以新的框架呈现了电动力学过程和电磁波理论。我们着重关注电动力学中能量关系的问题,并探讨了一些应用方面的议题。我们将重点放在研究现象的物理本质上。本书所采用的数学方法仅限于场论和偏微分方程理论,只在少数情况下使用了张量计算。除了经典的著作[1-6]之外,我们还参考了一些现代教材和参考文献[7-14]。我们特别倾向于那些长期以来被广泛使用的教材和参考书籍,因为它们反映了当前占主导地位的科学理念。在叙述过程中,我们引用了涉及相关问题的俄罗斯和其他国外作者的现代出版物。我们不仅关注试图建立替代性理论的努力,还关注那些试图在经典观念框架内解释电动力学悖论的科学家的论据。

目　录

第 1 章　磁静力学 …… 1

1.1　电磁相互作用的相关问题 …… 1
1.2　广义静磁学的理论基础 …… 8
1.3　直线电流的磁场 …… 10
1.4　关于磁场的物理本质 …… 17
1.5　广义电磁相互作用定律 …… 29
1.6　复杂电力系统中的磁场 …… 34
1.7　磁场对物质的影响 …… 41
1.8　实验和自然现象 …… 43

第 2 章　广义电动力学理论 …… 60

2.1　电子理论 …… 60
2.2　无涡电磁感应 …… 62
2.3　系统的广义电动力学微分方程组 …… 70
2.4　电磁场能量的广义能量守恒定律 …… 73
2.5　边界条件 …… 74
2.6　对称性和不变性 …… 77

第 3 章　广义电磁波理论 …… 84

3.1　波动方程 …… 84
3.2　纵向电磁波 …… 89
3.3　量子电动力学中的纵向电磁波 …… 94
3.4　准静态电磁场 …… 96
3.5　电介质中的电磁波 …… 98
3.6　导体中的电磁波 …… 105
3.7　电标量波的实验研究 …… 108
3.8　特斯拉线圈中的电磁过程 …… 113
3.9　纵向电磁波天线设计 …… 124

第 4 章　世界的物质图景…… 131

4.1　概念和假设 …… 131
4.2　基本粒子的力学和电磁特性之间的关系 …… 136
4.3　惯性和重力 …… 140
4.4　“4/3 问题” …… 146
4.5　阿哈诺夫-玻姆效应…… 149
4.6　关于地磁的新假设 …… 154

总　　结…… 159

参考文献…… 161

第1章
磁静力学

1.1 电磁相互作用的相关问题

让我们来讨论一下电流之间的相互作用问题。任何一本基础物理教科书上，都会描述两根平行的无限长导线之间的相互作用。然而，大多数作者并没有讨论非平行电流之间的相互作用问题，因为其违反了牛顿第三定律。在现有的电磁相互作用理论中，有人试图解决这个问题，比如在伊·埃·塔姆马[7]、A·N·马特维耶娃[8]、L·D·朗道和E·M·利夫希茨[9]、E·帕塞拉[10]的教科书中。

通常可以注意到，恒定电流必须是闭合的，并且“违反牛顿第三定律仅与将电流相互作用力表示为它们微元间的相互作用力有关”[7]。确实，在描述两个闭合电流之间的相互作用时没有问题。但是这种方法并不排除将一个带电流的闭合回路作为一个电-机械系统来单独考虑的可能性。这个系统的隔离性问题并不简单，但非常重要。事实上，电流元件之间的相互作用是通过电磁场进行的，但很可惜，我们对它的理解并不充分。严格来说，任何一个电-机械系统都不是隔离的，因为它自身的电磁场与周围的物质世界相互联系。在这一点上，确定如何解释这个场的概念非常重要。我们暂时保持在公认的粒子-波二象性框架内，假设电磁场是由运动带电粒子产生并与之相关联的。我们来考虑两种情况：第一种情况是没有电磁辐射(静止情况)，第二种情况是系统发出辐射。

在静止的情况下，由两根导线构成的系统的总能量(机械能加上电磁能)保持不变。显然，在这样一个孤立的系统中，对于任何两个处于其中的点的相互作用力，牛顿第三定律一定成立。基于这一点，我们完全可以合理地研究两个电流元之间的相互作用力 $J_1 d\boldsymbol{s}_1$ 和 $J_2 d\boldsymbol{s}_2$(它们属于同一个电路)，它们之间的距离为 $\boldsymbol{r}_{12}$(矢量 $\boldsymbol{r}_{12}$ 从微元2指向微元1。假设这些电流元相对彼此的位置是任意的。根据现有的理论，我们来研究这些微元之间的相互作用。第一个微元受到第二个微元的力的作用：

$$\mathrm{d}\boldsymbol{F}_{12}=\frac{\mu_0\mu J_1 J_2}{4\pi}\frac{\mathrm{d}\boldsymbol{s}_1\times(\mathrm{d}\boldsymbol{s}_2\times\boldsymbol{r}_{12})}{r_{12}^3} \tag{1.1}$$

而第二个微元受到第一个微元的力的作用:

$$\mathrm{d}\boldsymbol{F}_{21}=\frac{\mu_0\mu J_1 J_2}{4\pi}\frac{\mathrm{d}\boldsymbol{s}_2\times(\mathrm{d}\boldsymbol{s}_1\times\boldsymbol{r}_{21})}{r_{21}^3} \tag{1.2}$$

其中,$\boldsymbol{r}_{12}=-\boldsymbol{r}_{21}$。

力 $\mathrm{d}\boldsymbol{F}_{12}$ 和 $\mathrm{d}\boldsymbol{F}_{21}$ 是横向的,并且与相应的电流微元垂直。从图1.1可以看出,微元 $J_1\mathrm{d}\boldsymbol{s}_1$ 和 $J_2\mathrm{d}\boldsymbol{s}_2$ 产生的磁力在方向上不是相反的,这违反了牛顿第三定律。

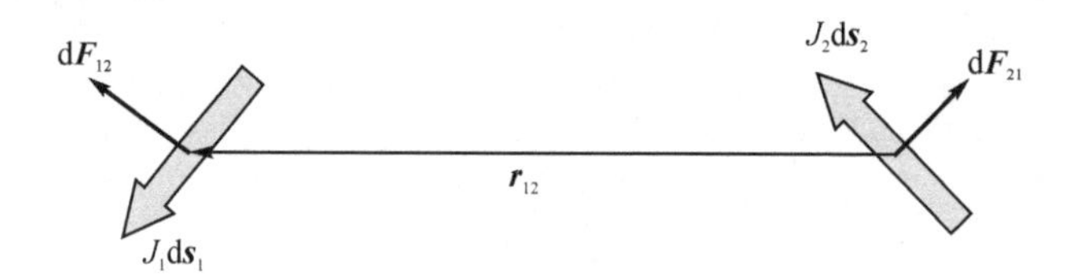

图1.1 非平行电流的相互作用

这种不符合尤其在考虑相互作用的电流段时表现得非常明显,这些电流段相互正交(见图1.2)。在这种情况下,$\mathrm{d}\boldsymbol{F}_{12}\neq\boldsymbol{0}$,而 $\mathrm{d}\boldsymbol{F}_{21}=\boldsymbol{0}$,因为 $\mathrm{d}\boldsymbol{s}_1\times\boldsymbol{r}_{21}=\boldsymbol{0}$,这意味着第二个微元对第一个微元施加相互作用力,而第一个微元对第二个微元则没有施加相互作用力。

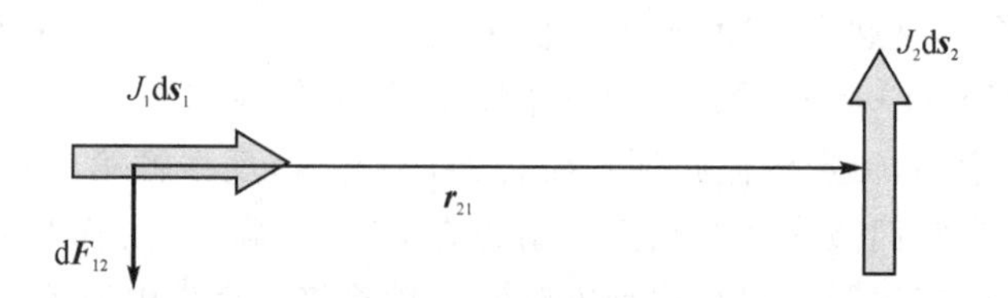

图1.2 正交电流的相互作用

值得注意的是,与大多数现代物理学家不同,安培将电磁相互作用问题视为首要问题。可以毫不夸张地说,他的论文《电动力学》[1]的大部分篇幅都专门讨论了关于移动导体与电流的相互作用问题,具体取决于它们的相对位置。

让我们回顾一下安培的两个实验[1]。第一个实验的实验装置如图1.3所示,摘自安培的《电动力学》。图1.4中的图解说明了这个实验。在图中保留了安培引入的符号表示法。

由于构造可以将点 P 和 P' 尽可能彼此靠近,我们可以将它们视为重合,并且可以暂时将它们划分为两个闭合回路 $RPR'SR$ 和 $PMM'P$。槽 M 和 M' 中充满了汞。在汞表面上浮动着一个弧形导体 AA',它被以一个允许它绕点 G 旋转的方式悬挂。如果这些回路相对于 GS 线对称排列(见图1.4(a)),则导体 AA' 将保持静止。但是,如果将内部回路围绕点 G 旋转,并且破坏了回路位置的对称性(见图1.4(b)),则根据安培的描述:"……弧形导体开始运动,并且由于闭合曲线电流的作用,它在槽

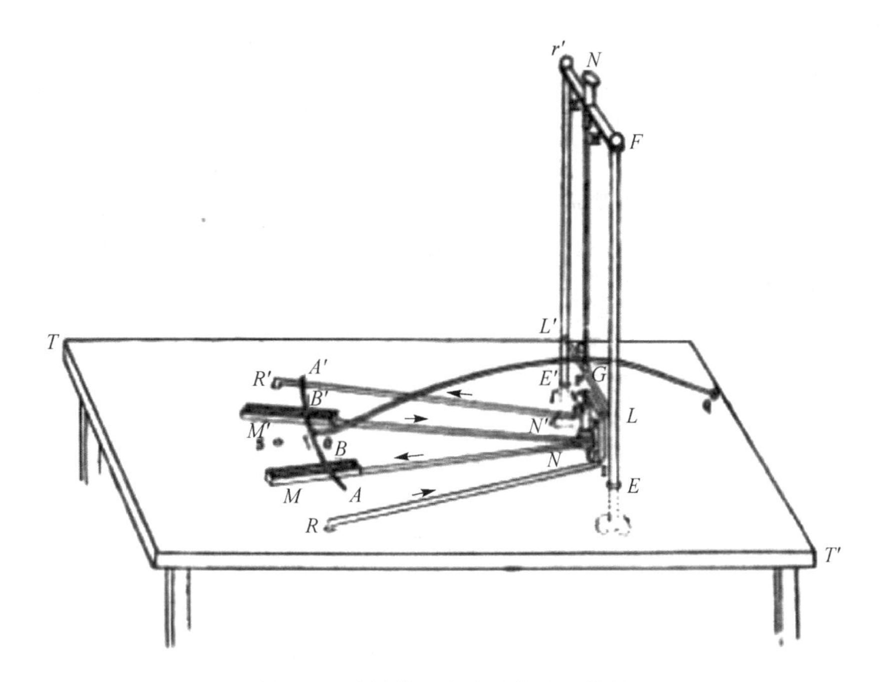

图 1.3　安培第一个实验的实验装置

M、M' 上滑动，电流从 R' 流向 S"。

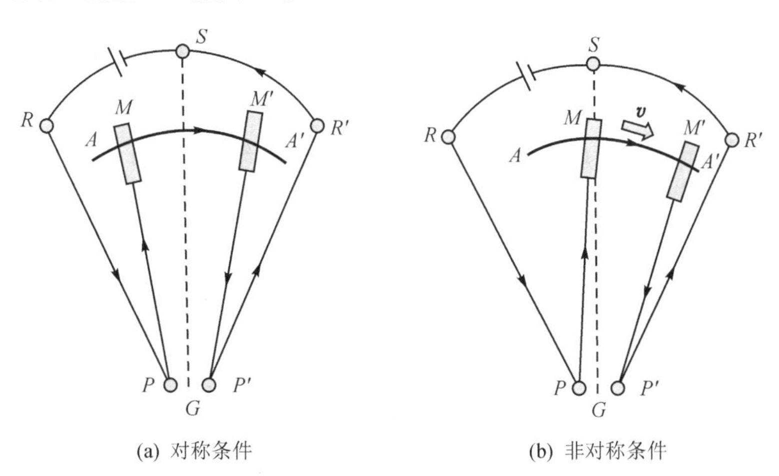

(a) 对称条件　　(b) 非对称条件

图 1.4　安培第一个实验的解释

我们将在后面解释这个实验。现在值得强调的是，在特定条件下，可以观察到导体沿着其内部流动的电流方向而运动。

根据式(1.1)和式(1.2)，位于同一直线上的电流不应相互作用。让我们介绍安培的第二个实验[1]。根据安培的理论，它否定了这个结论。图 1.5 展示了安培第二个实验的实验装置。它由一个用绝缘材料隔开的玻璃容器组成。容器的两个腔室都被汞填充。在容器内(在隔板上)放置了一个铜导体 $ABCDE$,它具有马蹄铁的形状。导体被绝缘包覆,只有裸露的两端 A 和 E 与汞接触。导体在汞表面上自由漂浮,其中 AB 和 ED 两侧平行于隔板。汞腔与电流源的相应极性相连。观察到导体沿隔板线性移动,其移动方向不取决于导体中的电流方向。安培得出结论:"……这意味着在导体中产生的电流与汞中形成的电流相互排斥"[1];也就是说,观察到了位于同一直线上的电流之间的相互作用。我们随后将对这个结论进行进一步的讨论,并从其他角度解释这个实验的结果。

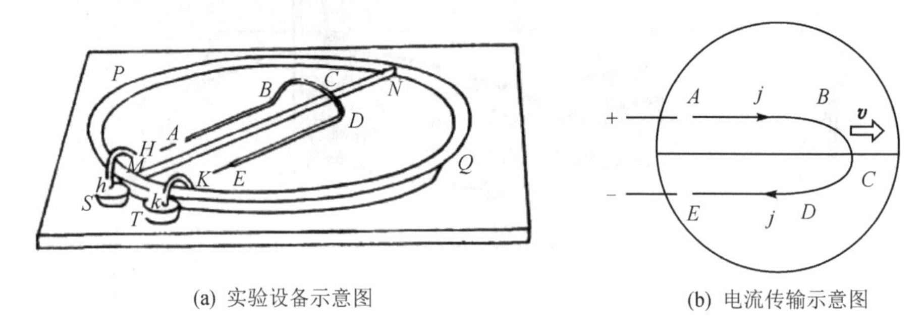

(a) 实验设备示意图　　(b) 电流传输示意图

图 1.5　安培第二个实验的实验装置

为了描述相互排列的任意电流之间的电磁相互作用,安培提出了一个公式(安培定律)[1,3,6-7]:

$$\mathrm{d}\boldsymbol{F}_{21}=\frac{\mu_0\mu J_1 J_2}{4\pi}\left[\frac{3}{r_{21}^5}(\mathrm{d}\boldsymbol{s}_1\cdot\boldsymbol{r}_{21})(\mathrm{d}\boldsymbol{s}_2\cdot\boldsymbol{r}_{21})-\frac{2}{r_{21}^3}(\mathrm{d}\boldsymbol{s}_1\cdot\mathrm{d}\boldsymbol{s}_2)\right]\boldsymbol{r}_{21}\quad(1.3)$$

根据该公式,有以下两个推论:

① 如图 1.2 所示,彼此正交排列的微元电流不应该相互作用;

② 在其他情况下,两个微元之间的磁力沿着同一条作用线(见图 1.6)。

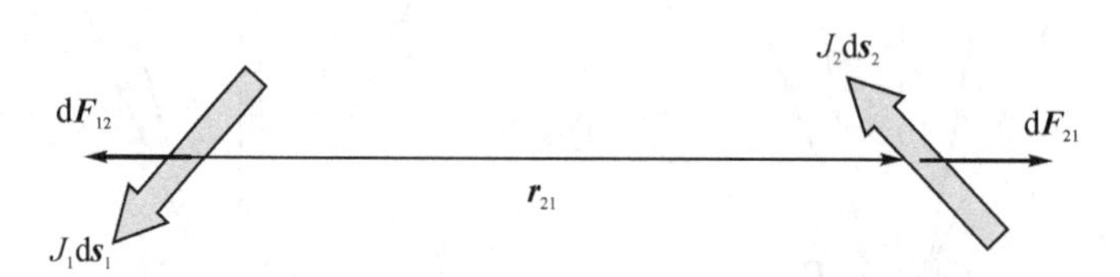

图 1.6　安培定律式(1.3)的解释

这些推论引发了怀疑。第一个推论是因为没有物理依据可以认定在图 1.2 中 $\mathrm{d}\boldsymbol{F}_{12}=\boldsymbol{0}$。第二个推论假设力是保守的(因为力在同一条线上),这在电磁相互作用中并不常见,特别是在静磁场中。因此,在现代电动力学中,安培定律式(1.3)不被使用,并且仅作为历史事实提及。但另一方面,与式(1.1)和式(1.2)不同,这个定律描述了位于同一条线上的电流之间的相互作用。因此,有理由相信每种方法(安培定律和现代方法)都具有缺点,无法同时考虑电磁相互作用的所有特性,包括横向和纵向分量,以及涡旋的完整电磁力的特点。

解决这个问题的常见方法是采用总动量(机械和电磁)的守恒法则[7]。如果过程是非稳态的,那么微元所发射的电磁脉冲(见图 1.7,对应着 $\mathrm{d}\boldsymbol{f}'_1$ 和 $\mathrm{d}\boldsymbol{f}'_2$ 的力)沿着相应的电流方向,而微元本身在此过程中受到"辐射阻尼力"的作用[10],用符号 $\mathrm{d}\boldsymbol{f}_1$ 和 $\mathrm{d}\boldsymbol{f}_2$ 表示。在这种情况下,系统的构成除了带电微元外,还应包括电磁辐射。然而,引入这些力并没有解决所提出的问题,因为很明显,图 1.7 中描绘的 5 个内力的总和不等于零,因为对于其中 4 个力,成对地满足等式:$\mathrm{d}\boldsymbol{f}'_1=\mathrm{d}\boldsymbol{f}_1$,$\mathrm{d}\boldsymbol{f}'_2=\mathrm{d}\boldsymbol{f}_2$,而第 5 个力 $\mathrm{d}\boldsymbol{F}_{12}$ 则无法抵消。

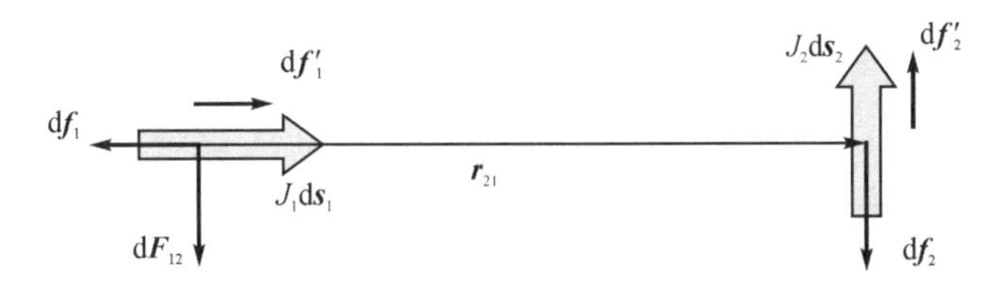

图 1.7　非稳态正交电流的相互作用

如果在电磁场的普遍观念框架内模拟一个非隔离的系统,其中电磁场被视为外部对象,那么力 $\mathrm{d}\boldsymbol{f}_1$ 和 $\mathrm{d}\boldsymbol{f}_2$ 被视为外部力。而三个内力的悖论仍然无法解决。因此,作为第一个推论,现代电动力学无法解决非平行电流相互作用的问题。

通常尝试在两个运动点电荷的相互作用层面上研究这个问题。这引发了许多额外的问题:

- 需要考虑粒子之间的库仑相互作用;
- 所有过程都必须考虑迟滞效应(Liénard - Wiechert 势[10]);
- 因为无法保证粒子的匀速运动(部分因为库仑相互作用),需要考虑位移电流和辐射过程,以及因此而产生的"辐射阻尼力"(洛伦兹摩擦力);
- 此外,无法保证自由粒子的直线运动。

实质上,这种方法引出了一个完全不同的问题,超出了宏观电动力学的范围。正如 A. N. Matveev 所写[8],"在简单形式下,牛顿第三定律的不可实现性是空间和时间的广义相对论特性的结果"。这一结论是不可否认的,因为现代物理学的所有矛盾和悖论都与这些概念有关,更准确地说与我们对它们的理解有关。然而,这将限制我们的研究仅在宏观电动力学的问题上,而一般物理问题只会间接涉及。

在研究非平行电流相互作用悖论时,G. V. Nikolaev 提出了一个非常富有成果的思路[16-19]。其核心思想在于假设存在另一种电磁相互作用分量,它导致作用在电流方向上的力的产生。一些作者建议将其称为尼古拉耶夫力。实质上,G. V. Nikolaev 的假设类似于安培的思想,其反映在定律式(1.3)中,因此合理地使用术语"安培-尼古拉耶夫力"。通过引入这样的力,一些特定情况下可以解决非平行电流相互作用的悖论。例如,在微元电流相互垂直并考虑纵向磁力的情况下(见图 1.8),应满足以下关系:

$$\mathrm{d}\boldsymbol{F}_{12} = -\mathrm{d}\boldsymbol{F}_{21}$$

还有一个重要问题:这些力是否会与一个特定的旋转力矩成对出现呢? 众所周知,力对由作用于一个刚体的两个大小相同、方向相反的力组成。根据这一定义,在两个相互不相关的物体之间的相互作用中,不会形成力对。然而,如果相互作用的是两个机械上相连接的物体,也就是属于同一电动力学系统的物体,则可能错误地得出结论,在图 1.8 所示的情况下,系统会发生旋转。这个问题在第 1.4 节和第 1.5 节中有详细讨论,其中说明了在任何电动力学系统中,内部电磁力(洛伦兹力和尼古拉耶夫力)及其力矩的总和始终为零。

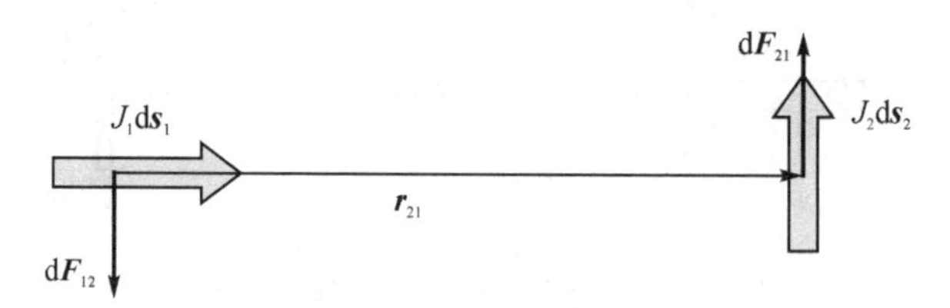

图 1.8　解决正交电流相互作用悖论的方法

在第 1.5 节中,我们将讨论任意排列位置的电流微元之间的相互作用的一般情况,并制定电磁相互作用的普遍定律。

以上描述的安培实验的第一个结果(见图 1.3 和图 1.4)可以很容易地解释为在相互垂直排列的电流之间存在纵向磁力。在对称排列回路的情况下(见图 1.4(a)),通过 AA'弧段的电流在与之相互垂直的 MP 和 $M'P'$段以及 RP 和 $R'P'$段上发生相互作用。在图 1.4(b)所示的情况下,AA'弧段上的电流与 MP 和 $M'P'$的作用仍然相互抵消,而由于回路的非对称排列,RP 和 $R'P'$的电流对移动导线 AA'产生不同的作用,从而引发其运动。

现在我们转向解释安培的第二个实验(见图 1.5),其中观察到电流在相同方向上的导线之间的相互排斥。我们将证明,这个实验的结果可以通过正交电流的相互作用来解释。运行在汞中的电流沿着其体积分布,并使得电流线弯曲。图 1.9 显示了汞中的一个电流线(侧视图)。在点 A 处,汞中的电流和导体中的电流相互垂直,导体会受到沿着电流流向的力的作用。

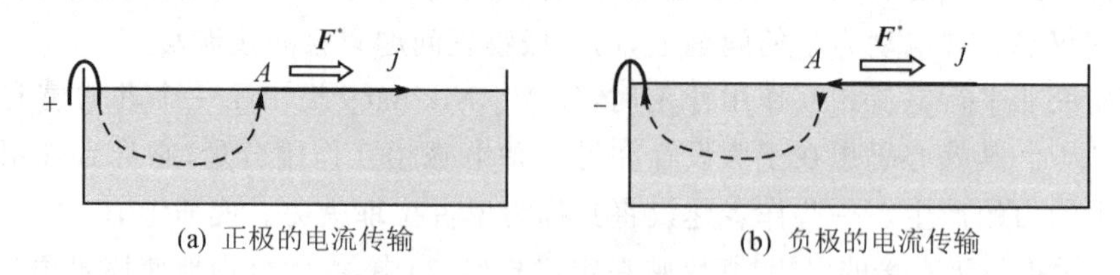

图 1.9　安培第二个实验的解释

如果考虑与电池的负极连接的电流支路,图 1.9 中的电流方向将改变,但是力 $\boldsymbol{F}^*$ 的方向将保持不变。因此,浮动在汞表面上的导体总是从电流源移动。尽管安培显然错误地解释了这个实验的结果，但他关于单向电流相互作用的假设似乎是正确的。我们将在第 1.5 节中考虑这种相互作用的机制和产生的力的方向。

显然，尼古拉耶夫的假设需要严谨的理论证明和全面的实验验证。让我们回顾一下历史事实。安培认为总的情况下磁力有两个分量：一个是垂直于导体中的电流产生的磁力，另一个是沿着电流方向或者相反方向产生的磁力。我们在麦克斯韦的著作[3-4]中看到了安培这个观点的反映。

麦克斯韦将安培关于电流相互作用的研究列为第 2 卷的第 2 章[3]。在这里他引用了一个实验的思想，图 1.3 和图 1.4 中给出了这个实验的思想。然而，麦克斯韦只考虑了实验中对称放置回路的情况，并得出结论："发现任何靠近放置的闭合回路都无法使这个导体运动起来"。基于此，麦克斯韦得出结论："我们在这个研究中使用的唯一实验事实是由安培确定的事实，即闭合回路对另一个回路的任意一部分的作用与后者的方向垂直。"麦克斯韦并没有研究不对称放置回路的情况。

在麦克斯韦的著作中，提到了安培的另一个实验（见图 1.5），观察到沿着一条直线的电流之间的相互作用。然而，由于实验通常涉及闭合电路，故这种情况没有被麦克斯韦详细研究[3]。

然而，麦克斯韦以最一般的形式给出了微元 $\mathrm{d}s'$ 作用在微元 $\mathrm{d}s$ 上的力的表达式。该表达式包含三个力分量：

- 沿着 $\boldsymbol{r}$ 方向，即连接微元中心线的方向；
- 沿着 $\mathrm{d}s$ 方向；
- 沿着 $\mathrm{d}s'$ 方向。

通过对两个微元之间的力的方向进行可能的假设分析，麦克斯韦[3]写道："毫无疑问，安培的假设是最好的，因为这是唯一一个使得微元之间的力不仅相等且相反，而且也沿着相互连接的直线方向作用的假设。"麦克斯韦认为上述列举的最后两个力分量相互抵消为零，磁力沿着连接选定微元中心的线性方向起作用，就像图 1.6 中所示。同时，磁力分为横向和纵向两个分量。关于这种方法的缺点已经在前面提到过。

因此，麦克斯韦是安培定律式(1.3)的支持者，将其视为基本定律。遗憾的是，他未能消除该定律的缺陷，即横向和纵向相互作用的可能性仍然存在。

在 E · 惠特克尔的专著[6]中，可以进一步追溯到电磁相互作用概念发展的历史。特别是引用了 1888 年 O · 海维赛德的观点："不亚于伟大的麦克斯韦的那些科学家们声称，电流元之间的作用力法则是电动力学的主要公式。如果是这样，那么我们难道不会始终使用它吗？我们真的使用它吗？我相信这里一定有一些错误。我绝不想剥夺安培被称为电动力学之父的荣誉，我只是想将这个头衔传给另一个表达作用于导体微元上的力的基本公式——在任何磁场中通过导体上承载电流与磁感应强度的矢量积。这个公式是真实的，它不像两个不闭合微元之间的力公式，它是基础的；并且众所周知，理论家和实践者都在直接或间接地使用它（通过电动势）。"

因此，19 世纪下半叶主导一种排除纵向电磁相互作用的方法；同时，也放弃了考虑电流微元之间相互作用的可能性,只考虑了闭合回路或无限长直线电流之间的相互作用。电磁相互作用的唯一成分——横向磁力被称为安培力。通过分析这种方法带来的问题,开始了我们的研究。

历史上形成的有关电磁相互作用的概念是有限的。它们只能描述无限平行电流或简单的(单回路)电气系统之间的相互作用。利用只有安培力的横向力无法解释复杂多回路电气系统之间的相互作用。

1.2 广义静磁学的理论基础

众所周知,经典静磁学的基础是微分方程:

$$\boldsymbol{H}=\frac{1}{\mu_0}\nabla\times\boldsymbol{A} \tag{1.4}$$

$$\nabla\cdot\boldsymbol{A}=0 \tag{1.5}$$

其中,$\boldsymbol{A}$ 是矢量势,$\boldsymbol{H}$ 是磁场强度,μ_0 是磁常数。

在电动力学教科书中,例如参考文献[7-10],通常指出矢势 $\boldsymbol{A}$ 没有物理意义,作为辅助函数使用,并引入库仑规范条件式(1.5)来消除该函数的歧义性。根据条件式(1.5),在静磁学中,矢量 $\boldsymbol{A}$ 的线必须是闭合的,即该矢量场具有旋涡性质。磁场由矢量 $\boldsymbol{H}$ 确定,也具有纯粹的旋涡特性,这一点可由铁屑图像证实。

值得注意的是,将磁场与铁屑图像等同起来,这种观点在磁学早期阶段浮现,但没有任何理论依据。在所有情况下,仅凭磁力线图像能否描述电磁相互作用呢?这个问题没有得到及时的提出,这是限制现代电动力学理论的原因之一。

为了完全确定磁场,奥地利教授 S. Marinov[16] 提议引入与矢势相关的标量函数 H^*(或 B^*)如下:

$$H^*=-\frac{1}{\mu_0}\nabla\cdot\boldsymbol{A},\quad \text{或者可以写成}\quad B^*=-\nabla\cdot\boldsymbol{A} \tag{1.6}$$

这种方法符合场论的基本公理——亥姆霍兹定理[20]:如果在某个区域的每个点 $\boldsymbol{r}$ 处,矢量场(在这种情况下是矢势场)的散度和旋度为零,则在从零到无穷远的任何地方,矢势场都可以表示为(精确到矢量常数的)旋度场和位势场的总和:

$$\boldsymbol{A}=\boldsymbol{A}_{\mathrm{r}}+\boldsymbol{A}_{\mathrm{g}} \tag{1.7}$$

其中,$\boldsymbol{A}_{\mathrm{r}}=\boldsymbol{A}_{\mathrm{rot}}$——旋度场(涡旋场)分量;

$\boldsymbol{A}_{\mathrm{g}}=\boldsymbol{A}_{\mathrm{grad}}$——位势场(梯度场)分量。

因此,方程(1.6)取消了人为规定条件式(1.5),并且决定构建更完整的理论——广义静磁学。在此情况下,矢量磁场强度 $\boldsymbol{H}$ 仍然由式(1.4)确定。

可以理解的是,通过这种方式引入的矢势 $\boldsymbol{A}$ 具有与经典电动力学不同的性质。首先,根据方程(1.6),矢势 $\boldsymbol{A}$ 的场源和汇,由函数 H^* 所描述。矢势 $\boldsymbol{A}$ 场的源对应于 H^* 的负值,而汇对应于 H^* 的正值。

需要注意的是，在广义静磁学中，与经典方法类似，仍然存在关于矢势 $\boldsymbol{A}$ 唯一确定性的问题。电磁场势的梯度不变性问题将在第 2.6 节中进行讨论。

在 G·V·尼古拉耶夫的专著[16-17]中，提出了以以下方程为基础的广义静磁学理论：

$$\nabla \cdot \boldsymbol{H} = 0 \tag{1.8}$$

$$\nabla \times \boldsymbol{H} + \nabla H^* = \boldsymbol{j} \tag{1.9}$$

根据方程(1.9)，除了常规的矢量(涡旋)磁场外，导电电流还产生标量(势或梯度)磁场。需要注意的是，方程(1.9)对应于亥姆霍兹定理在磁场中的应用，适用于电流的磁场 $\boldsymbol{j}(\boldsymbol{r})$。

根据亥姆霍兹定理，磁场可以用两个函数来描述：矢量场 $\boldsymbol{H}$ 和标量场 H^*。G·V·尼古拉耶夫将新引入的分量称为标量磁场(Scalar Magnetic Field，SMF)，以与常规的矢量(涡旋)磁场区别开来。相应地，函数 H^* 被称为标量磁场的强度。A·A·丹尼索夫[21]使用“striktivnoe”(约束)场代替“scalar”(标量)的术语。

众所周知，在经典磁静力学中使用以下方程：

$$\nabla \times \boldsymbol{H} = \boldsymbol{j} \tag{1.10}$$

它是从总电流定律推导出来的。通常通过一个或多个无穷长的电流示例来演示它的有效性[8]，其中磁场仅由涡旋分量确定。在这种情况下，不考虑闭合电流系统。然而，无穷长的电流是一个抽象的概念，并不满足亥姆霍兹定理的条件，因为它在无限远处不趋于零。在第 1.6 节中，将展示完整电流定律在形式上并不总是适用于具有多个带电轮廓的系统，即它是广义总电流定律的特例。

在这里，需要做出重要的注释：对于矢量(涡旋)场，应区分“极向”和“螺旋波动”这两个术语。直线电流的矢量磁场是极向的，并由环形力线表示，其中磁极未被定义。环电流(或螺线管)产生环形磁场，习惯上将其称为螺旋状的。在螺旋磁场中，可以确定磁极。需要注意的是：亥姆霍兹定理中讨论的是螺旋状磁场。

可以很容易地想象出符合亥姆霍兹定理条件的电流分布：$\nabla \times \boldsymbol{j} \neq \boldsymbol{0}$ 和 $\nabla \cdot \boldsymbol{j} \neq 0$，即给定了非零的旋度和散度场 $\boldsymbol{j}(\boldsymbol{r})$。在这种情况下，我们需要处理的不再是单一的电流，而是形成该场的导电电流系统。其中一部分是闭合电流，另一部分不是，因为存在源和汇。这种方法正是广义电动力学的基础。在这种情况下，无需考虑无限长的电流，即可以满足场在无限远处趋于零的条件：$\boldsymbol{j}(\infty) = \boldsymbol{0}$。但是，在这种问题的一般设置中，无法满足非闭合导电电流的驻定条件。必须考虑非定常过程，考虑位移电流，即超出我们目前讨论的静磁学范畴。因此，更一般地，静磁学中应考虑多个闭合电流。为了描述闭合电流系统的静磁场，必须使用亥姆霍兹定理，而不是在其部分形式即式(1.10)中的总电流定律。

因此，我们可以说，使用库仑规范式(1.5)和抽象的无限长线电流模型或孤立闭合轮廓模型导致了对静磁场的有限理解，因为只考虑到了其一个分量。因此，现代关于电磁相互作用的理解也不是完整的。实际的电气系统产生具有更复杂结构的磁场。

将方程(1.4)和方程(1.6)代入方程(1.9)中,得到

$$\nabla\times(\nabla\times \boldsymbol{A}) - \nabla(\nabla\cdot \boldsymbol{A}) = \mu_0 \boldsymbol{j}$$

由此得到泊松方程:

$$\Delta \boldsymbol{A} = -\mu_0 \boldsymbol{j} \tag{1.11}$$

方程(1.11)是针对真空介质写的。在这种方法中,矢量势与传统静磁学中一样,满足泊松方程,但在推导泊松方程时并不需要应用条件式(1.5)。

泊松方程(1.11)的一般解可以写作:

$$\boldsymbol{A}(x',y',z') = \frac{\mu_0}{4\pi}\int_\tau \frac{\boldsymbol{j}(x,y,z)}{r}\mathrm{d}\tau \tag{1.12}$$

其中,$r=\sqrt{(x'-x)^2+(y'-y)^2+(z'-z)^2}$ 代表确定电流密度 $\boldsymbol{j}$ 所在的体积微元 $\mathrm{d}\tau$ 与确定势 $\boldsymbol{A}$ 的点之间的距离,它由半径矢量 $\boldsymbol{r}$ 的起点坐标 x、y、z 和带撇的终点坐标 $r'=(x',y',z')$ 确定。

作为研究的这一阶段的一个重要结论之一,我们注意到统一磁场的两个分量都是通过矢量电动力学势来确定的。因此,可以将矢量电动力学势 $\boldsymbol{A}$ 作为完整静磁场的主要特性。关于电动力学势的唯一性问题将在 2.6 节中讨论。

我们注意到,除了标量磁场强度 $H^*(x,y,z)$ 之外,还可以使用标量磁感应强度 $B^*(x,y,z)$。它们之间的关系可以用以下方程表示:

$$\Delta B^* = \mu'\mu_0 H^* \tag{1.13}$$

值得注意的是,在这个关系中采用了与矢量 $\boldsymbol{B}$ 和 $\boldsymbol{H}$ 之间的关系相同的相对磁导率 μ'。正如我们所知,矢量磁场对电子电流的磁矩具有定向作用。正是这种电磁作用对物质产生的整体效果在相对磁导率 μ' 中得以体现。我们将在第 1.7 节中进一步讨论磁场对物质的作用机制,并引用已有的实验结果。然后我们将证明方程(1.13)的正确性。这个结论是由磁场的统一性思考推导出来的,它的所有特性都由 4 维矢量($\boldsymbol{H},H^*$)表示。在关于静磁场特性的单位方面,与矢量磁场的相应特性存在完全的类比:H^* 的单位是安培/米,而 B^* 的单位是特斯拉。

1.3 直线电流的磁场

正如已知[8],对式(1.12)应用旋度运算得到了毕奥-萨伐尔-拉普拉斯定律:

$$\boldsymbol{H} = \frac{1}{\mu_0}\nabla\times \boldsymbol{A} = \frac{1}{4\pi}\int_\tau \frac{\boldsymbol{j}\times \boldsymbol{r}}{r^3}\mathrm{d}\tau \tag{1.14}$$

由此得到了由无限长直线电流产生的磁场强度的公认公式:

$$\boldsymbol{H} = \frac{J}{2\pi r_0}\boldsymbol{\tau}^0 \tag{1.15}$$

其中,$\boldsymbol{\tau}^0$ 是绕半径为 r_0 的圆周的单位切向矢量,该圆周包围电流并位于与它垂直的平面上。

对于由有限直线电流段(见图1.10)产生的矢量磁场的强度,根据毕奥-萨伐尔-拉普拉斯定律,得到了已知的公式[8]。

$$\boldsymbol{H}(x',y',z')=\frac{J}{4\pi r_0}(\cos\alpha_1-\cos\alpha_2)\boldsymbol{\tau}^0 \tag{1.16}$$

其中,r_0 表示导线到点 M 的最短距离,角度 α_1 和 α_2 是与 z 轴正方向形成的角度,是由从电流段的两个端点引出的半径矢量 $\boldsymbol{r}_1$ 和 $\boldsymbol{r}_2$ 组成的。

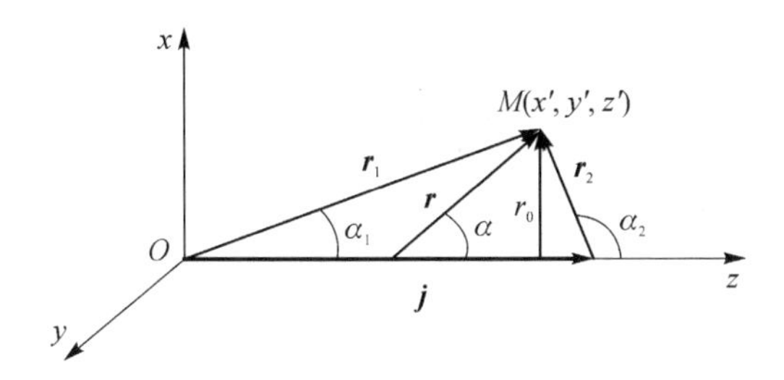

图1.10　直线电流段所创建的磁场的定义

应用散度运算到方程(1.12),可以得到

$$\nabla'\cdot\boldsymbol{A}(x',y',z')=\frac{\mu_0}{4\pi}\int_\tau\nabla'\cdot\frac{\boldsymbol{j}(x,y,z)}{r}\mathrm{d}\tau \tag{1.17}$$

在这里考虑到积分和散度的顺序可以交换,因为它们是基于不同的坐标进行的。我们对被积函数进行转换:

$$\nabla'\cdot\frac{\boldsymbol{j}(x,y,z)}{r}=\frac{1}{r}\nabla'\cdot\boldsymbol{j}(x,y,z)+\boldsymbol{j}\cdot\nabla'\frac{1}{r}=-\frac{\boldsymbol{j}\cdot\boldsymbol{r}}{r^3} \tag{1.18}$$

在这里,$\nabla'\cdot\boldsymbol{j}(x,y,z)=0$,因为在计算散度时,我们是根据点划线坐标进行微分。结果是得到了类似于毕奥-萨伐尔-拉普拉斯定律的形式,通过它可以确定由在区域 τ 中流动的电流所产生的磁场强度。

$$H^*=\frac{1}{4\pi}\int_\tau\frac{\boldsymbol{j}\cdot\boldsymbol{r}}{r^3}\mathrm{d}\tau \tag{1.19}$$

请注意,通过使用泊松方程的解即式(1.12)计算 $\nabla'\cdot\boldsymbol{A}$,我们得到了一个不等于零的表达式。这直接证明了在一般情况下使用库仑规范即式(1.5)是不正确的。在传统理论中,散度运算从未应用于泊松方程的解。这就排除了磁矢势的标量磁场概念,尽管通过式(1.12)定义的矢量势包含了磁场的这个分量。

考虑到这一点,则有

$$\boldsymbol{j}\cdot\boldsymbol{r}=jr\cos\alpha=jz$$

通过给定一个有限长度的电流元,我们可以得到一个类似于式(1.16)的公式来确定由其产生的磁场强度的表达式。

$$H^*(x',y',z')=\frac{J}{4\pi}\int_0^L\frac{z\mathrm{d}z}{r^3}=\frac{J}{4\pi}\frac{r_1-r_2}{r_1r_2}=\frac{J}{4\pi r_0}(\sin\alpha_2-\sin\alpha_1) \tag{1.20}$$

通过上述方法,可以确定磁场的两个分量,同时不影响矢量势本身的属性。让我们直接在式(1.12)中进行积分。首先,计算沿着轴向 z 正向的无限长直导线 J 的矢量势。为了方便起见,可以将坐标平面 Oxy 放置在点 M 定义场的位置上:$M(x',y',0)$,即 $z'=0$(见图 1.11)。由于导线的任意微元 $\mathrm{d}z$ 位于 Oz 轴上,因此 $y'=x'=0$,并且从导体元到点 M 的位置矢量可以用坐标表示为

$$r=\sqrt{x'^2+y'^2+z'^2}$$

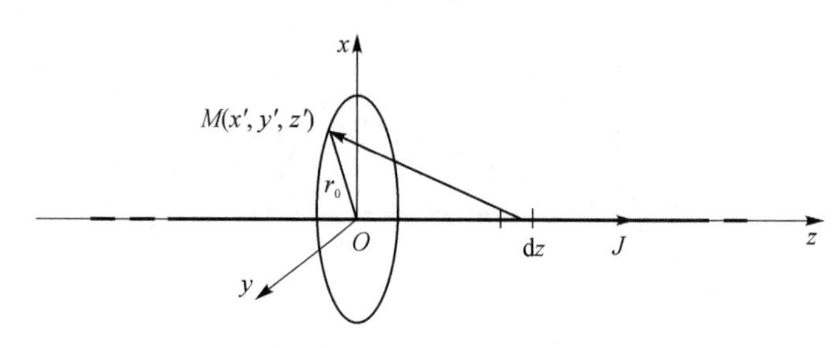

图 1.11　确定无限长直导线的磁场

通过将无限长导线分为两个半无限长部分,并对式(1.12)进行积分,得到以下结果:

$$\mathbf{A}=\frac{\mu_0 J}{2\pi}\int_0^{\infty}\frac{\mathrm{d}z}{\sqrt{x'^2+y'^2+z'^2}}\boldsymbol{z}^0=\frac{\mu_0 J}{2\pi}\ln\left|z+\sqrt{x'^2+y'^2}\right|\Big|_0^{\infty}\boldsymbol{z}^0$$

在这个表达式中,需要确定当 $z\to\infty$ 时 $\mathbf{A}$ 的值,也就是需要对矢量势进行归一化。根据格林函数的法则,作为归一化条件,可以采用以下条件:

$$\mathbf{A}_{\infty}=\mathbf{0} \tag{1.21}$$

那么得到

$$\mathbf{A}(x',y')=-\frac{\mu_0 J}{2\pi}\ln\left|\sqrt{x'^2+y'^2}\right|\boldsymbol{z}^0=-\frac{\mu_0 J}{2\pi}\ln|r_0|\boldsymbol{z}^0 \tag{1.22}$$

可以很容易地证明,根据式(1.22)表达的矢量 $\mathbf{A}$ 的散度为零,也就是在这种特殊情况下满足条件式(1.5)。这意味着无限长电流不产生标量磁场,因此在这种情况下 $H^*=0$。归一化条件式(1.21)确保了矢量 $\mathbf{A}$ 的线条在无限远处的闭合性,而满足条件式(1.22)是使用此归一化的结果。

我们研究函数式(1.22)。对数参数的取值范围从零到无穷大,函数 $\ln|r_0|$ 的符号会改变:当参数值小于 1 时,函数式(1.22)为正;当参数值大于 1 时,函数式(1.22)为负。因此,在导体附近,矢量 $\mathbf{A}$ 的方向与电流方向一致;在离导体较远处,它们的方向相反(见图 1.12)。矢量 $\mathbf{A}$ 的线条在无限远处闭合,这证实了条件式(1.21)的有效性。

根据式(1.4),矢量 $\mathbf{A}$ 的涡旋场产生矢量磁场 $\boldsymbol{B}$。在这种情况下,与经典磁静电学没有任何矛盾。

然而,这种方法的某种人为性在于,矢量 $\mathbf{A}(x',y')$ 的方向变化发生在距离导线

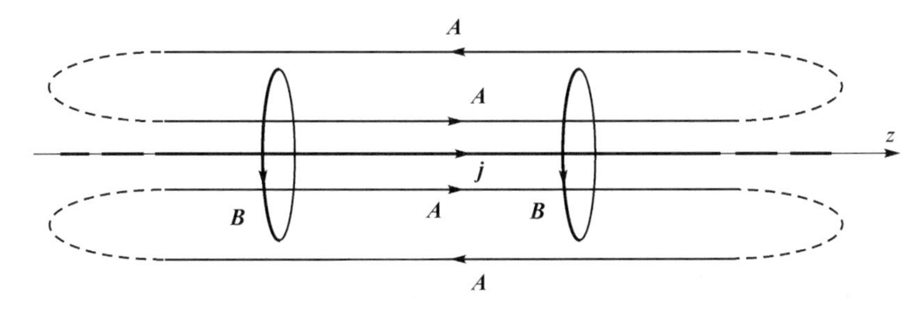

图 1.12　无限长电流的磁场

仅为单位距离的地方，因此取决于单位选择的系统。这种不确定性与使用虚构的模型——无限长直导线相关。与无限长度相比，任何有限长度的线段（无论是 1 m 还是 1 cm）都可以忽略不计。

现在让我们计算由有限长度为 L 的导线中的直流电流 J 在任意点 $M'(x',y',z')$ 产生的磁场的矢量势。如果将坐标系原点与电流段的一端相连，并且将 z 轴指向电流方向（见图 1.10），那么根据式（1.12），可以得到

$$\mathbf{A}(x',y',z')=\frac{\mu_0 J}{4\pi}\ln\left|\frac{L-z'+\sqrt{x'^2+y'^2+(L-z')^2}}{\sqrt{x'^2+y'^2+z'^2}-z'}\right|\boldsymbol{z}^0 \tag{1.23}$$

注意，在这种情况下不需要进行任何归一化。我们用正值表示：

$$r_1=\sqrt{x'^2+y'^2+z'^2},\quad r_2=\sqrt{x'^2+y'^2+(L-z')^2}$$

它们分别表示从电流段的起点和终点引出的矢量在点 $M'(z',y',x')$ 上的模。通过比较分子和分母，在式（1.23）中的对数项下，我们可以轻松验证：

$$\frac{L-z'+\sqrt{x'^2+y'^2+(L-z')^2}}{\sqrt{x'^2+y'^2+z'^2}-z'}>1$$

这是因为在图 1.10 所代表的三角形中，两条边的和总是大于第三条边：

$$L+\sqrt{x'^2+y'^2+(L-z')^2}>\sqrt{x'^2+y'^2+z'^2}$$

或者可以写成 $L+r_2>r_1$。

我们来绘制函数式（1.23）的绝对值图（见图 1.13）。

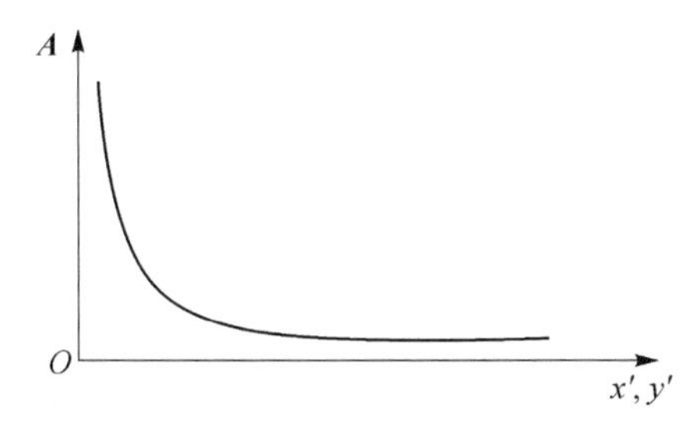

图 1.13　函数式（1.23）的绝对值图

根据方程(1.23),矢量势线只有一个方向。因此,矢量 $\boldsymbol{A}$ 场中必然存在源和汇,从而验证了上述假设。

通过计算函数式(1.23)的散度,得到

$$\nabla\cdot\boldsymbol{A}=\frac{\partial A_z}{\partial z'}=\frac{\mu_0 J}{4\pi}\frac{r_2-r_1}{r_1 r_2}$$

因为对于任意的 r_1 和 r_2 值,散度 $\nabla\cdot\boldsymbol{A}\neq 0$,因此在这种情况下会产生标量磁场,并且其强度可以根据已经得到的式(1.20)来确定。

从所进行的分析中可以得出一个重要结论:矢量势在一般情况下具有涡旋($\boldsymbol{A}_r$)分量和势($\boldsymbol{A}_g$)分量,这符合亥姆霍兹定理的要求。

$$\boldsymbol{A}=\boldsymbol{A}_r+\boldsymbol{A}_g$$

同时,可以将式(1.4)和式(1.6)分别写成以下形式:

$$\boldsymbol{B}=\nabla\times\boldsymbol{A}=\nabla\times\boldsymbol{A}_r,\quad \text{或者}\quad \boldsymbol{H}=\frac{1}{\mu'\mu_0}\nabla\times\boldsymbol{A}_r=\frac{1}{\mu'\mu_0}\nabla\times\boldsymbol{A} \tag{1.24}$$

$$B^*=-\nabla\cdot\boldsymbol{A}=-\nabla\cdot\boldsymbol{A}_g,\quad \text{或者}\quad H^*=-\frac{1}{\mu'\mu_0}\nabla\cdot\boldsymbol{A}_g=-\frac{1}{\mu'\mu_0}\nabla\cdot\boldsymbol{A} \tag{1.25}$$

图 1.14 显示了由有限长度的直线电流段所产生的矢量势 $\boldsymbol{A}_r$ 和 $\boldsymbol{A}_g$、矢量磁场 $\boldsymbol{H}$ 以及标量磁场 H^* 的两个分量。值得注意的是,$\boldsymbol{A}_r$ 的线条形成了一个环状场,而它本身产生了一个极向磁场 $\boldsymbol{H}$。为了产生环状磁场,需要闭合的电流回路,例如,一个环形电流。因此,$\boldsymbol{A}_r$ 的场也是环形的。在研究磁场拓扑时,这些考虑将对我们有所帮助。

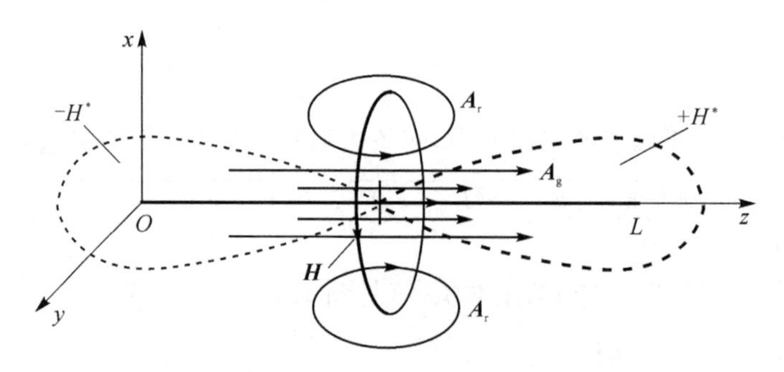

图 1.14 具有有限长度的电流段的磁场分量

让我们研究函数式(1.20)。图 1.15(a)展示了在沿 z 轴上的 $H^*(0,0,z')$ 的依赖关系图。$r_1=|z'|$,$r_2=|L-z'|$。从图中可以看出,函数 $H^*(0,0,z')$ 是交替变号的,并且在电流区间 AB 的两端存在间断。函数 $H^*(0,0,z')$ 的分布与图 1.14 中显示的标量磁场分布相对应。值得注意的是,在导体内部,标量磁场的梯度沿着电流的方向,即 $\nabla H_z^*=\dfrac{\partial H^*}{\partial z}\boldsymbol{z}^0>\boldsymbol{0}$;而在导体外部,标量磁场的梯度方向为负,即 $\nabla H_z^*=$

$\frac{\partial H^*}{\partial z}\boldsymbol{z}^0<\mathbf{0}$。

根据上述研究，可以得出一个普遍规律：如果从直线段的中间沿着电流方向观察，则前方会产生正的标量磁场分布，而后方则是负的标量磁场分布。

通过图 1.15(b)和 1.15(c)可以看到，标量磁场分布在与电流正交且通过电流传导段的平面上。其中还标注了标量磁场分布的梯度方向。

$$\nabla H_{xy}^*=\frac{\partial H^*}{\partial x}\boldsymbol{x}^0+\frac{\partial H^*}{\partial y}\boldsymbol{y}^0$$

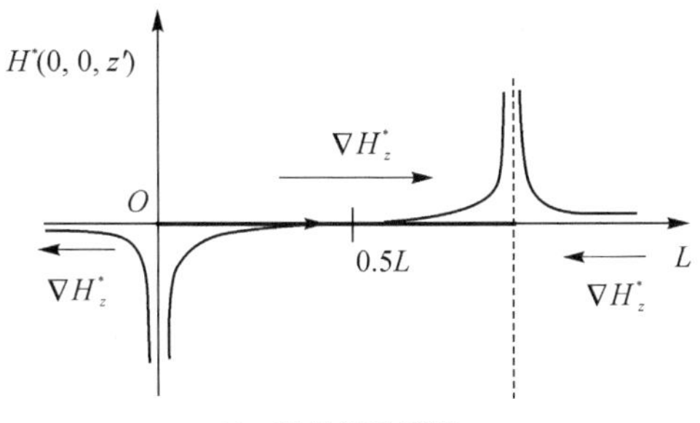

(a) z轴的标量磁场

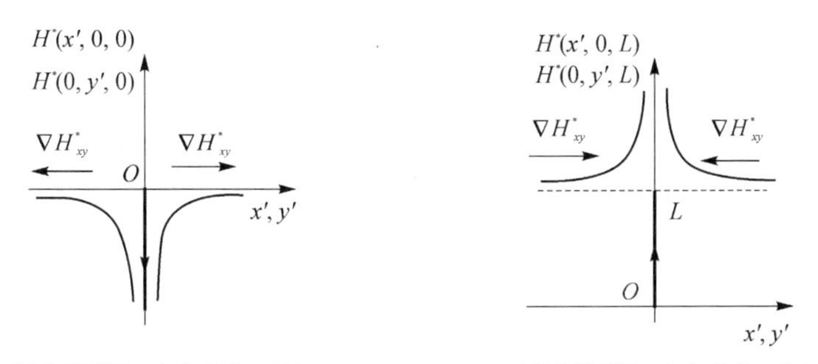

(b) 标量磁场沿xy方向分布(z正向)　　(c) 标量磁场沿xy方向分布(z负向)

图 1.15　由电流段产生的标量磁场强度分布图形

标量磁场的强度随着离开电流传导段的端点距离的增大而快速减小。重要的是要注意，标量磁场本质上始终是非均匀的和分布无限的，并在无限远处趋于零。对于均匀或空间有限的标量磁场分布，只能通过推测来考虑。在某些情况下，我们将使用这样的抽象概念。然而，需要谨慎对待，因为使用这种抽象得出的结论有时是错误的。

从图 1.15(a)中可以看出，在导体的端点，标量磁场的强度取无穷大的值。这样的结果是因为电流被假设为线性的，即没有横向尺寸。实际上的导体总是具有有限的横截面尺寸。例如，假设存在半径为 a 且长度为 L 的圆柱形导体。在其截面上均匀分布电流的情况下，可以将其近似建模为半径为 $2a/3$ 的圆管（见图 1.16）。然后，在满足 $L\gg a$ 的条件下，可以得到在导体末端（端点的中心点）的近似标量磁场强度值。

$$H^*_{\min}(0,0,0)=\frac{J}{8\pi}\ \frac{2a-3L}{aL},\quad H^*_{\max}(0,0,L)=\frac{J}{8\pi}\ \frac{3L-2a}{aL} \tag{1.26}$$

式(1.26)是近似的,因为它是在使用简化模型时得出的。要获得更精确的结果,需要研究导体中电流密度 $j(r)$ 的分布。特别是,对于变动电流,需要考虑到趋肤效应[7]。

假设沿着半径为 a 的圆柱形导体按轴对称规律分布的电流密度为 $j(r)$,如图 1.16 所示。我们选取一个具有圆形截面 $\mathrm{d}S=2\pi r\mathrm{d}r$ 的圆柱形导体的部分。在这个圆柱形导体的部分上,根据式(1.20),电流产生了沿着 z 轴的标量磁场。

$$\mathrm{d}H^*_{\mathrm{c}}(0,0,z')=\frac{j(r)}{4\pi}\left(\frac{1}{r_2}-\frac{1}{r_1}\right)\mathrm{d}S=\frac{j(r)}{2}\left(\frac{1}{r_2}-\frac{1}{r_1}\right)r\mathrm{d}r$$

其中,$r_1=\sqrt{r^2+z'^2}$,$r_2=\sqrt{r^2+(L-z')^2}$。

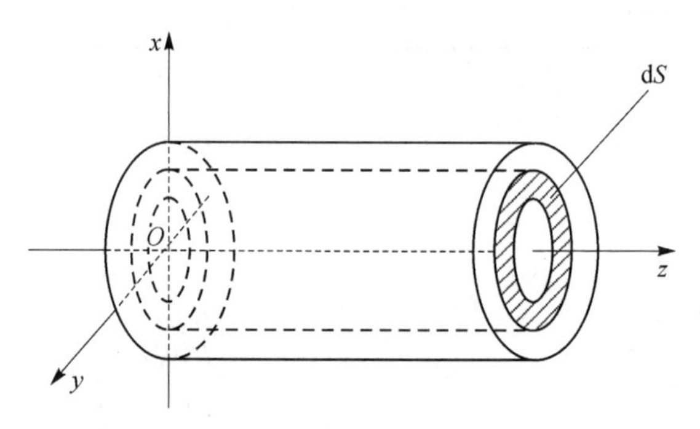

图 1.16 圆柱形导体的标量磁场分布定义

对于一个沿着 z 轴的圆柱形导体产生的标量磁场,沿着 z 轴方向上的标量磁场强度可以通过以下积分得到

$$H^*_{\mathrm{c}}(0,0,z')=\frac{1}{2}\int_0^a j(r)\left(\frac{1}{r_2}-\frac{1}{r_1}\right)r\mathrm{d}r \tag{1.27}$$

在极限情况下,当电流是由一个单独的正电荷粒子的运动产生时,式(1.20)中的 r_1 和 r_2 具有接近但不相等的值,因为粒子具有不同的大小。函数 $H^*(0,0,z')$ 的图形可以用两个分支表示(见图 1.17(a))。因此,移动的正电荷粒子会产生一个正的标量磁场,而在其后面的区域则具有负的磁场。在粒子外部,标量磁场的梯度与粒子的运动速度相反,即为负数;而在粒子内部则为正数。显然,我们可以讨论粒子内部场的结构,但在本研究范围内不涉及这个特定的问题。然而,可以明确地说,任何运动的带电粒子都是一个梯度结构,这一点很重要,以理解它与外部标量磁场的相互作用机制。

因此,当电荷移动时,会产生两个磁场分量,一个是由矢量函数 $\boldsymbol{H}$ 描述的,另一个是由标量函数 H^* 描述的。矢量磁场通过在与电荷运动方向垂直的平面上布置的圆形同心力线来表示。正电荷前方和后方各产生一种不同符号的标量磁场。

图1.17(b)给出了正电荷运动时这两个磁场分量的示意图。当负电荷沿着同样的方向运动时，标量磁场的符号将发生变化。

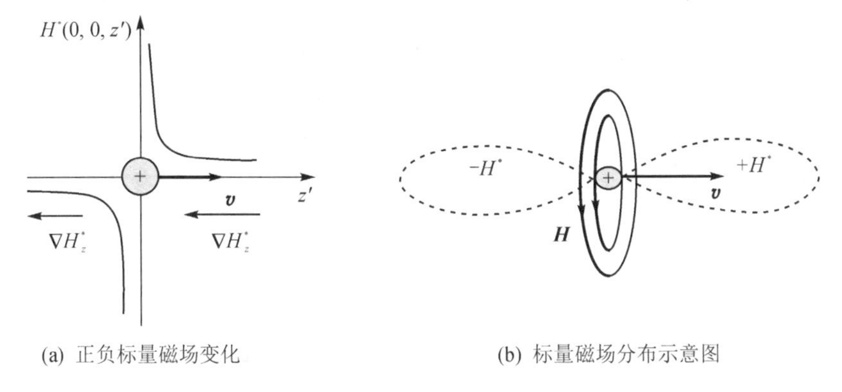

(a) 正负标量磁场变化　　(b) 标量磁场分布示意图

图1.17　移动电荷的标量磁场分布

1.4　关于磁场的物理本质

我们知道，磁场是由运动的电荷产生的。在这种情况下，磁场的强度取决于参考系的选择。在与带电粒子相关的伴随参考系中，不存在磁场，而电场是球对称的，并且完全由标量势 ϕ_0 确定。如果在选定的参考系中带电粒子运动，则会在其周围产生磁场。这个磁场由矢量电动力学势 $\boldsymbol{A}$ 描述。作为运动电荷的电磁场的主要特征，我们可以采用四维矢量$(\boldsymbol{A},\phi/c)$。

在与带电粒子伴随的参考系 K_0 中，磁场可以用矢量电动力学势 $\boldsymbol{A}$ 描述。在该参考系中，电场和磁场之间存在相互作用。此外，磁场强度的大小和方向也取决于观察者的相对运动。这种相对关系是由洛伦兹变换来描述的。

总而言之，磁场的物理本质是由运动电荷产生的，并且磁场和电场之间存在相互作用，它们共同构成了电磁场，可以用矢量电动力学势来描述。不同的参考系下，磁场的强度和方向可能会有所不同。

$$\boldsymbol{E}_0 \neq \boldsymbol{0},\quad \boldsymbol{B}_0 = \boldsymbol{0},\quad B_0^* = 0$$

相应地，对于势能有以下表示：$\varphi_0 \neq 0, \boldsymbol{A}_0 = \boldsymbol{0}$。

在相对于一个假设静止的参考系 K 中，定义四维矢量势能的分量和电磁场的特征。在这个参考系中，假设粒子以速度 $\boldsymbol{v}$ 做直线匀速运动。在参考系 K 中，有以下表示：

$$\boldsymbol{E} \neq \boldsymbol{0},\quad \boldsymbol{B} \neq \boldsymbol{0},\quad B^* \neq 0,\quad 且\ \phi \neq 0,\quad \boldsymbol{A} \neq \boldsymbol{0}$$

让我们引出正电荷粒子在从参考系 K_0 到 K 的坐标变换中的已知势能转换：

$$\phi = \phi_0 - \boldsymbol{v} \cdot \boldsymbol{A},\quad \boldsymbol{A} = \frac{\boldsymbol{v}}{c^2}\phi_0 \tag{1.28}$$

通过结合这些关系,可以得出

$$\phi=\phi_0-\frac{v^2}{c^2}\phi_0 \tag{1.29}$$

式(1.29)中的最后一项,确定了在 K 参考系中相对于 K_0 参考系沿着电荷运动方向的势能变化。基于式(1.28)和式(1.29)的关系,引入了哈维赛德椭球的概念。由于标量势场 ϕ 不具有球对称性,它的梯度(因此电场强度)取决于方向。我们将研究这种依赖关系。对于粒子的直线匀速运动($\boldsymbol{v}=\mathrm{const}$),其在 K 参考系中的磁场具有以下特征:

$$\boldsymbol{B}=\nabla\times\boldsymbol{A}=\frac{1}{c^2}\boldsymbol{v}\times\boldsymbol{E}_0=\frac{\mu_0 q}{4\pi}\frac{\boldsymbol{v}\times\boldsymbol{r}}{r^3} \tag{1.30}$$

$$B^*=-\nabla\cdot\boldsymbol{A}=\frac{1}{c^2}\boldsymbol{v}\cdot\boldsymbol{E}_0=\frac{\mu_0 q}{4\pi}\frac{\boldsymbol{v}\cdot\boldsymbol{r}}{r^3} \tag{1.31}$$

式(1.30)表示了对于单个运动带电粒子的毕奥-萨伐尔-拉普拉斯定律,而式(1.31)表示了当带电粒子在静电磁势系统中运动时的类似定律。式(1.30)和式(1.31)也可以直接由式(1.14)和式(1.19)导出。

因此,在参考系 K 中,存在着球对称电场 $\boldsymbol{E}_0$ 和两个磁场分量 $\boldsymbol{B}$ 和 B^* 的叠加。所有这些分量都可以合并为参考系 K 中的等效电场:

$$\boldsymbol{E}=\boldsymbol{E}_0-\boldsymbol{v}\times\boldsymbol{B}+\boldsymbol{v}B^* \tag{1.32}$$

相同的结果可以通过考虑到式(1.6)的情况计算出式(1.28)的梯度得出。根据式(1.32),在选定的参考系中,带电粒子的电场发生了空间扭曲。它不再具有球对称性。在此产生了两种类型的扭曲。第一类扭曲由项 $-\boldsymbol{v}\times\boldsymbol{B}$ 在式(1.32)中确定。它增强了与速度矢量垂直且与运动粒子重叠的在 Oyz 平面上的径向电场。将式(1.32)在任何与 Ox 轴垂直的轴上进行投影:

$$E_\perp=E_{0\perp}+\frac{1}{4\pi\varepsilon_0}\frac{q}{r^2}\frac{v^2}{c^2}\sin\theta=\frac{1}{4\pi\varepsilon_0}\frac{q}{r^2}\left(1+\frac{v^2}{c^2}\sin\theta\right) \tag{1.33}$$

在这里,θ 是矢量 $\boldsymbol{r}$ 和 $\boldsymbol{v}$ 之间的角度。

在式(1.32)中,电场的第二类扭曲由项 $\boldsymbol{v}B^*$ 表示。它增强了运动粒子前方的电场,因为在这个区域内,静电磁势具有正号,并且减弱了运动粒子后方的电场。这与迟滞效应相关:在电场传播到其确定点的过程中,电荷能够沿着运动方向发生偏移。将式(1.32)投影到 Ox 轴上,得到

$$E_\parallel=E_{0\parallel}+\frac{1}{4\pi\varepsilon_0}\frac{q}{r^2}\frac{v^2}{c^2}\cos\theta=\frac{1}{4\pi\varepsilon_0}\frac{q}{r^2}\left(1+\frac{v^2}{c^2}\cos\theta\right) \tag{1.34}$$

在这两种“扭曲”电场的类型中,最大效应的表现在大小上是完全相同的。为了证明这一点,我们只需要比较式(1.30)和式(1.31)。最大值 $\boldsymbol{B}$ 和 B^* 的模是相同的。但是,这些效应在相互正交的方向上表现出来。请注意,在 $\theta=\pm\frac{\pi}{4}$、$\pm\frac{3\pi}{4}$ 的方向

上，电场强度式(1.33)和式(1.34)的大小是相等的。根据上述观察，可以对比两个坐标系中的电场强度分布：与运动电荷相关的 K_0 坐标系和虚拟静止坐标系 K(见图1.18(a))。图1.18(b)显示了仅考虑场的第一类扭曲时移动电荷的电场力线。可以看到，在垂直于电荷运动方向的 Oyz 平面上，电场力线发生了聚集。换句话说，在这个平面上，电场在所有方向上都增强。

图1.18(b)展示的情况没有考虑电荷在电场传播到我们测量的球上之前的位移。图1.18(c)考虑了电荷的位移。在这种情况下，需要满足两个条件：第一，在 $t>0$ 时，力线从电荷位置径向散开；第二，在 $t=0$ 时，力线的末端与从电荷位置引出的径向线相切。由于这些力线的弯曲，因此电场力线发生了扭曲，这也反映了场的第二类扭曲。

因此，在条件静止的参考系中运动的电荷的电场不具有中心对称性，故总体上它不是势场。在考虑机电系统内的电磁相互作用时，必须牢记这一点。

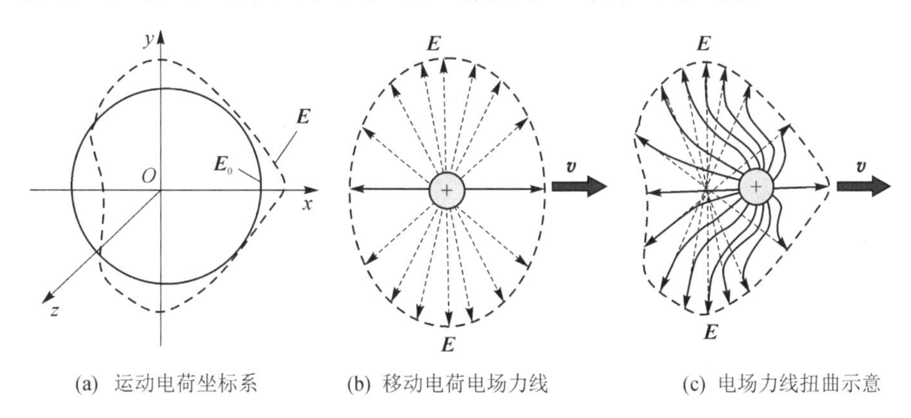

(a) 运动电荷坐标系　　(b) 移动电荷电场力线　　(c) 电场力线扭曲示意

图1.18　运动电荷的电场分布

图1.19展示了当电荷在虚拟静止参考系中移动时，电场的第二类扭曲效应可以看作是附加(关联)偶极子的形成，其中极点的位置如图1.19所示。后续将从理论上证实这一结果。在图1.19中，绘制了与速度矢量 $\boldsymbol{v}$ 形成 $\pm\pi/4$ 角度的坐标轴。在坐标轴方向上，相对于静止电荷的球对称场，运动粒子的电场不发生变化。正如之后将会展示的，当移动电荷位于这些轴上时，洛伦兹力和尼古拉耶夫力的模相等。

再次强调，电场的扭曲是对虚拟静止观察者而言的错觉，这是由于信息传播的时滞造成的，该观察者通过视觉获取信息。亚历山大·丹尼索夫也得出了类似的结论[21]："作为结果(运动)，靠近的物体的前平面在不动观察者看来显得更加尖锐，而后平面则显得更加凹陷。"

进行思维实验，对于理解磁场和磁相互作用的本质非常有用。假设在一个可移动的平台(小车)上固定了两个点正电荷，并且有能力通过一个动力计测量它们之间的静电相互作用力。首先考虑电荷沿着平行的运动线移动的情况(见图1.20)。

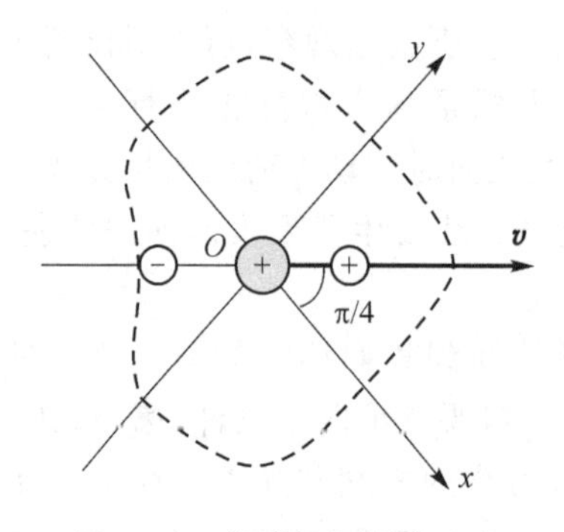

图 1.19　关联偶极子的形成

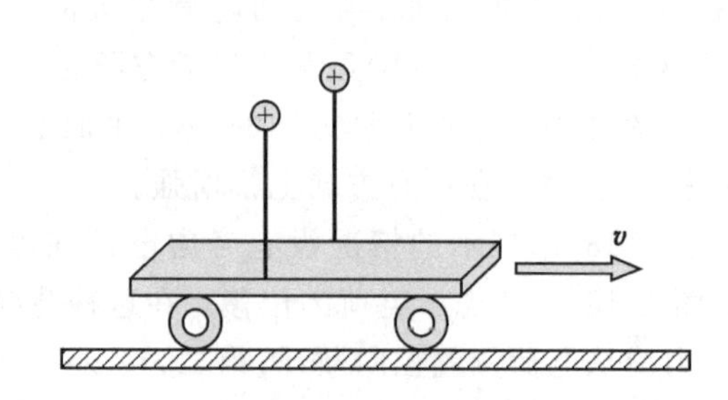

图 1.20　第一个思维实验

在与小车相连的参考系中，电荷是静止的，因此它们之间的相互作用是通过球对称的电场 $\boldsymbol{E}_0$ 进行的，只有库仑力 $\boldsymbol{F}_{(0)\mathrm{K}}$ 产生(见图 1.21(a))。

在假想的静止实验室参考系中，电荷与小车一起运动。沿着连接电荷的线的方向，它们的电场对于静止观察者来说比随动参考系中的电场更强烈(见图 1.21(b))。这里显示了电场的第一类"扭曲"。根据式(1.33)，可以得到

$$E_{\perp}=\frac{1}{4\pi\varepsilon_0}\frac{q}{r^2}\left(1+\frac{v^2}{c^2}\right)=E_{0\perp}\left(1+\frac{v^2}{c^2}\right) \tag{1.35}$$

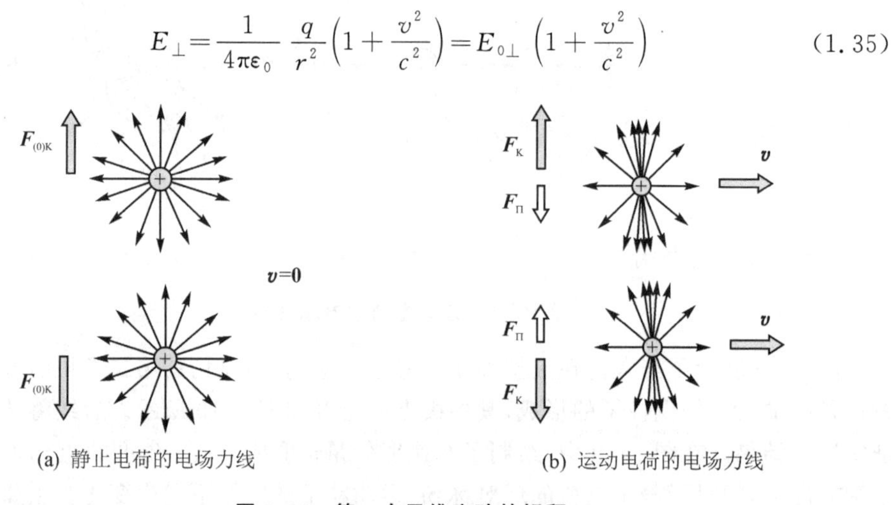

(a) 静止电荷的电场力线　　(b) 运动电荷的电场力线

图 1.21　第一个思维实验的解释

这两个参考系中的静电力应该区分开来：

$$\boldsymbol{F}_{\mathrm{K}}>\boldsymbol{F}_{(0)\mathrm{K}}$$

这两个参考系中的静电力差异被称为磁场力。因此，磁场力通过电荷的运动在假定的静止参考系中显现出来，在所考虑的情况下是吸引力。然而，测量电荷之间相互作用力的测力计的读数当然不依赖于观察者在哪个参考系中，因此必须满足以下等式：

$$\boldsymbol{F}_{\mathrm{K}}-\boldsymbol{F}_{\Pi}=\boldsymbol{F}_{(0)\mathrm{K}}$$

从这里考虑到式(1.30)，可以得到洛伦兹力：

$$\boldsymbol{F}_{\Pi}=\boldsymbol{F}_{\mathrm{K}}-\boldsymbol{F}_{(0)\mathrm{K}}=\frac{1}{4\pi\varepsilon_0}\frac{q^2}{r^3}\frac{v^2}{c^2}\boldsymbol{r}=q\boldsymbol{v}\times\boldsymbol{B} \tag{1.36}$$

让我们考虑这样一种情况：在小车上放置的电荷沿着一条直线移动(见图1.22)。

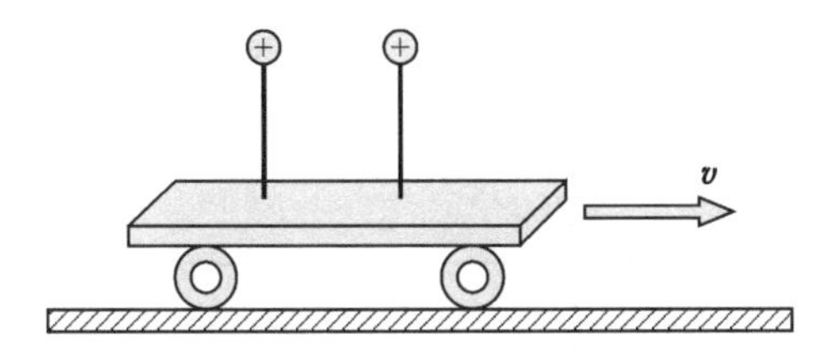

图1.22　第二个思维实验

在假设静止参考系中，由于相对论效应，电荷之间的距离似乎缩短了。因此，在假设静止参考系中，电荷之间的静电相互作用相对于伴随参考系更强。就此而言，引入了纵向磁力 F^* 以满足以下等式的物理需求：

$$\boldsymbol{F}_{(0)\mathrm{K}}=\boldsymbol{F}_{\mathrm{K}}-\boldsymbol{F}^*$$

根据式(1.31)，可以得到作用在右侧电荷上的尼古拉耶夫力。

$$\boldsymbol{F}^*=\boldsymbol{F}_{\mathrm{K}}-\boldsymbol{F}_{(0)\mathrm{K}}=\frac{1}{4\pi\varepsilon_0}\frac{q^2}{r^3}\frac{v^2}{c^2}\boldsymbol{r}=-q\boldsymbol{v}B^* \tag{1.37}$$

在这个表达式中的负号表示由于纵向力 $\boldsymbol{F}^*$，移动的正电荷之间会相互吸引。特别是通过使用连接的偶极子(见图1.23)，可以更清楚地表示这一点。

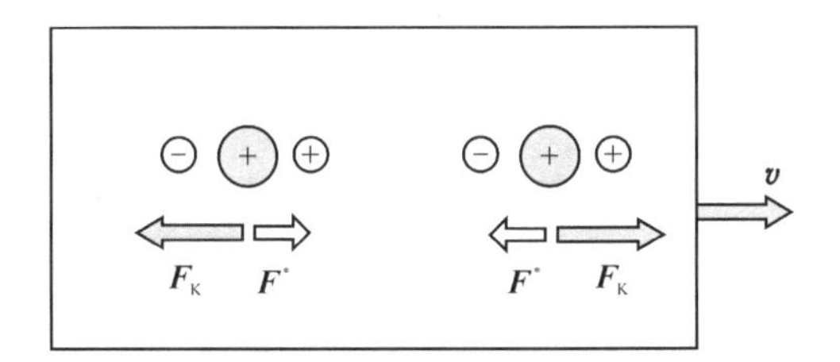

图1.23　对第二个思维实验的解释

考虑一种情况，基底速度矢量 $\boldsymbol{v}$ 和电荷排列线形成任意角度 θ。库仑力 $\boldsymbol{F}_{(0)\mathrm{K}}$ 在与可动基底相连的参考系中沿着 M_2N_2 线方向，而在这种情况下是斥力的(见图1.24(a))。可以将它们分解为沿着基底运动方向的分量 $\boldsymbol{F}_{(0)\mathrm{K}\parallel}$ 和与之正交方向的分量 $\boldsymbol{F}_{(0)\mathrm{K}\perp}$。

在图1.24(b)中，展示了电荷在假设不动的参考系中的相互作用。当它们位于 M_2 和 N_2 位置时，同时对电荷施加的力被描绘出来。由于延迟的影响，电力线被扭曲，就像在图1.18(b)中一样。

当电荷 N_2 位于位置 M_1 时，它与从位置 M 发出的电场相互作用。记电场传播到距 M_1N_2 的时间为 Δt。在这个时间点，电荷 N_2 受到库仑力 $\boldsymbol{F}_{\mathrm{K}}$ 的作用，该力沿着线段 M_1N_2 方向。与此同时，在电荷 M_2 处，它与电荷 N 在位置 N_0 时的电场发生

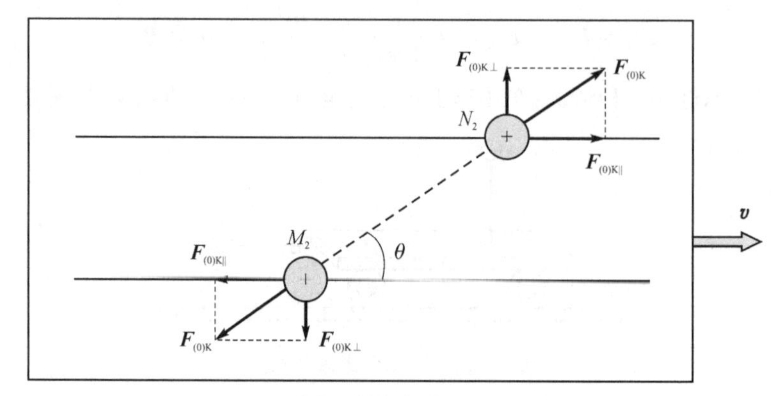

(a) 在伴随的参考系中

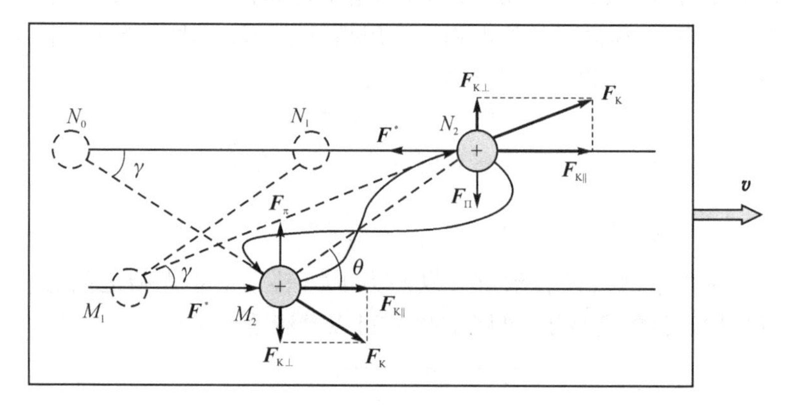

(b) 在假设的静止参考系中

图 1.24 两个电荷在任意角度 θ 下的相互作用

相互作用,其中 $N_0M_2=M_1N_2$。电场传播到距 N_0M_2 的时间也为 Δt。根据光速恒定的假设,电场以相同的速度沿着任意方向传播。电荷 M_2 受到沿线段 N_0M_2 方向的库仑力 $\boldsymbol{F}_K$ 的作用。在绘制电力线时,需要满足以下条件:从电荷 M_2 发出的电力线与线段 M_1N_2 平行。电力线从电荷 N_2 来到 M_1N_2 方向。从电荷 N_2 发出的电力线与线段 N_0M_2 平行。电力线从电荷 M_2 来到 N_0M_2 方向。

在假设的静止参考系中,库仑力 $\boldsymbol{F}_K$ 具有 $\boldsymbol{F}_{K\|}$ 和 $\boldsymbol{F}_{K\perp}$ 的投影。通过计算在每个方向上表示的两个参考系中的力差,可以得到由于电荷相对于静止观察者的运动而产生的力的分量。为了抵消这种表面上的差异,需要引入两个磁力分量:

$$\boldsymbol{F}_{K\perp}-\boldsymbol{F}_{(0)K\perp}=-\boldsymbol{F}_{\Pi},\quad \boldsymbol{F}_{K\|}-\boldsymbol{F}_{(0)K\|}=-\boldsymbol{F}^{*} \tag{1.38}$$

在图 1.24(b)上所示的洛伦兹力 $\boldsymbol{F}_{\Pi}$ 和尼古拉耶夫力 $\boldsymbol{F}^*$ 的方向对应于图 1.20～图 1.23 中显示的实验思想。需要注意的是,在这种情况下,并不形成力对,因为由于电荷运动而产生的额外力被洛伦兹力和尼古拉耶夫力所抵消。

因此,引入洛伦兹力式(1.36)和尼古拉耶夫力式(1.37)是为了消除不同参考系中电荷相互作用的表面差异。

利用式(1.30)和式(1.31)，可以写出电荷在位置 M_1 处创建的涡旋场和势场磁感应强度的模值表达式，其中另一个电荷 N_2 位于该位置上：

$$B=\frac{\mu_0 q}{4\pi}\frac{v}{r^2}\sin\gamma,\quad B^*=\frac{\mu_0 q}{4\pi}\frac{v}{r^2}\cos\gamma \tag{1.39}$$

其中，γ 是由线段 M_1N_2 和 N_0M_2 与电荷运动方向形成的角度，r 为距离，$r=M_1N_2=N_0M_2$。

$$r\cos\gamma=l\cos\theta+v\Delta t,\quad r\sin\gamma=l\sin\theta,\quad \Delta t=\frac{r}{c} \tag{1.40}$$

其中，$l=M_2N_2$，c 是光速。因此，r 的近似表达式为

$$r\approx l\left(1+\frac{v}{c}\cos\theta\right) \tag{1.41}$$

根据给定的描述，洛伦兹力 F_{II} 可以通过以下公式得到：

$$F_{\text{II}}=\frac{\mu_0 q^2}{4\pi}\frac{v^2}{r^2}\sin\gamma \tag{1.42}$$

根据给定的描述，尼古拉耶夫力 F^* 可以通过以下公式计算：

$$F^*=\frac{\mu_0 q^2}{4\pi}\frac{v^2}{r^2}\cos\gamma \tag{1.43}$$

在将相互正交的洛伦兹力和尼古拉耶夫力相加后，得到完整的磁场力：

$$F_{\text{M}}=\frac{\mu_0 q^2}{4\pi}\frac{v^2}{r^2} \tag{1.44}$$

当 $v\ll c$ 时，由式(1.41)可知，$r\approx l$，因此，可以使用近似公式：

$$F_{\text{M}}=\frac{\mu_0 q^2}{4\pi}\frac{v^2}{l^2} \tag{1.45}$$

式(1.40)在 $v\ll c$ 的情况下也可以近似地写为 $\gamma\approx\theta$。基于上述论证，可以解释特劳顿-诺布尔实验[26-27]的负面结果。这是相对论理论在其发展初期得到证实和验证的主要实验之一。人们认为这个实验在某种意义上等同于迈克尔逊实验，如果结果是积极的，它将证实静止以太理论。该实验是由 F. Trowton 和 H. Noble 在 1903 年进行的，旨在检测悬挂在绳子上的可运动电容器的绝对速度。

根据假设存在静止以太的理论，在电容器与地球一起运动的平动运动中，应该会出现一对洛伦兹力，导致电容器的金属片每天旋转两圈。之所以有这样的判断，是因为在有限的麦克斯韦-洛伦兹理论中，除了洛伦兹力外，没有其他磁力存在。洛伦兹力的本质也没有被解释清楚。因此，人们得出结论认为洛伦兹力对于电容器来说是外部力，因为在任何物质系统中，内部力矩的总和为零。人们认为在预期的效应出现时，以太作为外部相互作用对象是必要的。然而，没有发现任何系统性的电容器旋转，实验结果是负面的。

在经典理论中分析特劳顿-诺布尔实验时，并没有考虑到尼古拉耶夫力。但是，

如果考虑所有磁力的组成部分(包括洛伦兹力和尼古拉耶夫力),我们将得到类似于图1.24(b)的情况。唯一的区别是在模拟特劳顿-诺布尔实验时,应该选择异号的电荷,这只是导致图1.24(b)中所示的所有力方向相反。

因此,我们证明了特劳顿-诺布尔实验中不存在外部力和力矩,而内部力和内部力矩的总和始终为零。因此,通过这个实验原则上无法解决以太存在的问题。对于特劳顿-诺布尔实验结果的解释的困难是由于对磁场的物理本质有误解,因为未考虑与标量磁场相关的力,所以似乎内部的磁力对电容器产生了旋转。特劳顿-诺布尔实验结果的解释问题可以被看作是在理解磁场的物理本质方面出现的典型误解的一个例子。

让我们再来看另一种情况:两个点电荷沿平行直线运动,相向而行(见图1.25)。假设它们在静止坐标系中的速度相同。如何解释在这种情况下洛伦兹力的产生呢?在两个电荷都静止的情况下,它们的电场具有球对称性,但无法找到这样的参考系使得两个电荷都静止。然而,可以将库仑力 $F_{(0)K}$ 与实际的电磁力进行比较。在任何参考系(与其中一个电荷相关或假设静止的参考系)中,移动电荷之间的相互作用都更强烈,因为会导致电场扭曲(第一类扭曲)。

$$F_K > F_{(0)K}$$

我们注意到,力 F_K 的值不取决于参考系的选择,并且由电荷的相对速度 $2v$ 确定。洛伦兹力在这种情况下是力 F_K 和力 $F_{(0)K}$ 之间的差异,根据式(1.36)计算并且是一种吸引力。

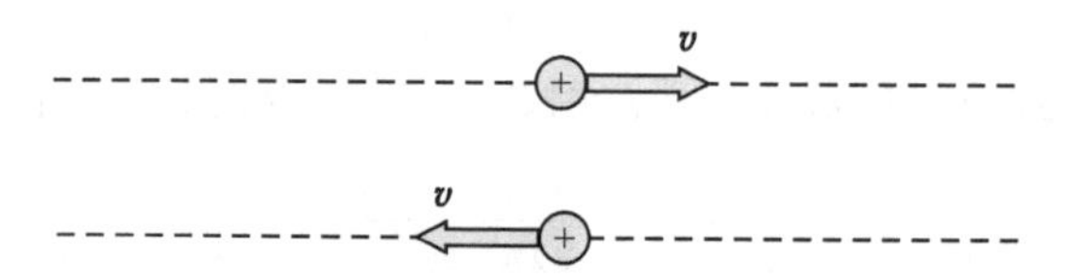

图1.25 沿着平行轨迹运动的电荷之间的相互作用

相同的情况也出现在电流通过金属导体时:无法选择一个参考系,在其中电子和晶格离子都是静止的。利用前面介绍的磁场观念,我们将研究两个相互垂直放置的电流元件之间的磁相互作用。假设两个电流元件 $J_1 d\boldsymbol{s}_1$ 和 $J_2 d\boldsymbol{s}_2$ 位于相互垂直的线上(见图1.26(a))。每个导体都是电中性的。电流是电子(白色点)的运动引起的,而电导体中的正电荷(离子)是静止的(黑色点)。我们应该考虑以下类型的相互作用:

- 电子-电子的相互作用;
- 电子-离子的相互作用;
- 离子-离子的相互作用。

让我们在与其中一个电子相连的参考系中,考虑两个位于第一个导体中的电子的电场(见图1.26(b))。在第一个导体中,我们选择了两个关于 y 轴对称的电子。三个电子都位于等腰三角形 ABC 的角点上。假设 $\angle AB=\pi/4$,这种情况最具代表性。这些电子的速度在所选择的参考系中用矢量 $\boldsymbol{v}'_-$ 表示。在这种情况下，右侧电子的速度垂直指向 BC 侧，左侧电子的速度平行指向 AC 侧。

在图 1.26(b)中可以看出，第一个导体中右侧的电子与第二个导体中的电子之间产生了由第一类型效应引起的力 $\boldsymbol{F}'_{21}$。第一个导体中左侧的电子由于第二类型效应而对第二个导体中的电子产生作用力。这样就产生了磁力 $\boldsymbol{F}''_{21}$。当两个位于第一个导体中的电子相对于 y 轴对称时，这两个力的模相等。这两个力的矢量和朝向垂直于第二个导体：

$$\boldsymbol{F}_{21}=\boldsymbol{F}'_{21}+\boldsymbol{F}''_{21} \tag{1.46}$$

这是一种常见的横向磁力。现在让我们来考虑作用在第一个导体的电子上的力。我们转换到与第一个导体的电子相关的参考系中。在该参考系中，我们描绘了在第二个导体中运动的电子的速度(见图 1.26(c))。我们想象了作用在第一个导体的两个电子上的磁力。可以看出，这些力在 y 轴方向的分量互相抵消，而在 x 轴方向叠加，形成纵向力：

$$\boldsymbol{F}_{12}=\boldsymbol{F}'_{12x}+\boldsymbol{F}''_{12x} \tag{1.47}$$

作用在电子上的力传递给导体的晶格，其中一个受到安培力的作用，另一个受到尼古拉耶夫力的作用。由于离子-离子和电子-离子相互作用，只会产生沿 Oy 轴方向的力，而且它们相互抵消，因此，考虑导体中存在的带电粒子的相互作用，并考虑它们的电场的“变形”，得到了图 1.26(d)所示的结果：

$$\boldsymbol{F}_{12}=-\boldsymbol{F}_{21}, \quad 且 \quad \boldsymbol{F}_{\parallel}^{(1)}=-\boldsymbol{F}_{\perp}^{(2)} \tag{1.48}$$

根据上述推理，我们可以得出结论：引入磁场的概念是为了解释电场的变形取决于选择的参考系。可以建立一种没有使用磁场概念的电动力学理论，但其数学工具将更加复杂。而使用磁场的概念很方便，可以避免考虑复杂的准静电相互作用模式，其中电场在选择的参考系中不具备球对称性。

因此，在引入磁场的概念时，需要记住其形式上的地位和与实际电场的联系。顺便说一下，在这种方法下，寻找磁荷-单极磁体的前景是显而易见的。尽管如此，如果我们要正式引入和使用磁场，则必须赋予它所有物理场的属性：有势和涡旋的分量，以及源头(或准源头)。这是场的普遍理论和其基本基础——格尔莫茨定理所要求的。不幸的是，麦克斯韦理论并不符合所有这些要求。特别地，它不能描述势电磁过程，因为它纯粹是涡旋性质的。

让我们在不使用磁场概念的情况下，解释平行导线的相互作用。设想有两个平行的直导线，其中通过同向电流。电子-电子的相互作用以库仑力的形式发生，并归结为图 1.20 所示的情况。而电子-离子的相互作用在任何参考系中都超过库仑力，因此导线之间会相互吸引。

在反向电流的情况下，无论哪个参考系中，电子-电子的相互作用都是最强的，因为电子的相对速度增加了 1 倍。这种情况对应于图 1.25 所示的情况。在这种情况下，会产生洛伦兹斥力，其大小取决于相对速度的平方：

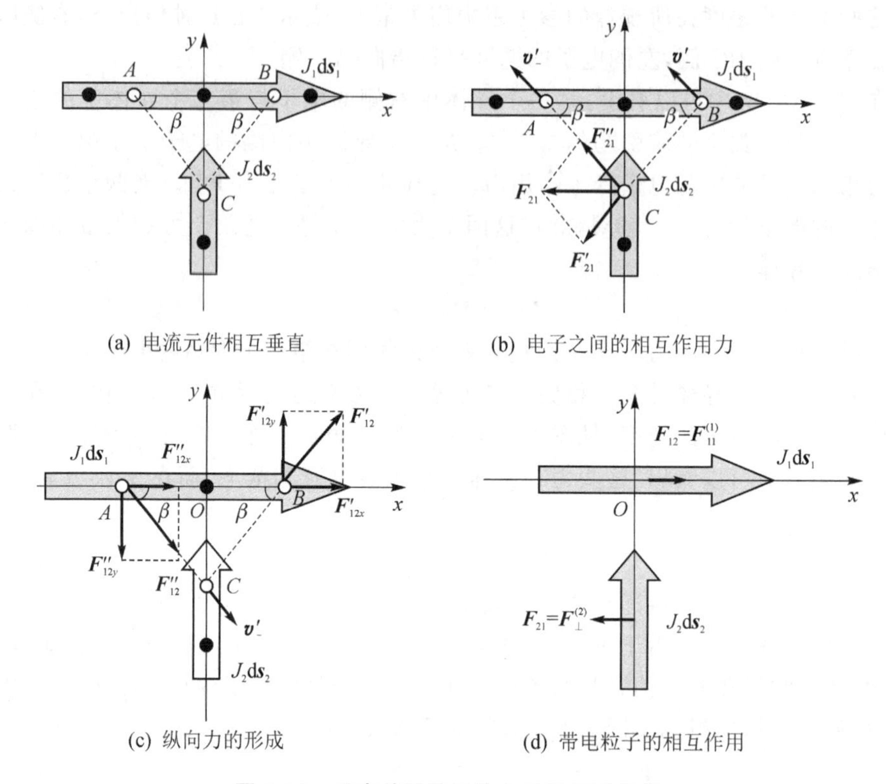

(a) 电流元件相互垂直

(b) 电子之间的相互作用力

(c) 纵向力的形成

(d) 带电粒子的相互作用

图 1.26 垂直放置的导体之间的相互作用

$$F_{\text{II}}^{(-)}=\frac{\mu_0 q^2}{4\pi}\frac{(2v)^2}{r^2}=\frac{\mu_0 q^2}{\pi}\frac{v^2}{r^2} \tag{1.49}$$

因为它是在相对速度为 v 时产生的,并且它以两种方式表现出来(作为电子-离子相互作用和离子-电子相互作用),所以吸引的电子-离子相互作用较弱。

$$F_{\text{II}}^{(+)}=2\frac{\mu_0 q^2}{4\pi}\frac{v^2}{r^2}=\frac{\mu_0 q^2}{2\pi}\frac{v^2}{r^2} \tag{1.50}$$

显然,斥力式(1.49)是吸引力式(1.50)的 2 倍。为了确定两根有限长导线相互作用产生的安培力,需要知道它们中的电子数量,并将其乘以式(1.49)和式(1.50)。显然,这个过程比使用磁场特性进行计算要复杂得多。

还有一个问题需要回答:为什么在带电流的导体周围会形成铁屑的同心圆?根据上述推理,由于自由电子的运动,会产生一个未被抵消的沿着导体径向的电场。导体就像带有负电荷一样。实际上,导体的电荷是中性的,只是由于构成它的带电粒子的电场而在径向向导体集中和增强。

让我们考虑一个处于带电流的导体场中的氢原子。正电子受到导体的吸引力作用,外部电子受到斥力作用。根据变形极化理论[28],当一个中性的氢原子处于外部电场中时,它会发生“变形”,即电子云的中心相对于原子核发生一定的位移。这导致氢原子产生了一个径向指向导体的诱导电偶极矩。诱导电偶极矩的大小与外部电场的强度成正比，因此与通过导体的电流的大小成正比。在这种情况下，每个原子都处于一个稳定的位置。原子的磁矩垂直于电场线，也就是与围绕导体的同心圆相切。由于这样排列的铁屑之间存在磁吸引力，就会形成同心圆，被称为磁力线。有时候人们甚至质疑它们的物理存在。在解释一些磁性现象时，人们将磁力线视为真实的物理实体。事实上，将其用于图示磁场是很方便的。然而，认为通过磁力线可以揭示磁场的所有特性和特征是错误的。

有趣的是研究静止点电荷与通过电流的静止线性导体之间的相互作用问题。这个问题在费曼的教材[12]和一篇论文[29]中有所讨论。根据上述观点，带电流的导体周围会产生一个径向电场。从形式上来说，可以认为导体上会出现一个未被抵消的负电荷。这一点得到了著名的相对论公式的证实：

$$\rho=\frac{j_x(v/c^2)}{\sqrt{1-v^2/c^2}} \tag{1.51}$$

其中，v 是电子在坐标轴 x 上的运动速度，ρ 是局部电荷的体密度，即似乎在导体上产生的电荷密度，j_x 是通过导体的电流密度。

然而，需要记住电荷在洛伦兹力变换下是不变的，因此导体保持电中性，讨论的是由于电子运动而在径向方向上“变形增强”的电场。因此，相对于导体不动的电荷会受到电力的作用。根据电荷的符号，这个力要么指向导体，要么远离导体。

如果带电流的导体沿轴线移动，则可以将导体与电荷的相互作用在与导体相关的参考系或与电荷相关的参考系中进行讨论。在第一种情况下，可以方便地使用磁场来解释相互作用效应：电荷在电流的磁场中移动，受到洛伦兹力的作用。在第二种情况下（与电荷相关的参考系），磁力不存在，观察到的相互作用效应可以通过“变形”导体中所含电荷的电场来解释。从这个例子可以看出，在某些参考系中，不能使用磁场的概念，但可以使用在该参考系中的电场配置来解决类似的问题。这意味着可以完全不使用磁场的概念，但在许多情况下使用它是方便的。

基于对磁场性质的物理理解，可以很容易地解释单极感应现象。假设我们考虑一个半径为 R 的静止磁盘，具有轴向的磁性，也就是说，元电流的平面与盘面重合。我们画出了几个元电流，它们的中心位于半径为 $r=R/2$ 的圆上（见图 1.27(a)）。

对于静止观察者来说，产生元电流的电子的电场被认为是变形的（第一型变形）。这样，额外的电势将沿径向产生。位于 $r>R/2$ 和 $r<R/2$ 的圆上的元电流，总共对中心和边缘产生相同的电势贡献。因此，中心和边缘之间的电势差为零，即 $\Delta\phi=0$。

接下来，让我们考虑一个以角速度 ω 旋转的磁盘（见图 1.27(b)）。在这种情况下，应该区分位于外部部分$(r+r_\ni)$和内部部分$(r-r_\ni)$元轨道上的电子速度。可以理解的是，由于磁盘旋转，外部轨道上的周向速度大于内部轨道上的周向速度：

$$v_+=(r+r_\ni)\omega,\quad v_-=(r-r_\ni)\omega$$

因此，即使在 $r=R/2$ 的情况下，也会出现径向的电场不对称性：盘的边缘和中心的

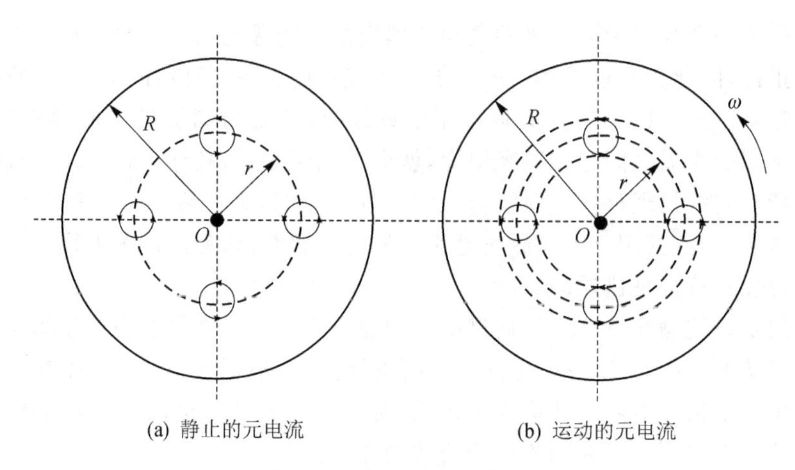

图 1.27 解释单极感应现象

电势不同。这种不对称性没有被抵消:半径越大,电子的电场不对称性就越明显。

这导致中心和边缘之间产生电势差。如果盘是导电的,当外部固定导体将中心和边缘连接起来时,电流将在其中流动。这正是单极感应现象的实质。

类似地,可以对问题进行推理,回答为什么在横穿磁力线的导体中会产生电动势,即电场。假设磁场由两个环形电流(或螺线管)产生,并且正电荷沿着这些电流运动。在假设静止的参考系中,所有电荷的速度都相等,因此它们的电场被"相同程度地变形"。因此,在静止的坐标系中,沿着静止的 x 轴的导体中不会产生电动势。

现在让我们考虑导体以速度 $\boldsymbol{v}$ 横穿磁力线(见图 1.28(a))。这时,我们转向与移动导体相关的参考系。在这个参考系中,导体中的电荷载流子在不同的位置具有不同的速度(见图 1.28(b))。因此,它们的电场被"不同程度地变形"。因此,在沿着 x 轴的导体中,会产生一个沿导体方向、逆向于 x 轴的电势梯度,相应的电场强度沿着 x 轴。

$$\boldsymbol{E} = -\nabla\phi$$

这个结果可以由著名的公式得出

$$\boldsymbol{E} = \boldsymbol{v} \times \boldsymbol{B}$$

注意,最后这个公式通常在电磁学的研究中使用。但它只是反映了在实验中观察到的现象,而没有解释这种现象的物理本质。对磁场的正确理解可以充分解释已知的现象并在理论上预测新的现象。

上述推理可以在教授普通物理和理论电动力学课程中使用。以下是一些指导建议:

① 关于磁场作为与某一参考系中电场扭曲现象相关的现象的概念,应该在中学物理课程中形成。上述思维实验对高中学生来说是易于理解的。

② 除了展示横向安培力的已知实验外,还需要展示证实纵向力的实验,特别是安培进行的历史实验。

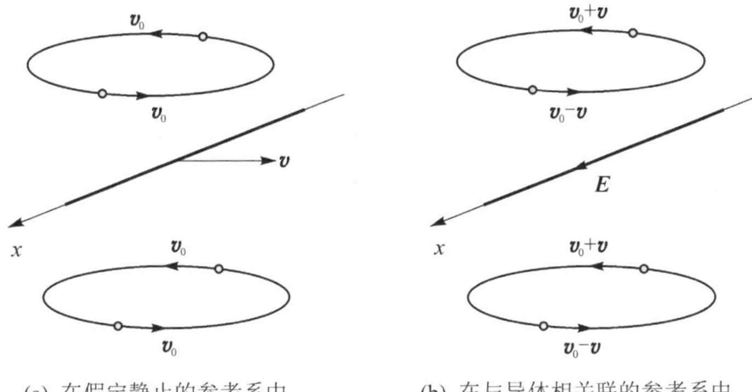

(a) 在假定静止的参考系中 (b) 在与导体相关联的参考系中

图 1.28 导体在磁场中移动时产生的电动势

③ 在描述磁场特性时，应不仅使用矢量 $\boldsymbol{B}$ 或 $\boldsymbol{H}$，还应使用标量函数 B^* 或 H^*，它们组成四维矢量($\boldsymbol{B}$，B^*)或($\boldsymbol{H}$，H^*)。

④ 理论电动力学的教学应该从场论和格林函数理论开始。在这个过程中，需要强调物理场的四维特性，特别是电磁场。在对电磁场进行理论描述时，应使用四维矢量，并注意标量分量的物理含义。

⑤ 应特别关注使用四维势进行电磁场描述，将其作为主要物理特征。在这个过程中应重点关注矢量电动力学势的势-涡旋性质和与参考系选择相关的依赖关系。

上述建议将有助于学生形成基于唯物主义观念的对物理世界的图景。

1.5 广义电磁相互作用定律

电磁相互作用问题已经在第1.1节中讨论过。我们将尝试根据对磁场的全面认识来制定电磁相互作用定律。

众所周知，计算安培力的密度需要使用以下公式：

$$\boldsymbol{f}_{\mathrm{A}}=\boldsymbol{j}\times\boldsymbol{B} \tag{1.52}$$

在第1.1节和第1.4节中，从理论和实验证实，在正交电流相互作用的情况下，其中一个电流受到横向安培力的作用，而另一个电流受到纵向尼古拉耶夫力的作用。如果带电流的导体处于正向标量磁场中，则尼古拉耶夫力沿着电流方向作用。在负向标量磁场中，导体受到与电流方向相反的力的作用。这个实验事实对应着以下定律：

$$\boldsymbol{f}_{\perp}^{*}=\boldsymbol{j}_{\perp}B^{*} \tag{1.53}$$

在这里，符号 $\boldsymbol{j}_{\perp}$ 表示在这种情况下电流方向与该点外部标量磁场梯度∇H^*的方向正交。

在前面的小节中还指出，当具有相同方向的电流的两个导体位于同一条直线上时，由于尼古拉耶夫力的作用，它们会相互吸引。这可以通过偶极子效应来解释，并在图 1.23 中得到了证明。这个事实对应着以下定律：

$$\boldsymbol{f}_{\parallel}^{*}=-\boldsymbol{j}_{\parallel}B^{*} \tag{1.54}$$

其中，符号 $\boldsymbol{j}_{\parallel}$ 表示电流密度矢量与外部标量磁场梯度 ∇H^{*} 在同一条直线上。

因此，在确定作用于电流微元的力的方向时，需要了解电流元所处位置的外部标量磁场梯度的方向。假设有两个相互作用的电流微元：$\boldsymbol{j}_1\mathrm{d}\tau$ 和 $\boldsymbol{j}_2\mathrm{d}\tau$。

我们计算第一个电流微元在第二个电流微元位置所创建的外部标量磁场的梯度：

$$H_1^{*}=\frac{1}{4\pi}\int_{\tau}\frac{\boldsymbol{j}_1\cdot\boldsymbol{r}_{12}}{r^3}\mathrm{d}\tau$$

得出

$$\nabla H_1^{*}=-\frac{1}{4\pi}\int_{\tau}j_1\frac{\boldsymbol{r}_{12}}{r^4}\cos\theta_1\mathrm{d}\tau \tag{1.55}$$

其中，θ_1 是描述矢量 $\boldsymbol{r}_{12}$ 相对于创建标量磁场的电流密度矢量 $\boldsymbol{j}_1$ 的方向的角度。从式(1.55)可以看出，梯度 ∇H^{*} 要么沿着半径矢量 $\boldsymbol{r}_{12}$ 的方向，要么与其相反，这取决于角度 θ_1。

通过结合式(1.53)和式(1.54)，我们获得了作用于第二个电流微元的尼古拉耶夫力的总体表达式：

$$\boldsymbol{f}_2^{*}=B_1^{*}(\boldsymbol{j}_{2\perp}-\boldsymbol{j}_{2\parallel}) \tag{1.56}$$

电流密度矢量 $\boldsymbol{j}_2$ 的投影模数可以表示为

$$j_{2\perp}=j_2\sin\theta_2,\quad j_{2\parallel}=j_2\cos\theta_2$$

其中，θ_2 是 $\boldsymbol{j}_2$ 和 $\boldsymbol{r}_{12}$ 矢量之间的角度。

电磁相互作用的普遍规律可以表示为

$$\boldsymbol{f}_2=\boldsymbol{j}_2\times\boldsymbol{B}_1+B_1^{*}(\boldsymbol{j}_{2\perp}-\boldsymbol{j}_{2\parallel}) \tag{1.57}$$

如果电荷 q 以速度 $\boldsymbol{v}$ 在广义磁场($\boldsymbol{B}$，B^{*})中移动，则它受到磁力的作用。

$$\boldsymbol{F}_{\mathrm{M}}=q\left[\boldsymbol{v}\times\boldsymbol{B}+B^{*}(\boldsymbol{v}_{\perp}-\boldsymbol{v}_{\parallel})\right] \tag{1.58}$$

其中，$\boldsymbol{v}_{\perp}$ 和 $\boldsymbol{v}_{\parallel}$ 是电荷速度在外部标量磁场梯度的垂直方向和梯度方向上的投影。

让我们来考虑一种情况，其中携带电流的微元 $\boldsymbol{j}_1\mathrm{d}\tau$ 和 $\boldsymbol{j}_2\mathrm{d}\tau$ 位于点 O_1 和点 O_2 的同一平面上，并且相对于彼此的方向是任意的。它们在点 O_1 和点 O_2 处的梯度 ∇H_1^{*} 和 ∇H_2^{*} 分别沿着线 O_1O_2 排列(见图 1.29)。

使用式(1.19)分别确定点 O_1 和点 O_2 处的标量磁场。

$$B_{O_1}^{*}=\frac{\mu_0}{4\pi}\int_{\tau_2}\frac{\boldsymbol{j}_2\cdot\boldsymbol{r}_{21}}{r^3}\mathrm{d}\tau=\frac{\mu_0}{4\pi}\int_{\tau_2}\frac{j_2}{r^2}\cos\theta_2\mathrm{d}\tau$$

$$B_{O_2}^{*}=\frac{\mu_0}{4\pi}\int_{\tau_1}\frac{\boldsymbol{j}_1\cdot\boldsymbol{r}_{12}}{r^3}\mathrm{d}\tau=\frac{\mu_0}{4\pi}\int_{\tau_1}\frac{j_1}{r^2}\cos(\pi-\theta_1)\mathrm{d}\tau=-\frac{\mu_0}{4\pi}\int_{\tau_1}\frac{j_1}{r^2}\cos\theta_1\mathrm{d}\tau$$

在这里，$\boldsymbol{r}_{12}$ 是从点 O_1 到点 O_2 的半径矢量；$\boldsymbol{r}_{21}$ 则相反，从点 O_2 到点 O_1。这些矢量的模相等，用 r 来表示。

电流微元 $\boldsymbol{j}_1\mathrm{d}\tau$ 受到两个力分量的作用：

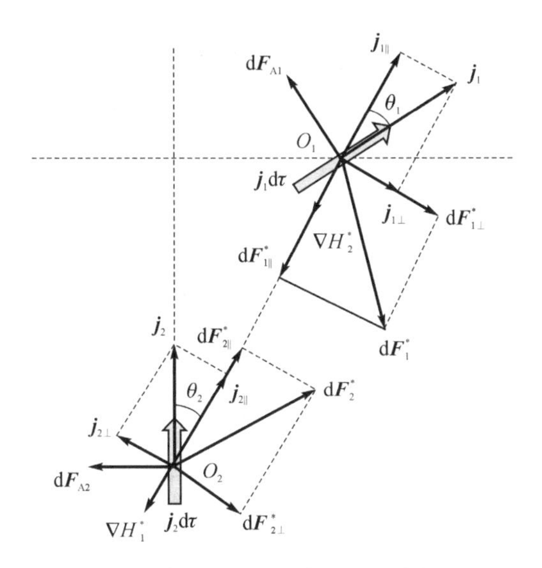

图 1.29　两个随机放置的电流微元的相互作用

相对于线 O_1O_2 的横向分量：

$$\mathrm{d}\boldsymbol{F}^*_{1\perp}=\frac{\mu_0}{4\pi}\frac{j_2}{r^2}\boldsymbol{j}_{1\perp}\cos\theta_2\mathrm{d}\tau \tag{1.59}$$

相对于线 O_1O_2 的纵向分量：

$$\mathrm{d}\boldsymbol{F}^*_{1\parallel}=-\frac{\mu_0}{4\pi}\frac{j_2}{r^2}\boldsymbol{j}_{1\parallel}\cos\theta_2\mathrm{d}\tau \tag{1.60}$$

它们的总和形成的力为

$$\mathrm{d}\boldsymbol{F}^*_1=\frac{\mu_0}{4\pi}\frac{j_2}{r^2}(\boldsymbol{j}_{1\perp}-\boldsymbol{j}_{1\parallel})\cos\theta_2\mathrm{d}\tau \tag{1.61}$$

同样地,第二个电流微元也受到尼古拉耶夫力的作用：

$$\mathrm{d}\boldsymbol{F}^*_{2\perp}=-\frac{\mu_0}{4\pi}\frac{j_1}{r^2}\boldsymbol{j}_{2\perp}\cos\theta_1\mathrm{d}\tau,\quad \mathrm{d}\boldsymbol{F}^*_{2\parallel}=\frac{\mu_0}{4\pi}\frac{j_1}{r^2}\boldsymbol{j}_{2\parallel}\cos\theta_1\mathrm{d}\tau \tag{1.62}$$

尼古拉耶夫总力：

$$\mathrm{d}\boldsymbol{F}^*_2=\frac{\mu_0}{4\pi}\frac{j_1}{r^2}(\boldsymbol{j}_{2\parallel}-\boldsymbol{j}_{2\perp})\cos\theta_1\mathrm{d}\tau \tag{1.63}$$

用于计算安培力的是在点 O_1 和点 O_2 处的磁感应强度矢量：

$$\boldsymbol{B}_{O_1}=\frac{\mu_0}{4\pi}\int_{\tau_2}\frac{\boldsymbol{j}_2\times\boldsymbol{r}_{21}}{r^3}\mathrm{d}\tau,\quad \boldsymbol{B}_{O_2}=\frac{\mu_0}{4\pi}\int_{\tau_2}\frac{\boldsymbol{j}_1\times\boldsymbol{r}_{12}}{r^3}\mathrm{d}\tau$$

我们得到的结果是：

$$\mathrm{d}\boldsymbol{F}_{A1}=\frac{\mu_0}{4\pi}\frac{\boldsymbol{j}_1\times(\boldsymbol{j}_2\times\boldsymbol{r}_{21})}{r^3}\mathrm{d}\tau \tag{1.64}$$

$$\mathrm{d}\boldsymbol{F}_{A2}=\frac{\mu_0}{4\pi}\frac{\boldsymbol{j}_2\times(\boldsymbol{j}_1\times\boldsymbol{r}_{12})}{r^3}\mathrm{d}\tau \tag{1.65}$$

在图 1.30 中,只保留了力的矢量。每个合力矢量都可以表示为涡旋力 $\mathrm{d}\boldsymbol{F}_A$ 和势力 $\mathrm{d}\boldsymbol{F}^*$ 分量的和。

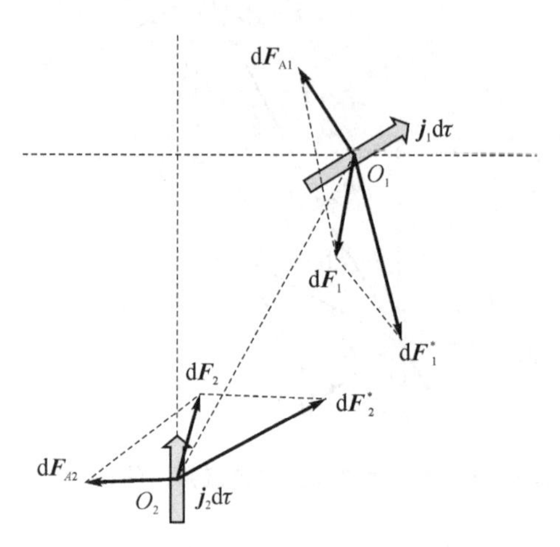

图 1.30　任意位置微元之间的相互作用力

我们注意到,术语"纵向力"是历史上产生的,因为这是最初在研究两种特殊情况下电流之间的相互作用时发现的:① 在正交电流排列时;② 当电流在同一直线上排列时。在一般情况下,该术语不适用,因此建议称之为"安培-尼古拉耶夫力"或简称为"尼古拉耶夫力"。与安培涡旋力不同,尼古拉耶夫力是一种势力。

下面计算力 $\mathrm{d}\boldsymbol{F}_1$ 和 $\mathrm{d}\boldsymbol{F}_2$ 在 O_1O_2 线上的投影的分量。

$$\mathrm{d}F_{1\parallel}=-\frac{\mu_0}{4\pi}\frac{j_2}{r^2}j_1\cos\theta_1\cos\theta_2\mathrm{d}\tau+\frac{\mu_0}{4\pi}\frac{|\boldsymbol{j}_1\times(\boldsymbol{j}_2\times\boldsymbol{r}_{21})|_{\parallel}}{r^3}\mathrm{d}\tau \tag{1.66}$$

$$\mathrm{d}F_{2\parallel}=\frac{\mu_0}{4\pi}\frac{j_1}{r^2}j_2\cos\theta_2\cos\theta_1\mathrm{d}\tau-\frac{\mu_0}{4\pi}\frac{|\boldsymbol{j}_2\times(\boldsymbol{j}_1\times\boldsymbol{r}_{12})|_{\parallel}}{r^3}\mathrm{d}\tau \tag{1.67}$$

在这些表达式中,第一项的模值相等但方向相反。通过转换第二项,得到了模值相等的相同表达式:

$$\frac{\mu_0}{4\pi}[j_1j_2r\cos\theta_1\cos\theta_2-j_1j_2r\cos(\theta_1+\theta_2)]=\frac{\mu_0}{4\pi}j_1j_2r\sin\theta_1\sin\theta_2$$

这些项的符号对于 $\mathrm{d}\boldsymbol{F}_{\parallel 1}$ 和 $\mathrm{d}\boldsymbol{F}_{\parallel 2}$ 相反。

我们将证明在与 O_1O_2 方向正交的投影上,磁力的模相等。

$$\begin{aligned}\mathrm{d}F_{1\perp}&=\frac{\mu_0}{4\pi}\frac{j_2}{r^2}j_1\sin\theta_1\cos\theta_2\mathrm{d}\tau-\frac{\mu_0}{4\pi}\frac{|\boldsymbol{j}_1\times(\boldsymbol{j}_2\times\boldsymbol{r}_{21})|_{\perp}}{r^3}\mathrm{d}\tau\\&=\frac{\mu_0}{4\pi}\frac{j_2}{r^2}j_1\sin\theta_1\cos\theta_2\mathrm{d}\tau-\frac{\mu_0}{4\pi}\frac{j_2}{r^2}j_1\cos\theta_1\cos\theta_2\mathrm{d}\tau\end{aligned} \tag{1.68}$$

$$\mathrm{d}F_{2\perp}=\frac{\mu_0}{4\pi}\frac{j_1}{r^2}j_1\cos\theta_2\cos\theta_1\mathrm{d}\tau-\frac{\mu_0}{4\pi}\frac{|\boldsymbol{j}_2\times(\boldsymbol{j}_1\times\boldsymbol{r}_{12})|_\perp}{r^3}\mathrm{d}\tau$$

$$=\frac{\mu_0}{4\pi}\frac{j_1}{r^2}j_2\cos\theta_2\cos\theta_1\mathrm{d}\tau-\frac{\mu_0}{4\pi}\frac{j_1}{r^2}j_2\sin\theta_1\cos\theta_2\mathrm{d}\tau \tag{1.69}$$

这些表达式中的项逐对互相抵消。因此,可以得出结论:$\mathrm{d}\boldsymbol{F}_1=-\mathrm{d}\boldsymbol{F}_2$。

换句话说,在广义电磁相互作用法则中,牛顿第三定律得到满足。

在图1.31所示的特殊情况下,其中$\theta_1=\frac{\pi}{2}$,$\theta_2=0$,因此我们从式(1.68)和式(1.69)中得到

$$\mathrm{d}F_{1\perp}=\mathrm{d}F_1^*=\frac{\mu_0}{4\pi}\frac{j_1j_2}{r^2},\quad \mathrm{d}F_{2\perp}=\mathrm{d}F_{A2}=-\frac{\mu_0}{4\pi}\frac{j_1j_2}{r^2}$$

在这种情况下,安培力等于尼古拉耶夫力,并且方向相反。

$$\mathrm{d}\boldsymbol{F}_{A2}=-\mathrm{d}\boldsymbol{F}_1^*$$

图1.31　正交排列的电流微元的相互作用

还有一种情况,相互作用的电流微元位于同一条线上且方向相同(见图1.32):$\theta_1=-\pi$,$\theta_2=-\pi$。在此情况下,式(1.66)和式(1.67)中的最后一项为零,而第一项对应于微元之间的吸引力。

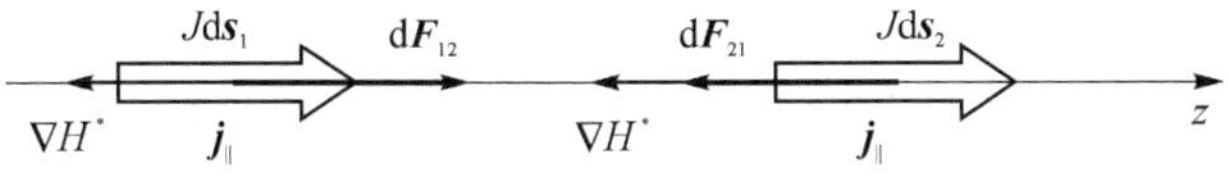

图1.32　单向电流的相互作用

这个结果也符合图1.23中的观察结果。

考虑闭合的矩形环路(见图1.33(a))。

如果矩形环路中有电流流过,则在空间的任意点M会形成4个电流段的磁场的叠加。

我们将证明,根据式(1.20)计算的所有4个分量的总和为零。选择空间中的任意点M,并画出从4个角落到该点的径向矢量,其大小分别表示为r_1、r_2、r_3、r_4。不难证明,在任意点M处,矢量和产生的磁场为零:

$$H^*(x',y',z')=\frac{J}{4\pi}\left(\frac{r_1-r_2}{r_1r_2}+\frac{r_2-r_3}{r_2r_3}+\frac{r_3-r_4}{r_3r_4}+\frac{r_4-r_1}{r_4r_1}\right)=0 \tag{1.70}$$

由于在考虑磁场(特别是标量磁场)时需要指定选择的参考系,因此可知,根据式(1.70)表达的结果适用于与环路相关的参考系。可以得出一个一般性结论:在与其相关的参考系中,孤立的闭合环路不会产生标量磁场。

图 1.33(b)上展示的带有电流的闭合环路可以被视为由 4 个带电导线组成的机电系统。每个导线都单独产生矢量和标量磁场。下面将研究在闭合环路中由于磁场而导致的导线之间的内部相互作用。

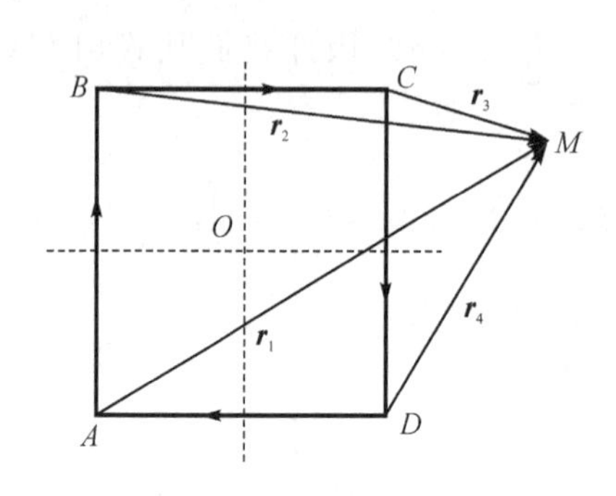

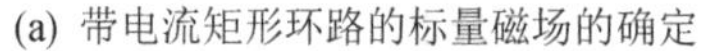
(a) 带电流矩形环路的标量磁场的确定

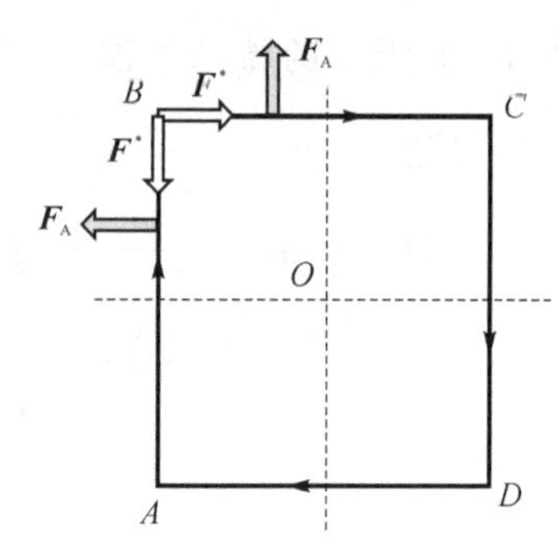

(b) 电力学系统中的内部相互作用

图 1.33　闭合矩形环路情况分析

平行导线之间通过安培力相互排斥。这些力在图中没有显示,它们的总和为零。这些力也不会产生旋转力矩。

当两个相互垂直的电流相互作用时,会产生 4 个力:2 个安培力和 2 个尼古拉耶夫力(见图 1.33(b))。例如,在点 B,导线 AB 产生一个正标量磁场,因此导线 BC 受到 $\boldsymbol{F}^*$ 力的作用,方向与电流相同。导线 BC 产生涡旋磁场,导致导线 AB 受到横向安培力 $\boldsymbol{F}_A$ 的作用。在点 B,导线 BC 产生一个负标量磁场,因此导线 AB 受到 $\boldsymbol{F}^*$ 力的作用,方向相反。导线 BC 受到安培力的作用,由导线 AB 产生的涡旋磁场引起。

这种电流之间的相互作用模式在环路的每个角落中都会出现。显然,所有内部力及其相对于任何中心的力矩的总和为零。

1.6　复杂电力系统中的磁场

传统的磁静电学仅研究由简单元素(例如直线无限长电流和孤立闭合环路(线圈)创建的磁场。在这些情况下,不会产生标量磁场,矢量磁场的拓扑结构是最简单的:圆形(同心圆或极向)和螺旋形(环形)。不同方向绕组的圆柱形线圈(电磁线圈)的匝数不重要,因为磁场的分布与此无关。

下面将说明,直线磁体轴线的直线性是磁场拓扑的重要条件。

如果涉及包含多个这样的简单元素(例如电磁线圈)的电力系统,则在传统磁静电学中，对磁场的研究总是以 **B** 和 **H** 特性为基础。不涉及矢量势 **A**，并且不考虑其性质。这种方法导致把矢量势的势能分量和标量磁场排除在考虑范围之外。

以圆柱形螺线管为例(见图 1.34(a))，螺线管是导电线圈的一个特例。在进一步讨论之前，我们将重点讨论这种特殊情况。在这种情况下，电流形成了一个涡流环，也就是所谓的极向线圈，并且存在两种闭合线路：① 不包围涡流环的线路；② 包围涡流环的线路。从拓扑学的角度来看，这种情况对应着二连通空间。在这种情况下，矢量场 **A** 的极向场表示为第一类闭合线路。这些线路可以收缩到一点上，而不与电流的轮廓相交。矢量场 **B** 的环形磁场力线包围了电流轮廓，因此属于第二类闭合线路。如果在电流轮廓上放置对线 **B** 不可穿透的隔板，那么 **B** 的力线将被截断，在隔板上将形成两个磁极，也就是所谓的磁偶极子。同样地，螺线管的两端也会形成磁极(见图 1.34(b))。如果只考虑螺线管外部的磁场，我们可以形式化地引入磁荷(单极子)[30]。然而，电荷和磁荷之间并没有完全类似之处，因为磁荷(单极子)在现实中并不存在。螺线管内部(或固体磁体内部)的磁力线从南极到北极，而外部则相反，因此矢量场 **B** 的力线始终是闭合的：$\nabla \cdot \boldsymbol{B}=0$。

再次强调，当闭合电路被具有相似磁场的固态磁铁取代时，磁极的概念才会出现。磁体中的磁场分为内部和外部两部分。只考虑外部磁场时，可以说磁力线从北极开始，并在南极结束。然而，磁极并不是真实的磁场源或汇，因为磁力线在磁体内部是闭合的。因此，矢量场 **A** 和 **B** 具有不同的拓扑结构。可以说，矢量场 **A** 的极向场由第一类闭合线路形成，而矢量场 **B** 的环形场由第二类闭合线路形成。因此，矢量场 **A** 和矢量场 **B** 的拓扑性质必定是不同的。

接下来将考虑在环形线圈中产生的矢量场 **A** 和 **B**(见图 1.34(c))。在这种情况下，它对应着三连通的空间，因为有 3 种类型的闭合线路，它们无法彼此约化。除了前面描述的两类之外，还有第三类闭合线路，它们包围内部的电流。图 1.34(c)显示了对应于环形线圈中的电流密度 $\boldsymbol{j}$ 的矢量场 **B** 的环场。矢量场 **B** 的力线属于第三类闭合线路，并以涡旋环的形式显示，因此没有磁极，就像在螺线管中的场 **A** 一样。矢量磁场 **B** 完全集中在环形线圈内部。类比告诉我们，环形线圈中矢量场 **A** 的拓扑应该属于第二类闭合线路，并且应该包围涡旋环 **B**。实际上，如果在涡旋环 **B** 上放置隔板，它将切断矢量场 **A** 的力线，因此在环形线圈的两侧将出现磁极，也就是一种特殊的偶极子。矢量场 **A** 的源和汇的角色由两个标量磁场区域(正标量磁场($+B^*$)和负标量磁场($-B^*$))扮演，如图 1.34(d)所示。

当然，人们会对这些磁极的物理实际性产生疑问。可以通过实验验证和直观观察来观察到标量磁场区域，如本节末尾和第 1.8 节所示。所有这些都指示了在环形线圈的两端存在实际的矢量面源和矢量面汇，因此 $\nabla \cdot \boldsymbol{A}=-B^*$。因此，环形线圈中的 **A** 的力线不是闭合的。

可以得出结论：尽管矢量场 **A** 和 **B** 的拓扑有一些相似之处，但在螺线管和环形线圈之间存在一个根本差异。螺线管磁极的概念是形式化的，而环形线圈产生的矢

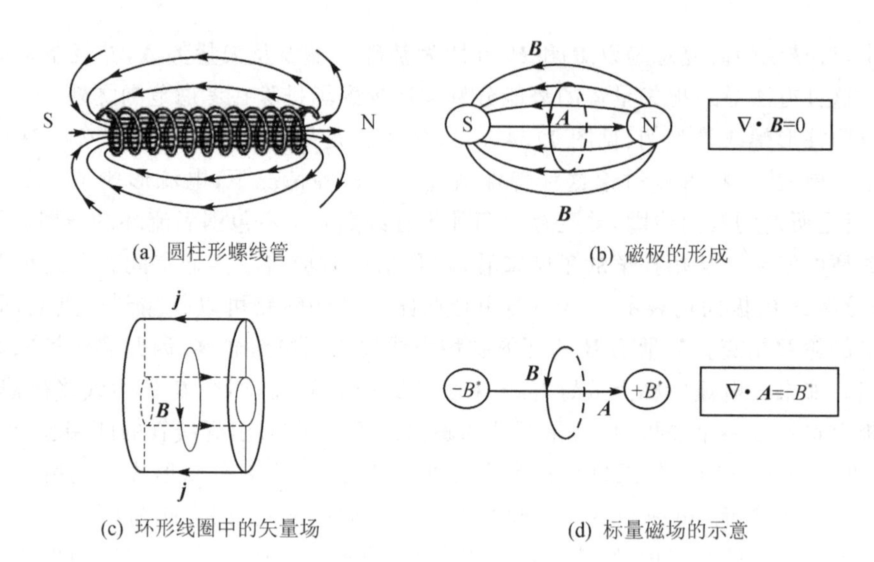

(a) 圆柱形螺线管

(b) 磁极的形成

(c) 环形线圈中的矢量场

(d) 标量磁场的示意

图 1.34 两个互相关联的矢量场 $\boldsymbol{A}$ 和 $\boldsymbol{B}$ 的拓扑结构

量标量场是实际存在的。

现在让我们来考虑两个相邻的矩形闭合导电线圈(见图 1.35)或一对平面磁体的系统。在这种情况下,存在两个拥有不同拓扑性质的磁场区域。磁场 $\boldsymbol{B}$ 力线的一部分只包围一个电流(第二类)。对于 $\boldsymbol{B}$ 磁场的这一部分,可以在线圈(磁体)的表面上找到磁极。这个场是由矢量场 $\boldsymbol{A}=\boldsymbol{A}_{\mathrm{r}}$ 产生的,它以涡旋环的形式显示,并且没有极。磁场 $\boldsymbol{B}$ 力线的另一部分包围了两个电流,即以涡旋环的形式显示,并且没有极(第三类)。就像在螺线管中一样,它是由矢量场 $\boldsymbol{A}=\boldsymbol{A}_{\mathrm{g}}$ 产生的。在 x 轴附近,标量磁场出现。

$$H^{*}=-\frac{1}{\mu_{0}}\nabla\cdot\boldsymbol{A} \tag{1.71}$$

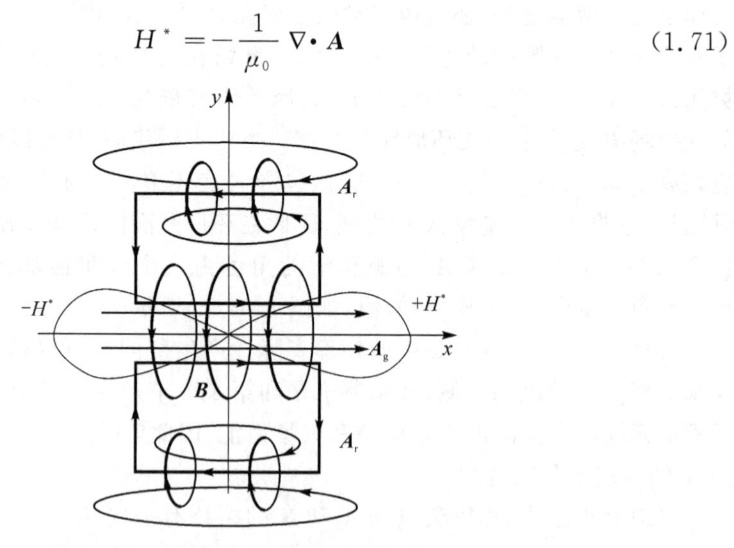

图 1.35 双电流系统的磁场拓扑结构

注意到图 1.35 和图 1.14 中场的分布图是相同的。我们可以得出两个结论：

① 在该空间区域内，矢量场 $\boldsymbol{A}$ 和 $\boldsymbol{B}$ 总是有着不同的拓扑结构。如果矢量场 $\boldsymbol{A}$ 是无极的（没有磁极），那么对应的矢量场 $\boldsymbol{B}$ 的环形场中可以假设有磁极（源和汇）；反之亦然，对于无极的矢量磁场 $\boldsymbol{B}$（没有磁极），可以用涡旋环的形式显示。与之相对应的矢量场 $\boldsymbol{A}$ 的拓扑结构是由标量磁场区域（位于磁场 $\boldsymbol{B}$ 源和汇的区域）所定义的。

② 复杂的电流系统会产生标量磁场，这些电流系统包含一系列闭合电流。在这种情况下，会形成具有不同拓扑结构的磁场区域。所有亥姆霍兹定理的条件，在闭合电流系统中都得到满足。

让我们来证明已知形式的总电流定律：

$$\oint_l \boldsymbol{H} \cdot \mathrm{d}\boldsymbol{l} = J \tag{1.72}$$

对于复杂的电力系统来说，总电流定律是片面的，它不总是适用。

考虑图 1.36(a)中给出的静止电流系统。选择两个圆形回路 L_1 和 L_2，它们的平面与 x 轴垂直。其中一个回路包围着电流，而另一个则不包围。根据总电流定律的形式式(1.72)，围绕 L_2 回路的磁场 $\boldsymbol{H}$ 的环流应该等于零，因为它不包围电流。通过绘制磁力线（见图 1.36(b)），可以很容易地发现，沿着 L_2 回路的磁力线的方向是一致的。因此，围绕 L_2 回路的磁场 $\boldsymbol{H}$ 的环流必定不等于零。值得注意的是，在所选的回路上，涡旋磁场线的方向是不同的：L_1 回路的方向与顺时针方向一致，而 L_2 上的磁场强度的矢量与逆时针方向一致。

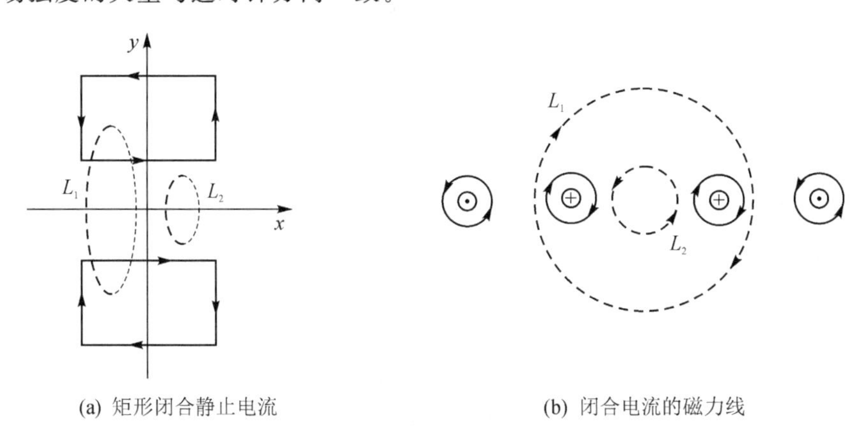

(a) 矩形闭合静止电流　　(b) 闭合电流的磁力线

图 1.36　对总电流定律的一般推导

因此，可以得出结论，在给定的示例中，总电流定律的一般形式式(1.72)对于 L_2 回路是不成立的，因此它不是一个普遍适用的定律。类似的推理也适用于两个定位平行的无限长电流。然而，电流之间的距离始终相对于它们的无限长度微小得可以忽略不计：在无穷远处观察它们时，它们会“合并”。因此，穿过电流之间的回路（不包围它们）在极限情况下会成为一个点。因此，仅通过使用无限长电流，无法找到不符合形式式(1.72)的总电流定律的情况。

现在来看方程(1.9)。将其两边与基于 L 回路的 $\mathrm{d}\boldsymbol{S}$ 面元进行数量积,并计算沿该面积的积分:

$$\int_S (\nabla\times \boldsymbol{H})\cdot \mathrm{d}\boldsymbol{S} + \int_S \nabla H^* \cdot \mathrm{d}\boldsymbol{S} = \int_S \boldsymbol{j}\cdot \mathrm{d}\boldsymbol{S} \tag{1.73}$$

让我们将这个关系表示为

$$\oint_L \boldsymbol{H}\cdot \mathrm{d}\boldsymbol{l} = J - \int_S \nabla H^* \cdot \mathrm{d}\boldsymbol{S} \tag{1.74}$$

如果除了导电电流外还考虑到位移电流,则可以得到

$$\oint_L \boldsymbol{H}\cdot \mathrm{d}\boldsymbol{l} = J + \frac{\mathrm{d}}{\mathrm{d}t}\int_S \boldsymbol{D}\cdot \mathrm{d}\boldsymbol{S} - \int_S \nabla H^* \cdot \mathrm{d}\boldsymbol{S} \tag{1.75}$$

换句话说,矢量 $\boldsymbol{H}$ 沿闭合回路的环流等于包围回路的总导电电流和位移电流之和减去通过基于该回路的表面的标量磁场梯度流量。

显然,这就是总电流定律的一般形式。总电流定律的一般形式解释了图1.36(a)和图1.36(b)所示的情况。由于 L_2 回路不包围电流($J=0$),故根据式(1.74)可以得出

$$\oint_{L_2} \boldsymbol{H}\cdot \mathrm{d}\boldsymbol{l} = -\int_{S_2} \nabla H^* \cdot \mathrm{d}\boldsymbol{S}$$

负号表示 L_2 回路上磁力线的方向,正如上文所述,与 L_1 回路的方向相反,后者被认为是正方向。

可以得出结论:传统的电动力学适用总电流定律的特殊情况。在一般情况下,根据亥姆霍兹定理,电流密度场 $\boldsymbol{j}(x,y,z)$ 与磁场 $\boldsymbol{H}$ 和 H^* 的特性有关。因此,建立磁静电学需要从总场论开始,写出方程(1.9),然后作为推论得到一般化的总电流定律式(1.74)。历史上形成的路径是:从总电流定律的特殊形式式(1.72)到方程(1.8),导致了特殊理论的形成。

让我们尝试计算带有电流的环形线圈所产生的标量磁场。考虑一个底部是圆柱的环形线圈。在其直径截面上有两个矩形回路(见图1.37)。为了方便起见,假设与环形线圈高度相重合的轮廓边长大于径向方向上的边长,也就是满足以下条件:

$$2h > R_{\mathrm{T}} - r_{\mathrm{T}}$$

在环形线圈中,矢量磁场的拓扑结构与具有有限长度电流的导体相同:它是环形(极向)的。因此,矢量场 $\boldsymbol{A}$ 具有源和汇,即产生两个标量磁场区域。

可以说,环形线圈代表了一个理想的电系统,它产生一个磁场,其中矢量场和标量场分量在位置上是分开的:矢量场完全存在于环形线圈内部,而标量场存在于外部。

由于在所考虑的情况下,环形线圈的底部是一个圆柱体,所以在其直径截面上形成了矩形回路。在 x 轴上的某一点 M 计算标量磁场。考虑到轴向和径向电流之间的关系,忽略由径向电流产生的标量磁场:

$$H^*(x',0) = n\,\frac{J}{2\pi}\left(\frac{r_1 - r_2}{r_1 r_2} + \frac{r_3 - r_4}{r_3 r_4}\right) \tag{1.76}$$

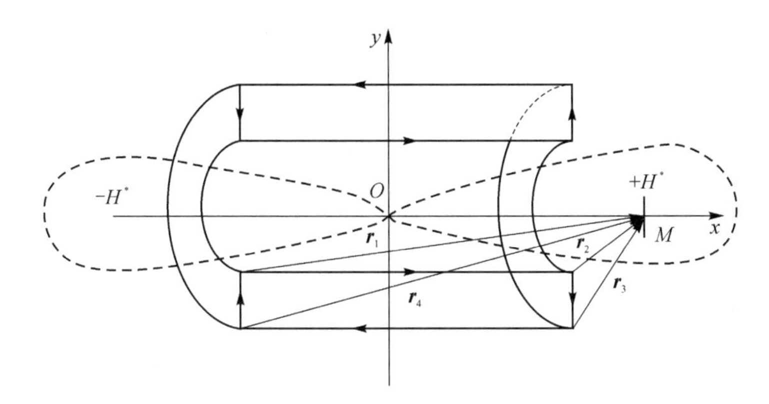

图 1.37　环形线圈的磁场

其中，n 是环形线圈的匝对数。

在这种情况下，当 $x'>0$ 时，标量场具有正号；当 $x'<0$ 时，标量场具有负号，如图 1.37 所示。

如果我们将环形线圈的高度视为 $2h$，并将其内部和外部半径分别表示为 r_T 和 R_T，则出现在式(1.76)中的部分可以方便地表示为

$$r_1=\sqrt{r_T^2+(x+h)^2},\quad r_2=\sqrt{r_T^2+(x-h)^2}$$

$$r_3=\sqrt{R_T^2+(x-h)^2},\quad r_4=\sqrt{R_T^2+(x+h)^2}$$

根据计算，由 100 对匝组成的环形线圈产生的标量磁场具有以下尺寸：$r_T=0.02\ \text{m}$，$R_T=0.06\ \text{m}$，$h=0.06\ \text{m}$，通过其传导的电流 $J=2\ \text{A}$，在其内部某点 $x'=h=0.06\ \text{m}$ 处，创建了最大强度的标量磁场 $H^*\approx 1\,034\ \text{A/m}$。在真空中，该场的磁感应强度为 $B^*=\mu_0 H^*\approx 1.3\times 10^{-3}\ \text{T}$。

现在我们将确定同一个环形线圈内所产生的涡旋磁场的特性。由于它是一个卷成环形的螺线管，故可以使用已知的公式：

$$H=n_0 J$$

其中，n_0 是环形线圈上每单位长度平均圆周的匝数。在这样的情况下，$n_0\approx 398$，因此 $H\approx 796\ \text{A/m}$。对于磁感应强度，得到 $B\approx 10^{-3}\ \text{T}$。

从计算结果可以看出，环形线圈产生的标量和涡旋磁场的最大值具有相同的数量级。

要产生标量磁场并进行可视化观察，可以使用固态磁体。这由 G. V. Nikolaev 发现并首次被观察到，他创造了一种特殊的磁体。Nikolaev Magnet (MN)是一个圆柱形磁体，沿直径切割成两部分，这两部分相对彼此旋转 180°(见图 1.38(a))。

这样的静磁系统可以模拟为半环形和径向电流的组合，以形成复杂的分布(见图 1.38(b))。前面提出的理论允许在图上绘制标量磁场并考虑其符号。基于对称性的考虑，我们可以猜测在电系统的中心有一个特殊的点 O。

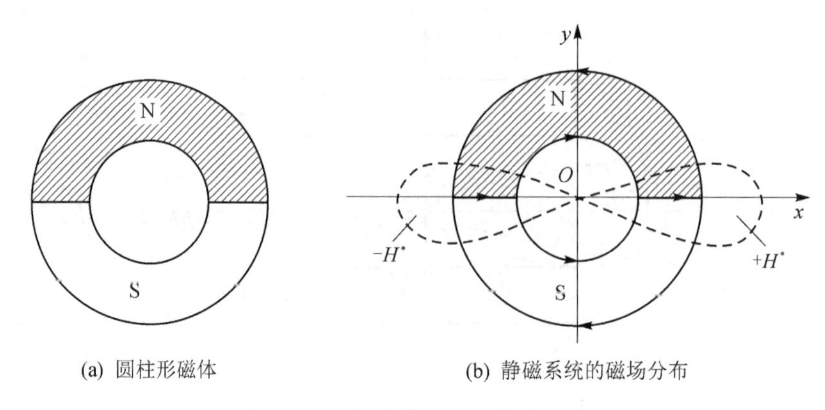

(a) 圆柱形磁体　　(b) 静磁系统的磁场分布

图 1.38　尼古拉耶夫磁体的结构

在图 1.39 所示的照片中,可以看到尼古拉耶夫磁体的磁场通过铁屑显示。铁屑集聚在强矢量磁场区域。圆圈表示沿切割线排列的轴上矢量磁场的最大值区域。这些区域不位于磁体的表面,而是在一定距离上。请注意中心部分和切割区域附近的外部空区域(左侧和右侧)。在这些区域内矢量磁场被抵消。正是在这些区域内产生了标量磁场,与理论上的考虑相符。

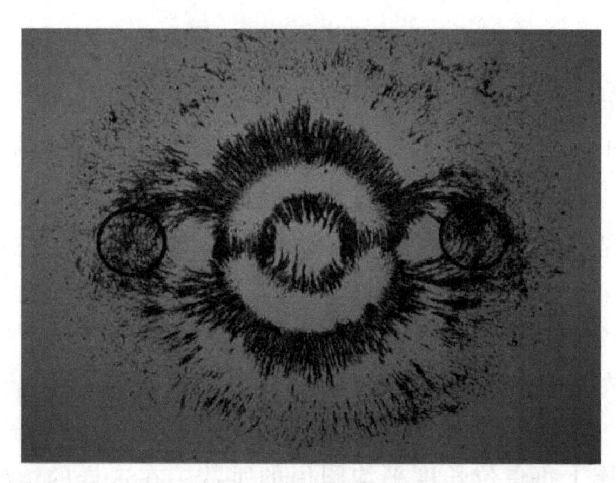

图 1.39　尼古拉耶夫磁场

在创建标量磁场时,可以使用带有轴向磁化的一对平板磁体,并通过侧面连接它们(见图 1.40)。这样就形成了一个静磁系统,可以模拟为图 1.35 或图 1.36(a)所示的电系统。磁体的连接线是水平的,因此在左侧和右侧可以看到"空白"区域,其中矢量磁场被抵消,产生标量磁场。这种静磁系统是在研究纵向电磁相互作用时最容易使用的。

图 1.40 下图是沿着磁体连接线的标量磁场分布图。负和正标量磁场的最大值大约位于"空白"区域的中心。箭头用来指示标量磁场梯度的方向。

根据本部分介绍的结果,可以得出以下结论:传统的静磁学并不完整,因为它只

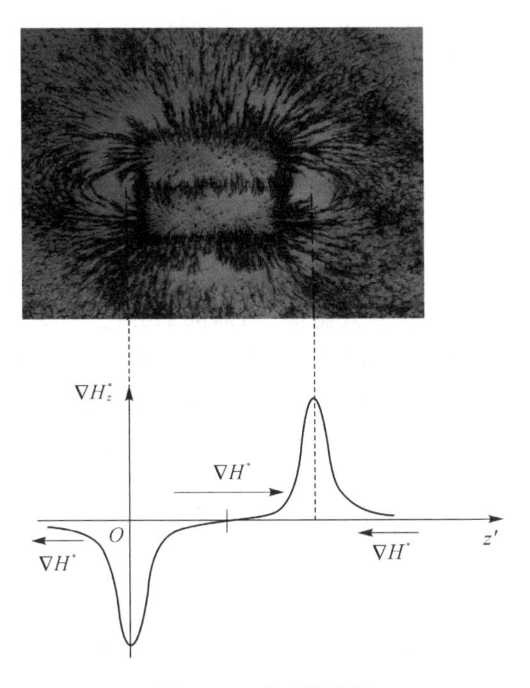

图 1.40　磁对的磁场

研究了基本对象的磁场：无限长直线电流和孤立的带电闭合电路(或螺线管)。这些对象并不产生标量磁场。广义静磁学可以研究复杂电系统的磁场，一般情况下具有两个分量：涡旋的磁场分量和势的磁场分量。

1.7　磁场对物质的影响

磁场对物质的影响与元电流的概念相关。元电流是指在一个区域内闭合的电流，该区域的线性尺寸远小于从该区域到确定磁场的点的距离。例如，使用元电流模拟原子中外部电子的运动。正如所知[7-8]，由元电流产生的矢量磁场的主要特征是磁矩：

$$\boldsymbol{M}_{\mathrm{m}}=\frac{1}{2}\int_{\tau}(\boldsymbol{r}_{\varepsilon}\times\boldsymbol{j})\mathrm{d}\tau \tag{1.77}$$

其中，r_{ε} 是元电流的半径。对于线性闭合电流的情况：

$$\boldsymbol{M}_{\mathrm{m}}=J\boldsymbol{S}$$

其中，$\boldsymbol{S}$ 是确定元电流的面积和其在空间中的方向矢量。

单个元电流的磁场矢势取决于其磁矩：

$$\boldsymbol{A}=\frac{\mu_0}{4\pi}\frac{\boldsymbol{M}_{\mathrm{m}}\times\boldsymbol{r}}{r^3} \tag{1.78}$$

其中，$\boldsymbol{r}$ 是从元电流中心到磁场测量点的位置矢量。由元电流产生的矢量磁场的磁感应强度可以根据已知的公式计算：

$$\boldsymbol{B}=\frac{\mu_0}{4\pi}\nabla\times\left(\frac{\boldsymbol{M}_{\mathrm{m}}\times\boldsymbol{r}}{r^3}\right)=\frac{\mu_0}{4\pi}\left[\frac{3(\boldsymbol{M}_{\mathrm{m}}\cdot\boldsymbol{r})\cdot\boldsymbol{r}}{r^5}-\frac{\boldsymbol{M}_{\mathrm{m}}}{r^3}\right] \tag{1.79}$$

通常情况下,物质中的原子磁矩互相抵消,磁性质不会显现出来。在外部的矢量磁场存在的情况下,顺磁和抗磁材料的原子会产生不抵消的磁矩。在顺磁材料中,原子的磁矩会沿着磁场的方向排列,而在抗磁材料中则是反方向排列。现在我们详细考虑顺磁材料的情况(见图 1.41)。假设外部磁场由一条沿着 x 轴的直线电流产生。在这种情况下,矢量磁场 $\boldsymbol{B}$ 将形成同心力线,而沿着力线排列的分子电流则会形成环状结构,这些结构又会创建出自发磁极(前面的部分已讨论过)。我们来看一下位于磁力线的直径相对位置(在 y 轴上)上的两个元电流,并确定它们在 x 轴上某一点所产生的自发磁极。这两个电流的磁矩 $\boldsymbol{M}_{\mathrm{m1}}$ 和 $\boldsymbol{M}_{\mathrm{m2}}$ 是沿着 z 轴方向且方向相反的。

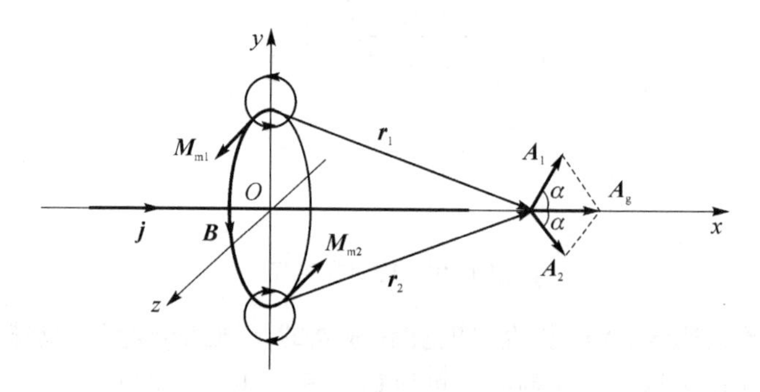

图 1.41　两个元电流系统的自发磁极

利用式(1.78),我们计算在指定点的矢势矢量 $\boldsymbol{A}_1$ 和 $\boldsymbol{A}_2$。由于这些元电流在 x 轴的对称位置上,电动势势能模相等。它们在 y 轴上的投影互相抵消,而在 x 轴上的投影形成了势能矢量。

$$\boldsymbol{A}_{\mathrm{g}}=\boldsymbol{A}_1+\boldsymbol{A}_2$$

其模量

$$A_{\mathrm{g}}=(A_1+A_2)\cos\alpha=\frac{\mu_0}{2\pi}\frac{M_{\mathrm{m}}}{r^2}\cos\alpha$$

其中,$M_{\mathrm{m}}=M_{\mathrm{m1}}=M_{\mathrm{m2}}$,$r=r_1=r_2=\sqrt{a^2+x^2}$,$a$ 是元电流所在的磁力线的半径。角度 α 取决于矢势确定点的位置,$\cos\alpha=a/r$,因此可以写成

$$\boldsymbol{A}_{\mathrm{g}}=\frac{\mu_0}{2\pi}\frac{M_{\mathrm{m}}a}{(a^2+x^2)^{3/2}}\boldsymbol{i} \tag{1.80}$$

其中,$\boldsymbol{i}$ 为沿 x 轴方向的单位向量。

应用式(1.25),计算由两个元电流系统在 x 轴上产生的标量磁场强度:

$$B^*=-\nabla\cdot\boldsymbol{A}_{\mathrm{g}}=\frac{3\mu_0M_{\mathrm{m}}a}{2\pi}\frac{x}{(a^2+x^2)^{5/2}} \tag{1.81}$$

显然，如果我们知道物质的分子浓度和其中外部矢量磁场的分布，则可以确定标量磁场强度的分布。从式(1.81)可以看出，标量磁场的符号随 x 的符号而变化。外部由直线电流产生的标量磁场也是如此：当 $x>0$ 时，它是正的；而当 $x<0$ 时，它是负的。因此，在顺磁性介质中，外部标量磁场会增强。在抗磁性介质中，元电流的磁矩与外部矢量磁场相对取反。因此，形成了与外部标量磁场方向相反的环形结构，即在抗磁性材料中它会减弱。铁磁性是以量子现象为基础的，可以假设标量磁场对未抵消的电子或核自旋的作用。支持这种假设的依据可以是实验研究[31-32]。也就是说，在这种情况下，标量磁场对物质的作用显然在量子水平上表现出来。

矢量磁场和标量磁场是密不可分的：如果任何磁静电系统同时产生矢量和标量磁场，那么在物质中，这些分量必然以相同程度增强或减弱。因此，复杂的电磁作用，包括涡旋和势分量磁场，导致物质中组织了分子级自身标量磁场的结构。在这种情况下，相对磁导率 μ' 在物质中作为标量磁场的增强(减弱)系数。环形结构经常在分子水平上形成，它们之间的相互作用影响材料的宏观特性[106-107]。为了描述这种相互作用，雅·泽尔多维奇在1957年引入了“环形矩”的概念，它沿着环形的轴向指向。后来发现，环形矩实际上是环形自感应标量磁场梯度 ∇H^* 的概念。

1.8　实验和自然现象

在 G. V. Nikolaeva[16-18] 的论文中描述了十几个实验和装置，这些实验和装置展示了纵向磁力。我们将介绍一些自己的实验，以及其他作者的实验，这些实验明确证实了关于纵向电磁相互作用的理论。

在第一个实验中，A. K. Tomilin 和 G. E. Asylkanova[33] 研究了在 Nikolaeva 磁场中带电导线的直线运动(见图1.42(a))。在 Nikolaeva 磁场的缝隙上方，通过非导电线悬挂了一根直线电导(非磁性)(铜)杆。在杆的中间位于磁体中心上方，连接着一个灵活的导线，与一个恒定电流源的一极相连。悬挂的导线的两端与电流源的另一极连接。连接到铜杆上的柔性导线沿其延伸排列。水平的直线导线远长于磁体的直径。悬挂导线的左右部分流动着方向相反的电流。在电路闭合时，导线沿着磁体的切口移动，即沿着其中流动的电流方向移动。由于系统在通电瞬间是对称的，可以假设在导线的一半上产生沿电流方向的力，而在另一半上产生反向的力。这个结果与提出的理论推断一致，并确认了纵向磁力的假设。图1.42(b)显示了考虑到电流方向和磁体产生的磁场梯度的纵向力的作用。事实上，右半导线中的电流方向与磁体磁场梯度的方向一致(从左到右)。因此，右半导线上有一个沿着电流方向的力。左半导线上的电流与外部磁场梯度成180°角，因此，纵向力与导线中的电流方向相反，导线整体上受到了从左到右的纵向力 $\boldsymbol{F}^*$ 的作用。在实验中观察到的导线运动正是朝着这个方向进行的。

值得注意的是，在图1.43(a)所示的情况下，垂直放置的导线受到安培力的作

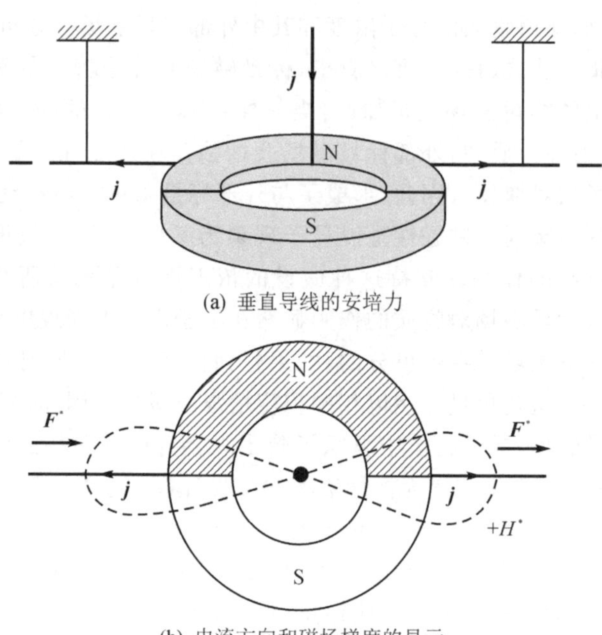

(a) 垂直导线的安培力

(b) 电流方向和磁场梯度的显示

图 1.42　Tomilin - Asylkanova 的第一个实验

用。根据磁体极点的位置,可以确定安培力与 $\boldsymbol{F}^*$ 力的方向相反,即与观察到的导线运动方向相反。因此,作用在垂直导线上的安培力不是导致观察到的运动的原因。顺便说一句,这个垂直力很小,因为在磁体表面附近,由磁体的两半部分形成的常规磁场几乎被抵消。

A. K. Tomilin 和 G. E. Asylkanova 的第二个实验[33]在尼古拉耶夫磁体上方悬挂了一根铜环(见图 1.43(a))。通过连接到恒定电流源的相对极点的直径上的点来闭合电路。当电路闭合时,环中流动半环电流。这样,环在自己的平面内旋转。如果电流通过固定在环上的柔性导线流动,那么只有在短暂的电路闭合下才能观察到这种效应。

首先考察位于磁体产生的磁场右侧的电流和导线部分。图 1.43(b)中的电流向下流动,外部磁场的梯度从左向右,因此,电流与外部磁场梯度成 90°角,它受到沿电流方向的力 $\boldsymbol{F}^*$ 的作用。在左侧,电流与外部磁场梯度成 −90°角,因此,力 $\boldsymbol{F}^*$ 指向电流的反方向。

图 1.43(b)清楚地显示,通过纵向电磁相互作用产生了一对力,使环旋转。如果提供可移动的电触点,那么环将会旋转。在这种情况下,在任何位置,都不会给环传递横向力的冲量。

S. A. Deyna 进行了类似的实验(见图 1.44)。他将尼古拉耶夫磁体放置在垂直平面上,并将其固定在旋转平台上。磁体的切口线是水平的。在同一水平面上,固定了一个环,半环电流通过它流动。在电流通过环时,磁体围绕垂直轴旋转。如果改变

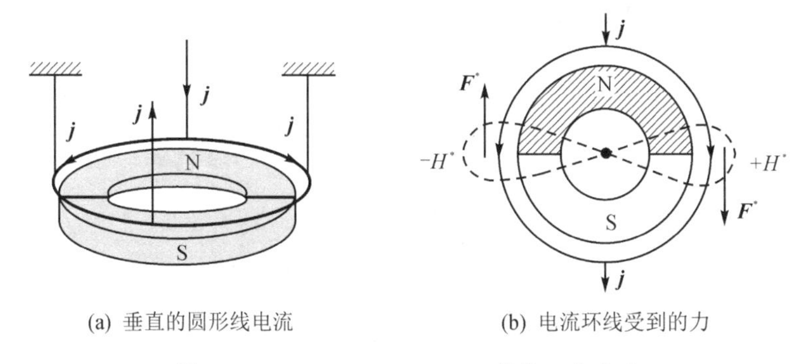

(a) 垂直的圆形线电流　　(b) 电流环线受到的力

图 1.43　Tomilin - Asylkanova 的第二个实验

环中的电流方向，则磁体会朝另一个方向旋转。

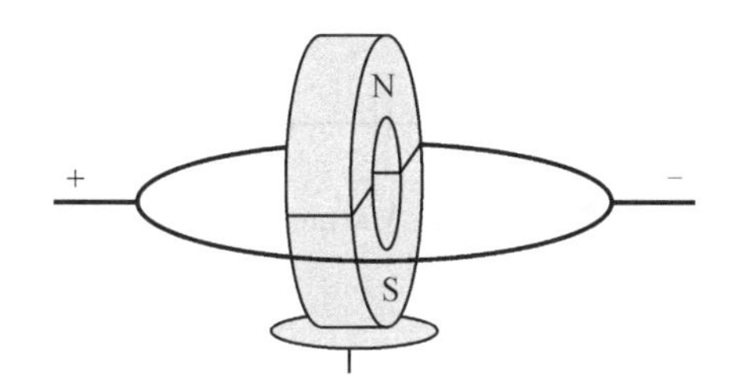

图 1.44　S. A. Deyna 的实验

磁体的运动是由安培力对产生的。显然，在相反的方向上，同样大小的力对作用在带电流的环上。这对力的作用平面与环的平面重合，因此，其力的合成沿着环上的电流方向。

J. P. Wesley 在 1998 年发表的文章中[34]，解释了 S. Marinov 电动机的工作原理(见图 1.45)。该电机的定子是一个环形磁铁。如第 1.6 节所示，这样的系统产生了磁场梯度。转子的前部和后部(电导环)位于不同符号的磁场梯度中。由此产生的一对力使转子旋转。

图 1.46 显示了 A. K. Tomilin 和 E. V. Prokopenko 进行的实验方案。一根铜杆通过形成三角形的两根导线悬挂起来。这种悬挂方式可以确保即使是微小的力也能够固定住。稍后我们将注意到这种悬挂方式的一些缺点。假设导线中流动着恒定的电流，并且流动方向如图 1.46(a)所示。在水平杆的中点处放置一个磁对，它产生磁场梯度。在给定的电流方向和磁对极性的情况下，实验观察到杆向左移动，即沿着导线电流的方向(见图 1.46(a))。当改变电流方向时，水平导线向右移动，即再次沿着电流方向移动。

如果将磁对绕 x 轴或 y 轴的任何水平轴旋转 180°，但保持电流方向不变，则观察到导线相对于其电流的运动与之前相反(见图 1.46(b))。这进一步证实了在判断磁场梯度的极性时的理论考虑的必要性。在图 1.46(a)所示的位置，杆位于由磁对产生的正的磁场梯度中。在图 1.46(b)中，磁对上方产生了负的磁场梯度。这解释了杆相对于其电流的不同运动方向。

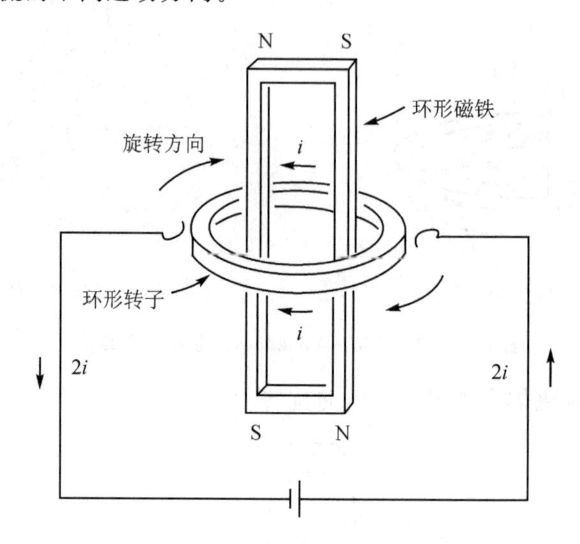

图 1.45 S. Marinov 电动机

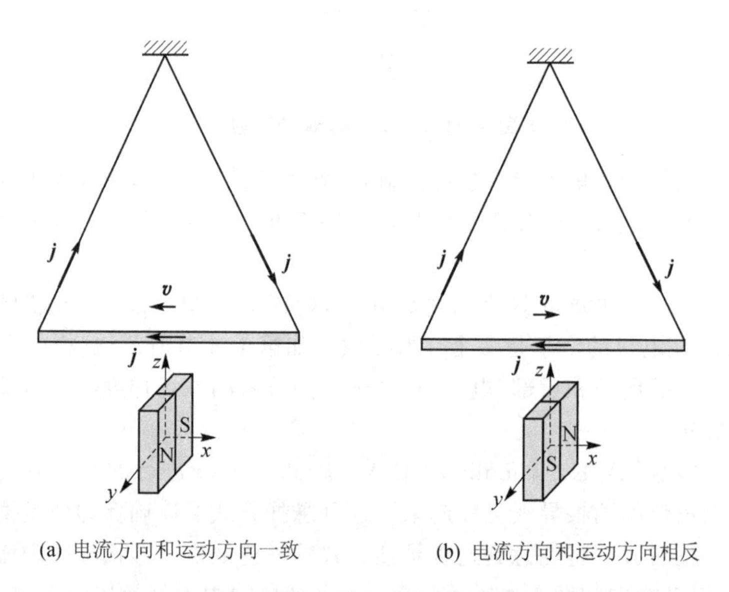

(a) 电流方向和运动方向一致 (b) 电流方向和运动方向相反

图 1.46 标量磁场中三角悬架上导线的纵向运动

实验证明,导线的运动方向取决于其相对于磁对末端的高度。如果导线距离磁铁末端非常近(小于 0.5 cm),则它将逆电流方向移动(见图 1.47(a))。这是由于三角形悬挂系统的特殊性:当磁对与悬挂导线接近时,它会与悬挂导线发生相互作用并产生一个力矩,其方向与纵向力相对于悬挂轴的方向相反。显然,在这种情况下,施加在悬挂导线上的力矩大于对水平导线产生的纵向力矩。

我们尝试使用传统电动力学来解释实验结果。让我们考虑第一种情况(见

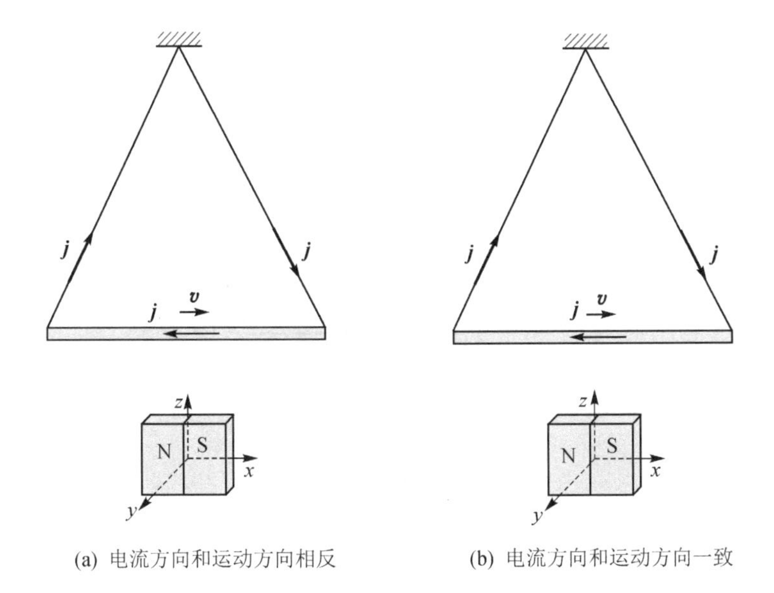

(a) 电流方向和运动方向相反　　(b) 电流方向和运动方向一致

图 1.47　纵向力与外部标量磁场梯度的关系

图 1.46(a))。可能在 A 点和 C 点附近，磁体系统产生了普通的矢量磁场。根据磁极的位置，该磁场的感应矢量如图 1.48 所示。

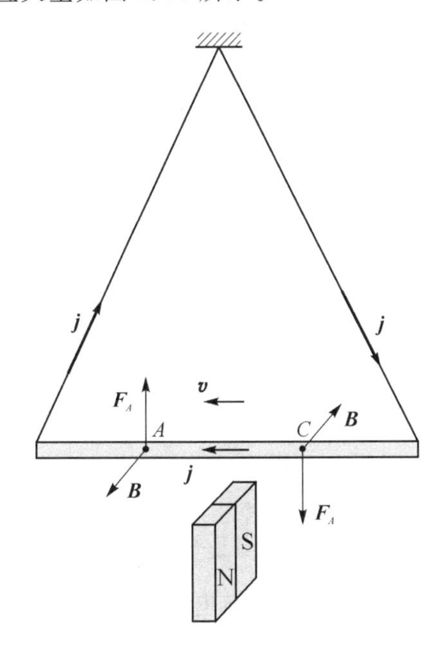

图 1.48　对三角形悬挂系统中力的分析

显然，安培力对产生，可能正是这个力对导致杆绕悬挂点旋转。这一悬挂系统的缺点可以通过使用两根垂直的柔性导线来消除(见图 1.49)，将杆悬挂在上面。

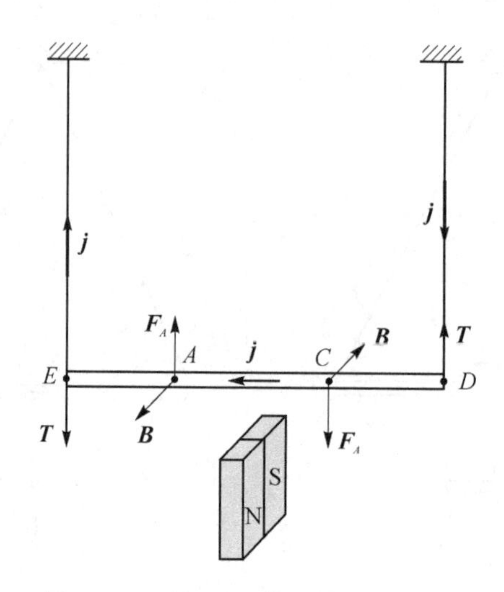

图 1.49　对矩形悬挂系统中力的分析

在矩形悬挂系统中，由安培力($\boldsymbol{F}_A$)产生的力对($\boldsymbol{F}_A$，$-\boldsymbol{F}_A$)与由悬挂反作用力($\boldsymbol{T}$，$-\boldsymbol{T}$)产生的力对相抵消。因此，杆不应该发生移动。然而，在实验中发现，在这种悬挂系统下，杆沿电流方向或与电流相反方向发生水平运动，具体取决于磁场极性的符号。因此，我们可以得出结论，实验结果无法在传统电动力学框架内解释。

现在让我们讨论磁对与导线的相互作用问题，在导线垂直于地面的情况下进行(见图 1.50)。磁对位于杆的中间和靠近两个末端的位置。在每个位置上，根据电流方向和磁感应强度，确定了作用在相应悬挂系统上的安培力。

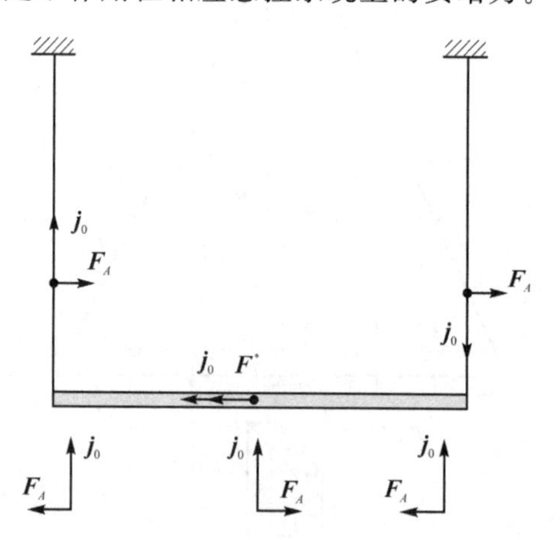

图 1.50　矩形悬挂系统中作用在导线上的力

实验结果表明，在将磁对置于水平导线中间时，观察到的杆的运动与作用在悬挂导线上的安培力方向相反。因此，实验结果无法通过磁体与悬挂导线的相互作用来解释。

不幸的是，无法在局部区域使用线状导线来测试磁场力效应。它们必须足够长，以排除与悬挂导线的相互作用。因此，使用具有有限长度的可移动导线进行实验是有意义的。在 A. K. Tomilin 和 A. E. Smagulova 的实验中，他们在石墨基底上垂直放置了一个轻的非磁性（铜）导线杆，长度为 2～3 cm。杆的上端自由穿过一个略大于杆的横截面直径的小导线环。环和石墨基底通过一个包含恒定电流源（电池）和安培计的电路来连接。当电路闭合时，会产生恒定电流（在我们的情况下约为 2 A）。

如果将两个平板状磁体系统像图 1.51(a)所示那样靠近铜杆，杆会进行垂直振动。如果将磁体按照图 1.51(b)所示的方式排列，杆将不会振动。

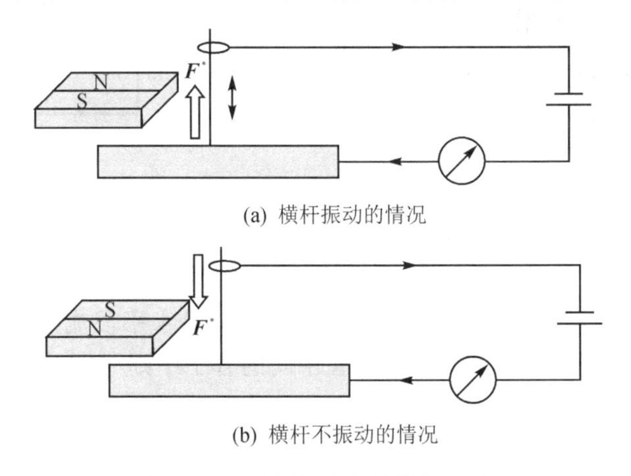

(a) 横杆振动的情况

(b) 横杆不振动的情况

图 1.51　关于短直立导线的实验

实验结果可以通过在具有电流的磁场中产生的纵向电磁力来解释。在第一种情况下，这个力向上，显然它比重力更大，因此杆会进行垂直振动。由于断开电气接触，电流在电路中中断，因此磁力具有脉冲特性。在第二种情况下，纵向力是恒定的并且向下，因此杆不会振动。

在 A. K. Tomilin 和 A. E. Smagulova 的下一个实验中，他们使用了 H 形玻璃管，并注入汞。中间电极连接到恒定电流源的正极，两端连接到负极。平板状的长方形磁体在管的中部对称地安装（见图 1.52(a)）。在实验中使用了从“铁钕硼”合金制成的恒定磁体，可以创建强磁场。

在电路闭合之前，汞在所有垂直管子中的弯液面处于相同的水平位置。当电路闭合时，垂直管子中的汞水平面迅速改变。在图 1.52 所示的磁体布置下，右侧管子的弯液面上升，左侧管子的弯液面下降。如果在相同的磁体布置下改变所有电极的极性为相反，将观察到相反的效应。当没有磁体通过导电液体时，汞的弯液面保持在一个水平位置上。

让我们尝试通过普通的安培力对水平管中的汞产生的横向力来解释这种效应。的确，这种力是由垂直电流成分（存在于中间垂直管的底部）与水平磁感应成分的相互作用而产生的。水平磁感应在图 1.52(b)中显示，考虑了磁铁的极性。在这种情况下，安培力应导致左侧管中汞的上升和右侧管中汞的下降。然而，在实验中观察到了相反的效应。因此,无法用普通的横向安培力来解释实验结果。

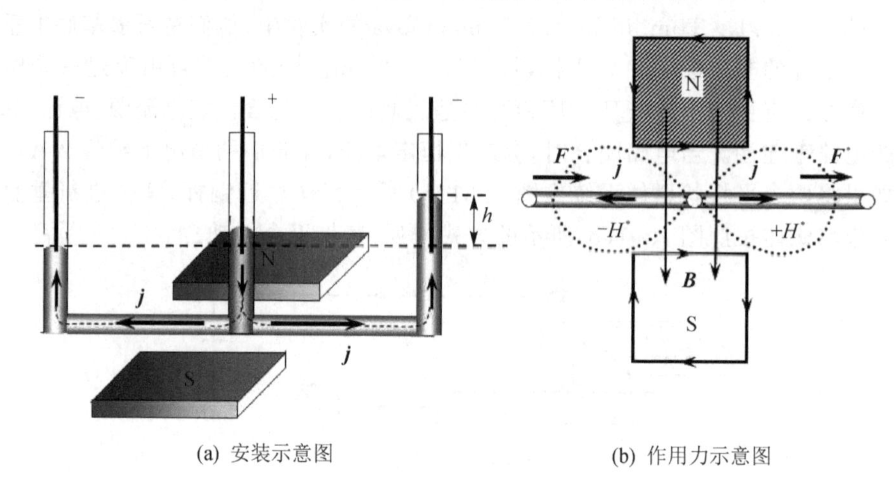

(a) 安装示意图　　(b) 作用力示意图

图 1.52　使用 H 形管进行的实验

C. A. Дейн 的实验装置如图 1.53 所示。电流沿水平段流过。在这种情况下,无论极性如何,管子的弯液面都会上升,在中间的管子中则下降。实验结果与之前提出的理论相一致。

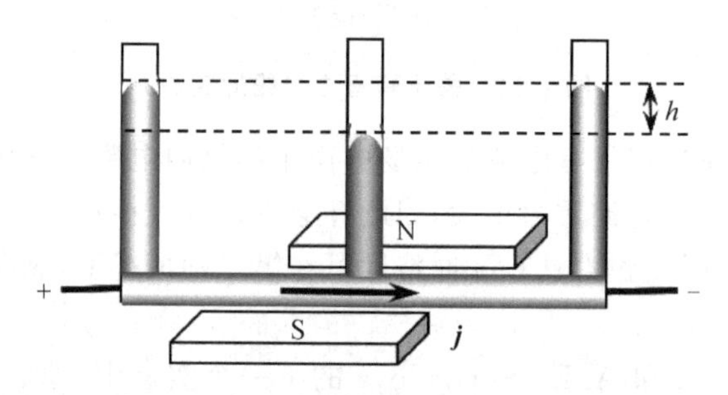

图 1.53　C. A. Дейн 的 H 形管实验

下面用几个实验来研究由磁对产生的安培力的分布(A. K. Tomilin 的实验)。在这种情况下,使用微型环形线圈作为指示器。在第 1.6 节中,表明环形线圈磁场的分布与由有限长度直线电流产生的磁场的分布相一致。因此,环形线圈可以用作模拟有限长度电流的对象。导线几乎可以放置在同一条线上,即抵消它们的磁场。值得注意的是,制作环形线圈时会产生所谓的"溢出回线"。如果使用单层线圈,则在制作过程中会形成一个"溢出回线",即一个环形电流。由于这个环形电流与外部涡旋磁场的相互作用,可能会产生转矩。为了避免这种情况,应该使用双层线圈,形成两个相反方向的溢出回线。

在实验中使用了以下参数的特定环形线圈:双层绕组,包含 $n=20$ 对匝数,内半径 $r_T=0.003$ m,外半径 $R_T=0.01$ m,长度 $l_T=0.02$ m。内导线的总横截面积 $S=3.8\times10^{-6}$ m^2。实验中使用了尺寸为 10 mm×20 mm×60 mm 的基于"铁钕硼"合金的磁体。

在第一个实验中(见图 1.54),磁体以最小的面接触。环形线圈位于连接线的正交于磁体大平面的位置上。图 1.54(a)展示了环形线圈处于正向标量磁场的情况。观察到在这种情况下,环形线圈受到与模拟电流方向相同的力的作用。如果将磁体如图 1.54(b)所示那样放置,则环形线圈处于负向标量磁场。在这种情况下,环形线圈受到与模拟电流方向相反的力的作用。

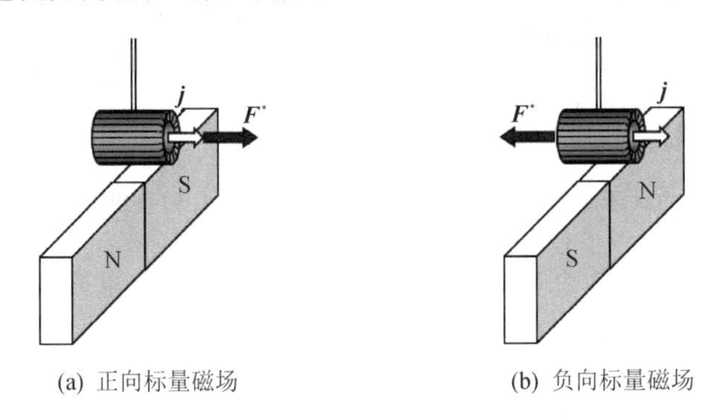

图 1.54　环形线圈在标量磁场中的运动

然而,不能断定在这个实验中只有纵向磁力作用在环形线圈上。涡旋磁场的线穿过垂直末端电流(见图 1.55)。由此,下部的环形线圈受到按照模拟电流产生的安培力的作用(在图上是朝向我们)。上部的环形线圈受到与模拟电流方向相反的力的作用(远离我们)。当然,在上部,磁场比下部要弱。因此,朝向我们的力较大。它与纵向磁力的方向一致。因此,不能说观察到的效应仅仅是由纵向力的作用来解释的。

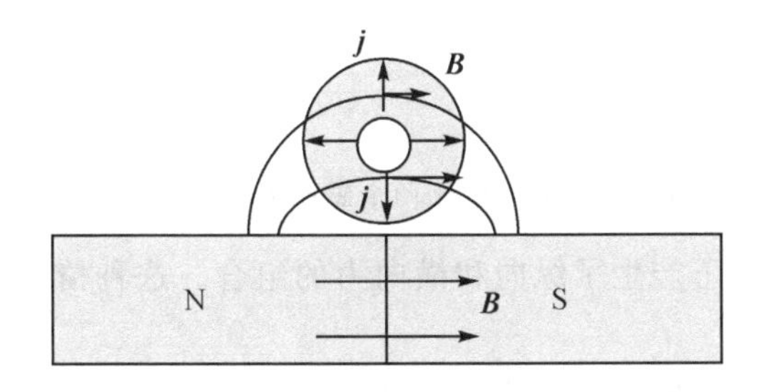

图 1.55　末端电流与外部磁场的相互作用

将环形线圈放置在正向标量磁场中,如图 1.56 所示。将模拟电流从左向右引导。在这种情况下,应该会产生沿着模拟电流方向的纵向磁力。然而,在实验中,环形线圈却向相反的方向运动。这可以通过下部环形线圈(最靠近磁体)的末端电流与强烈的涡旋磁场相互作用,并产生两个相同方向的安培力来解释。在环形线圈的顶部端面上出现了相反方向的安培力,但其大于作用在下方的力。显然,在这种情况下,安培力的总和超过了尼古拉耶夫纵向力。

如果将感应器组装成 4 个磁铁,如图 1.57 所示,当通电时,环形线圈几乎不会移动。这是因为在图 1.55 和图 1.56 中分别在独立情况下产生的力相互抵消。可以得出结论,这些力的大小几乎相等。

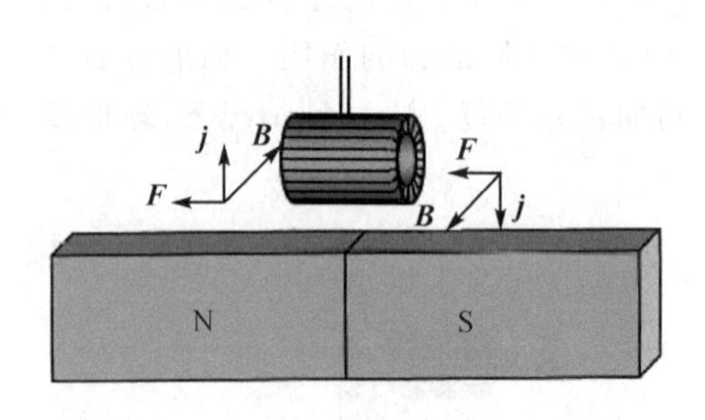

图 1.56　横向端面力大于纵向力的情况

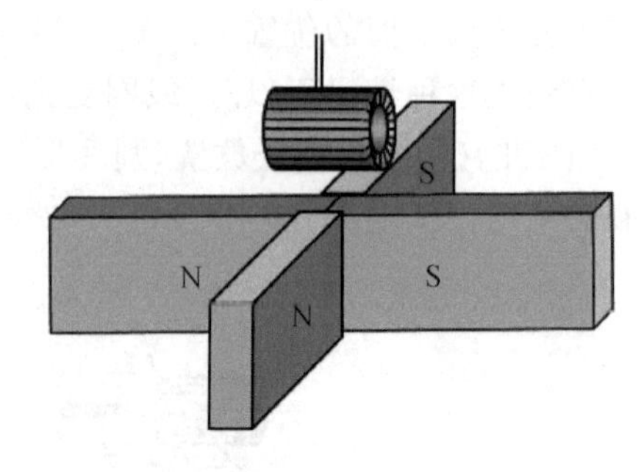

图 1.57　纵向和横向力的补偿情况

如果环形线圈位于两个磁铁之间,则其运动符合纵向电磁相互作用理论(见图 1.58(a))。位于正向磁极区域的磁环受到与模拟电流方向一致的力的作用;相反,如果磁环位于负向磁极区域,则纵向力的方向与模拟电流方向相反。

然而,还存在着相同方向的横向磁力。这是由水平端面电流与感应器磁场相互作用引起的(见图 1.58(b))。在图 1.58(b)中,环形线圈朝向我们运动。同样,作用在水平端面导线上的横向力也朝向那个方向;相反,作用在垂直端面导线上的力则朝向我们这边。

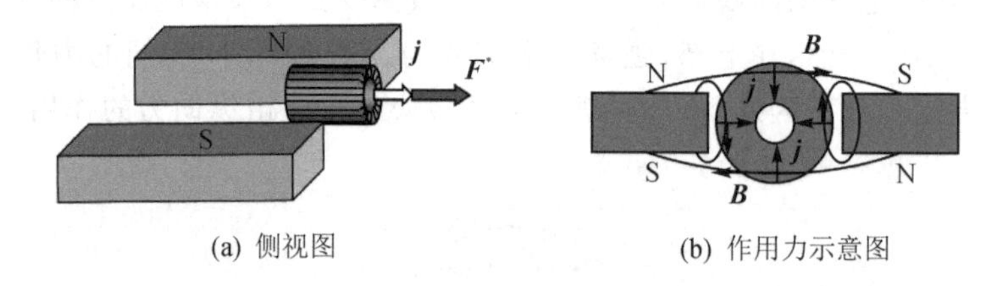

(a) 侧视图　　(b) 作用力示意图

图 1.58　磁环位于两个磁铁之间的力分析

因此,在这种情况下产生了纵向和横向力的组合。这种情况下无法单独分析纵向电磁力。

当元件按照图 1.59 所示的方式排列时,环形线圈会按照纵向电磁相互作用理论进行运动。在这种情况下,所有横向磁力的总和几乎为零。因此,可以使用这种安装方式以"纯净的形式"测量纵向磁力。

以上所有实验都是定性的。为了确认电磁相互作用的一般理论,需要进行一项实验,以"纯净的形式"测量尼古拉耶夫力,并将理论计算与实验结果进行比较。类似的实验可能成为一个著名实验的类比,在这个实验中展示了在马蹄磁铁场中表现出的安培力。

为了以"纯净的形式"测量尼古拉耶夫力,需要解决几个关键问题:

① 消除横向力的表现;

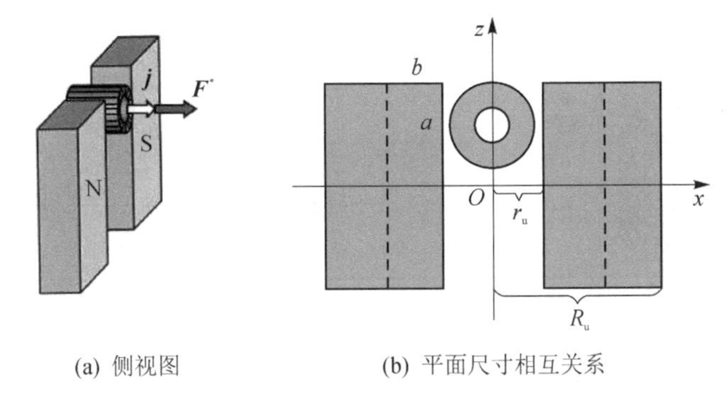

(a) 侧视图　　(b) 平面尺寸相互关系

图 1.59　横向力的补偿情况

② 确保指示对象的可移动性;

③ 在超过指示对象尺寸的区域内创建准均匀外部磁场。

如前所述,图 1.59 所示的装置实现了这个实验的思想。建议使用双极平面框架(指示框架)而不是环形线圈,并悬挂在导电线上(见图 1.60)。

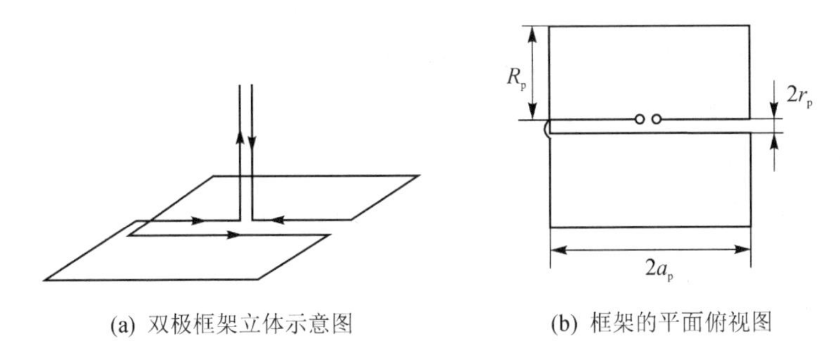

(a) 双极框架立体示意图　　(b) 框架的平面俯视图

图 1.60　平面双极框架

如第 1.6 节所示,这样一个框架的磁场与有限长度的线性导体的磁场相同。也就是说,两个磁场即涡旋磁场和势能磁场的各成分都会被创建。悬挂的影响几乎被排除,因为通过导电线流动的电流方向相反。在这些线之间的最近位置,它们的磁场相互抵消。

外部磁场由两个带有电流的矩形框架创建,其位置如图 1.61 所示。我们将这个系统称为感应器。根据广义理论,可以计算感应器的外部磁场分布。

将双极框架放置在感应器的轮廓之间,如图 1.61 所示。感应器当然会产生涡旋磁场。在框架之间的空间中,磁力线与 x 轴共线。当指示框架中的端面电流与 x 轴平行,并与指示框架的端面电流相互作用时,不会产生安培力。与外部磁场相互作用时,指示框架中的 4 个纵向电流产生安培力,2 个向上,另外 2 个向下。因此它们两两抵消。无论如何,无法用安培力来解释指示框架沿 y 轴运动。

根据广义理论,尼古拉耶夫力 $\boldsymbol{F}^*$ 应该沿着等效电流 $\boldsymbol{j}_0$ 的方向起作用,因为指示框架处于外部磁场中。如果外部磁场为正,则框架沿着等效电流的方向运动。在

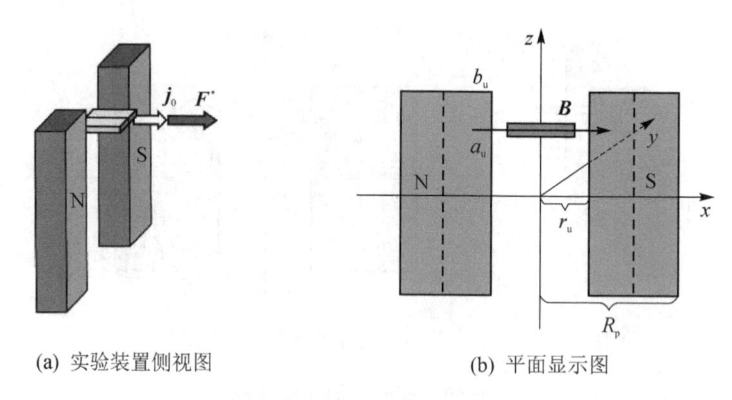

(a) 实验装置侧视图

(b) 平面显示图

图 1.61 测量纵向力的实验

负的外部磁场中,框架应该沿等效电流的反向移动。

实验装置由 S. A. Deyna 制造,并进行了实验室测量。下面列出了实验装置的参数。

感应器:每个线圈的尺寸是长度 $2a_u = 0.16$ m,宽度 $2b_u = 0.11$ m,线圈之间的距离为 0.055 m,线圈对数 $n = 270$,每个线圈中的电流为 $J_u = 3$ A。

感应器的内半径为 $r_u = 0.16$ m,外半径为 $R_u = 0.137\ 5$ m。

指示框架:长度 $2a_p = 0.032$ m,宽度 $2R_p = 0.05$ m。内导体之间几乎没有间隙。导线对数 $n_p = 50$,电流 $J_p = 2$ A。框架由直径为 0.05 mm 的导线绕制,并涂有绝缘漆。内导体的总横截面积 $S = 0.2 \times 10^{-4}\ \mathrm{m}^2$。内导体紧密相邻,可以将它们想象成两行平面绕组,之间有一个绝缘层厚度 $2r_p = 0.001$ m 的隔板。力的测量通过电子天平进行,精度为 0.01 g。

坐标轴的布置如图 1.61(b)所示。

在位置 z 处,由感应器产生的标量磁场可以通过以下公式确定:

$$H_u^*(z,0) = n_u \frac{J_u}{2\pi}\left(\frac{r_1 - r_2}{r_1 r_2} + \frac{r_3 - r_4}{r_3 r_4}\right) \tag{1.82}$$

其中,

$$\begin{cases} r_1 = \sqrt{r_u^2 + (z + a_u)^2}, & r_2 = \sqrt{r_u^2 + (a_u - z)^2} \\ r_3 = \sqrt{R_u^2 + (a_u - z)^2}, & r_4 = \sqrt{R_u^2 + (z + a_u)^2} \end{cases} \tag{1.83}$$

外部磁场感应:

$$B_u^* = \mu_0 H_u^*$$

指示框架的轴沿 Oy 方向排列,因此,指示器的自身磁场强度是 y 坐标的函数。

$$H_p^*(y,0) = n_p \frac{J_p}{2\pi}\left(\frac{r_1 - r_2}{r_1 r_2} + \frac{r_3 - r_4}{r_3 r_4}\right) \tag{1.84}$$

其中,

$$\begin{cases} r_1=\sqrt{r_p^2+(y+a_p)^2}, & r_2=\sqrt{r_p^2+(a_p-y)^2} \\ r_3=\sqrt{R_p^2+(a_p-y)^2}, & r_4=\sqrt{R_p^2+(y+a_p)^2} \end{cases} \tag{1.85}$$

根据计算得出的结果，框架端面的自身磁场强度值如下($y=\pm a_p=\pm 0.016$ m)：

$$H_p^*(a_p)=-1.67\times10^5\ \text{A/m},\quad H_p^*(-a_p)=1.67\times10^5\ \text{A/m}$$

由于测量距离时存在误差，因此计算的值可能有误差：$\pm 0.3\times10^5$ A/m。接下来对在此实验中作用在指示框架上的纵向力进行理论计算。

由于感应器产生的磁场梯度始终垂直于与指示框架相对应的模拟电流，因此使用部分公式(1.53)，有

$$\boldsymbol{f}_\perp^*=\boldsymbol{j}_\perp B_u^* \tag{1.86}$$

当电流 $\boldsymbol{j}_\perp$ 在指示框架轴上时，它会产生一个自身标量磁场 H_p^*。在这种情况下，根据部分公式(1.53)，有

$$\boldsymbol{j}_\perp=\nabla H_p^*=\frac{\mathrm{d}H_p^*}{\mathrm{d}z}\boldsymbol{z}^0$$

纵向电磁力的计算公式如下：

$$F^*=\int_\tau B_u^*\frac{\mathrm{d}H_p^*}{\mathrm{d}z}\mathrm{d}\tau=B_u^*S\left[H_p^*(a_p)-H_p^*(-a_p)\right] \tag{1.87}$$

z 坐标取值、计算值、实验值如表1.1所列。

表1.1　实验结果

z 坐标取值/m	B_u^* 计算值/T	F^* 计算值/N	F^* 实验值/N
0.08±0.002	$0.45\times10^{-2}\pm0.05\times10^{-2}$	0.030 2±0.005	0.044 1±0.001
0.04±0.002	$0.18\times10^{-2}\pm0.05\times10^{-2}$	0.012 0±0.005	0.008 8±0.001
0	0	0	0
−0.04±0.002	$-0.18\times10^{-2}\pm0.05\times10^{-2}$	−0.012 0±0.005	−0.008 8±0.001
−0.08±0.002	$-0.45\times10^{-2}\pm0.05\times10^{-2}$	−0.030 2±0.005	−0.044 1±0.001

在 $z=\pm0.08$ m 的情况下，实验值超过理论值46%。而在 $z=\pm0.04$ m 的情况下，实验结果比计算结果低26%。这可以解释为指示框架所占区域内的磁场梯度的不均匀性。在理论计算中，标量磁场被认为是均匀的。考虑到这一点，实验结果可以认为是相当令人满意的。首先，理论正确确定了磁力的作用方向和零点。其次，它允许进行相当准确的数值计算。

环形线圈可以用作纵向振荡的发生器。这可以通过一个简单的实验来证实，在该实验中，微型环形线圈悬挂在靠近磁极末端的地方，形成了标量磁场梯度区域(见图1.54)。对于垂直悬挂，便于使用位于一条直线上的引线。在这种情况下，它们的总磁场几乎为零。

利用式(1.86)，我们对不均匀外部标量磁场 $B^*(z)$ 进行了纵向力的理论计算，

该力作用于环形线圈。在摆动角度很小的情况下,环形线圈的运动几乎与水平轴 z 重合。我们将环形线圈的几何中心运动用函数 $z_0(t)$来描述。根据公式计算纵向电磁力如下:

$$F^*(z_0)=nJ_\perp\int_{z_0-a}^{z_0+a}B^*(z)\mathrm{d}z \tag{1.88}$$

其中,a 是环形线圈高度的一半,n 是线圈的匝数,$J_\perp$ 是通过线圈的电流。

如果线圈上通过来自发生器的周期性电流:

$$J_\perp(t)=J_{\perp(0)}\cos\omega t$$

则环形线圈受到强制性的纵向力作用:

$$F^*(z_0,t)=nJ_{\perp(0)}\cos\omega t\int_{z_0-a}^{z_0+a}B^*(z)\mathrm{d}z \tag{1.89}$$

可以近似将由磁对产生的标量磁场分布定律表示为函数的形式:

$$B^*(z)=B_0^*-\lambda z^2 \tag{1.90}$$

其中,B_0^* 表示标量磁场的最大值,λ 是具有单位 $\mathrm{T/m^2}$ 的常数。在这种情况下,纵向磁力按照以下规律变化:

$$F^*(z_0,t)=nJ_{\perp(0)}\left[2B_0^*a-\lambda\frac{(z_0-a)^3}{3}\right]\cos\omega t \tag{1.91}$$

在小振动情况下,可以通过使用麦克劳林级数展开来线性化函数式(1.91):

$$F^*(z_0,t)=anJ_{\perp(0)}\left[2B_0^*+\lambda a\left(\frac{a}{3}-z_0\right)\right]\cos\omega t \tag{1.92}$$

当外加电磁力的频率与悬挂环形线圈的固有振动频率相匹配时,会发生共振现象。

还要注意尼古拉耶夫[17]进行的实验,该实验由 S · A · 戴纳进行了复制(见图 1.62)。两个位于同一轴上的环形线圈(有一个抵消的绕组)在存在单向磁通量的情况下,它们会产生纵向吸引力而不是预期的排斥力(假设它们周围有磁场)。但是,在没有磁场散射的情况下,当所有磁场都封闭在环形线圈内时,根据通常的理解,所考虑的环形线圈不应该相互作用。这个实验证实了图 1.23 和图 1.33 中提出的观点,并与第 1.5 节中电磁相互作用的综合定律获得的结果相符。

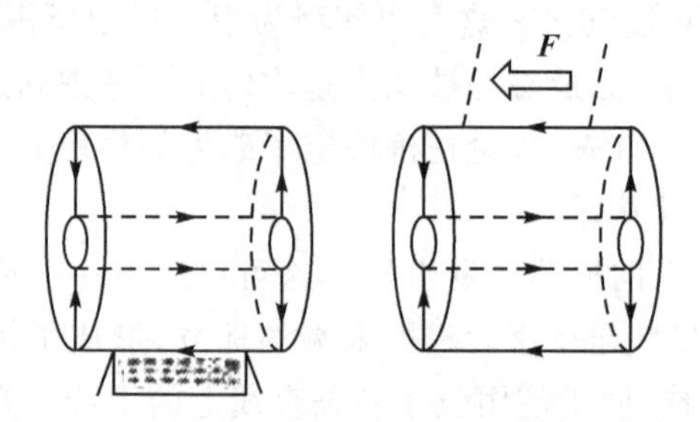

图 1.62　同向电流下的环形线圈相互作用

纵向电磁力在某些技术装置中显示出来，例如电磁炮（见图 1.63）。发射物体是在安培力的作用下被推动的。然而，在电磁炮射击时，不可避免地会有反冲，在视频拍摄上可以清楚地看到。因此，纵向电磁力作用在导轨上（见图 1.63(b)）。同时，满足牛顿第三定律：

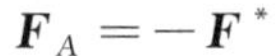

$$\boldsymbol{F}_A = -\boldsymbol{F}^*$$

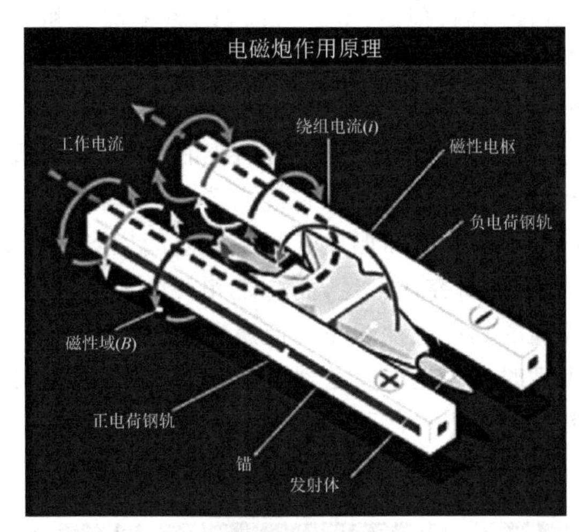

(a) 电磁炮示意图

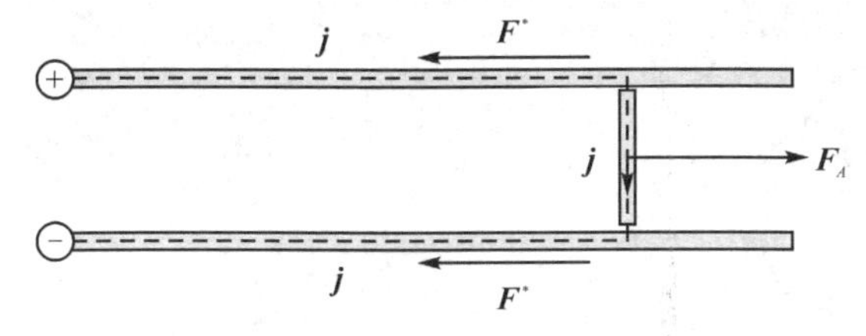

(b) 电流和作用力示意图

图 1.63　铁轨电磁炮的工作原理

在研究电弧时发现了一些悖论现象[35]。特别是发现从阴极爆发性发射的阳离子是逆着电场运动的。而电弧等离子体柱在磁场中朝着相反方向运动，对抗安培力。以 G. A. Mesyats 院士的说法，“没有人能解释为什么常规的电动力学在这里不起作用”。根据量子的概念，电弧是一个非静态过程。因此，在磁弧放电的过程中，必须考虑非静态标量磁场，并会产生位移电荷和由此产生的电场。阴极表面存在微不均匀性。由于自发电子发射电流，它们会爆发，在阴极上形成等离子体。这个爆发过程大约持续 10 ns，然后持续不断地重复。由于发生了一系列微型爆发，从阴极等离子体到阳极的电子流会脉动，因此，电子流产生了一种长度有限的脉冲电流。脉冲周期约为 10 ns，频率为 108 Hz。通过这种方式，阴极附近会产生正电脉冲标量磁场。在脉冲周期的第一半部分，电流增加，在阴极等离子体附近产生正位移电荷：$\frac{\partial B^*}{\partial t}>0$。

由于这一点,电场强度急剧增加,在微不均匀性处导致电流跳跃。它们爆发并形成等离子体。在脉冲周期的第二半部分,电子流减小,在阴极上(在等离子体之上)形成负位移电荷,$\frac{\partial B^*}{\partial t}<0$。显然,由于电流脉冲频率很高,这些电荷的电势高于阴极的电势,因此等离子体中的正离子向阴极移动,即与阴极和阳极之间的电场作用方向相反。尽管铜离子的带电量不同,但单、双、三和四电离子都以相同的加速度运动,这取决于当前电场的强度。因此,任何时刻,离子的速度都是相同的[35]。类似的过程也发生在电晕放电中。

对于存在于闪电放电过程中的悖论现象,间接证明了标量磁场的存在。确实,闪电是展示标量磁场分量的理想对象,因为它代表了一种非闭合的电导电流。根据上述理论,电流段(闪电)的前面和后面形成了强烈的空间磁场。人们对这一磁场对生物和无生命的物体的影响的研究还不足,而与之相关的现象经常被归类为悖论。这里,我们只关注闪电伴随的其中一种现象。遭遇雷暴的飞行员有时会观察到一种微弱的闪光,它在闪电闪烁时或闪电之后立刻出现在雷云顶部(见图1.64)。这些闪光被称为精灵、喷射和精灵闪光。目前已知的理论无法解释这种现象。以下是维基百科中关于这一现象的一些信息。

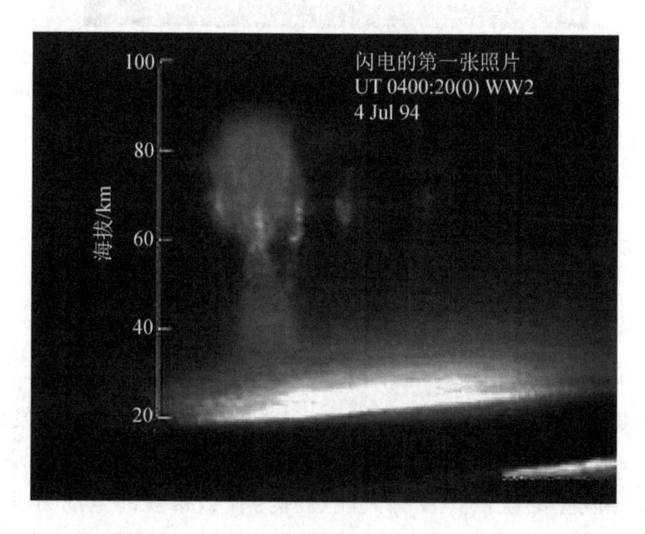

图1.64 闪电的云间放电

精灵闪光很难辨认,但它们出现在强雷暴中,高度在50～130 km之间("普通"闪电产生的高度不超过16 km)。它们的长度可达60 km,直径可达100 km。精灵闪光在非常强的闪电击中后(1/10)s内出现,且持续时间不到10 ms。精灵闪光通常同时向上和向下传播,但向下传播更显著且更快速。关于精灵闪光的物理本质还知之甚少。美国、丹麦和以色列的科学家正在研究这一现象。

在我们看来,上述现象可以通过空间磁场偏向性的特性解释。雷暴放电时,在云层上方形成了较强的空间磁场。进入该场的宇宙粒子会减速,从而在云层上方的大气中产生短暂的闪光。宇宙射线的浓度取决于太阳活动,并不总是足够强,以在电离层的较低层中引起闪光,因此精灵闪光相对较少见。此外,轻微而短暂的闪光可能无法产生足够强的空间磁场。如果雷电主干的持续时间超过指定的最低时间,则可以将其视为准静态的非闭合导电电流,从而产生足够强的准静态空间磁场。

第2章

广义电动力学理论

2.1 电子理论

我们将研究金属导体与外部磁场的相互作用。为了解释纵向磁力的产生机制，我们将应用电子理论。

在没有外部磁场的情况下，考虑导体中的直流电流。从电子理论的角度来看[7]，导体中的电流被视为与固定正离子相互作用的电子的流动，这些正离子位于晶体格点上。在导体中产生电场 $\boldsymbol{E}$，作用在带电粒子(电子和离子)上的力分别是 $\boldsymbol{F}_-$ 和 $\boldsymbol{F}_+$。作用在离子上的力沿着 $\boldsymbol{E}$ 的方向，而作用在自由电子上的力则与 $\boldsymbol{E}$ 的方向相反。由于电子和离子的电荷大小相同，故这些力在大小上相等，在方向上相反：

$$\boldsymbol{F}_+=\boldsymbol{F}_-$$

在电场的作用下，电子开始相对于导体运动，即产生了电流。在电子运动的过程中，它们与离子相互作用，传递动量给它们。通过这种方式，电场 $\boldsymbol{E}$ 对晶体格点的力的影响得以平衡。电子本身的运动在很大程度上被视为匀速运动。因此，在没有外部磁场的情况下，电流导体不会受到力的作用，并保持静止。

由于电子的惯性，当有交变电流时，可以产生纵向力；相反，当导体加速运动时，也可以产生电流。这些效应在 Tolman 的实验中进行了研究[7]。已知这些效应非常微小，在直流电流或均匀运动的情况下不会显现出来。

下面我们来考虑一段直线缆段 MN，其中传导着密度为 $\boldsymbol{j}_0$ 的恒定电流。假设只有这一段(而不是整个电路)受到正向的恒定标量磁场 $+B^*$ 的作用(见图 2.1(a))。假设导线中的电流方向与外部标量磁场的梯度成 90°角。

被标注的电流导体区域产生自己的标量磁场(H_c^*)，并具有梯度磁静态结构，根据式(1.53)法则，该结构受到纵向力($\boldsymbol{F}^*$)的作用。

在电子水平上研究这个过程。从由电动势源产生的电场方面来看，对电子和离子的作用力与在没有标量磁场的情况下相同。在被标注的区域内，对于运动的电子（与静止的离子不同），除了电力 $\boldsymbol{F}_{-}$ 外，还存在阻尼力 $\boldsymbol{F}^{*}$ 的作用。

由于这个力，电子的动量减小。这个减小的动量在电子与离子相互作用时传递给离子。然而，对每个离子的作用力并没有完全被抵消：

$$\boldsymbol{F}_{+}>-(\boldsymbol{F}_{-}-\boldsymbol{F}^{*})$$

在导体的这一部分，晶格受到沿电流方向的纵向力（$\boldsymbol{F}^{*}$）的作用（见图 2.1(b)）。如果导体具有纵向运动性，则会沿电流方向移动。

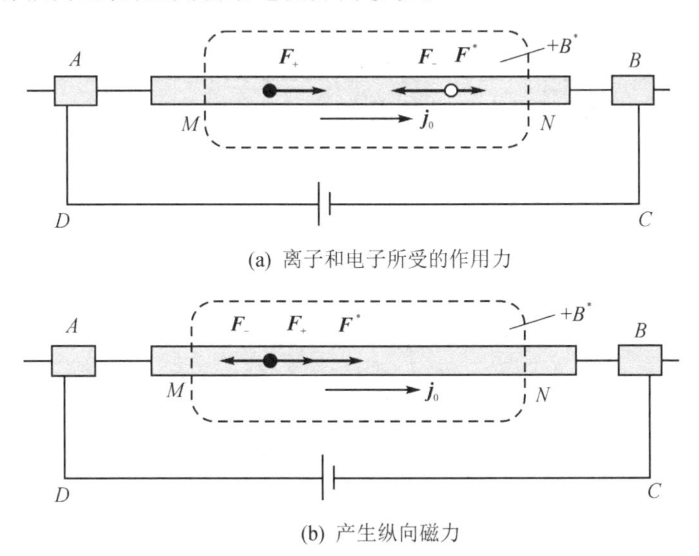

图 2.1　正标量磁场情况分析

我们刚才只考虑了单个电子与标量磁场的相互作用。如果需要确定导体区域或整个电路的受力情况，则应将在标量磁场范围内运动的电子群体视为一个统一的梯度结构。

如果考虑一串沿着同一轴线连续运动的粒子群，那么每个粒子的标量磁场梯度都沿着它们的运动方向。在粒子之间的间隔中，具有相反极性的标量磁场叠加在一起，并部分地相互抵消。这形成了一个统一的标量磁场，由一组带电粒子产生。通过运动的正电荷形成标量磁场的机制如图 2.2 所示。

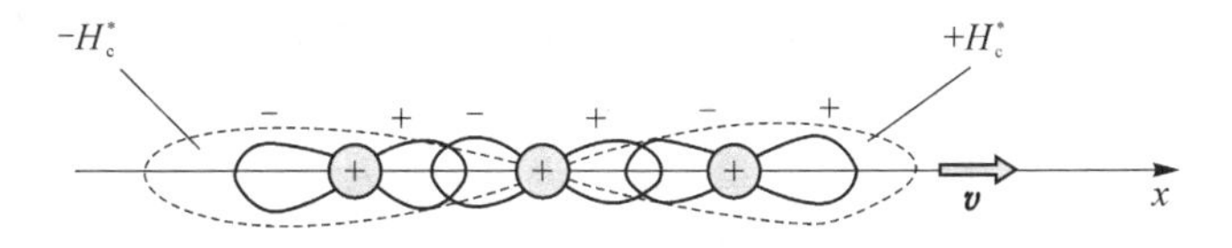

图 2.2　移动带电粒子复合体的标量磁场

注意，在图 2.1(b)中，沿着选定的区域 MN 的纵向力 $\boldsymbol{F}^{*}$ 的作用相当于在该区域上产生一个逆向的电动势，从而导致电路中的总电流减小。

$$j < j_0$$

确实,这个现象可以称为纵向霍尔效应,目前尚未实验证实这一现象。然而,根据理论推论,这种效应对外部电流的变化非常微小,因此通常可以忽略不计。

在负标量磁场中,对于选定区域 MN 内的电子复合物来说,存在一个加速力(见图2.3(a))。在这种情况下,对离子的力作用更大,并且与电子运动方向相反,即逆电流方向。因此,整个导体受到了一个与电流相对立的纵向力(见图2.3(b))。在这种情况下,电路中的电流会稍微增强。

$$j > j_0$$

目前已经确定,在负标量磁场中携带电流的区域内,如果存在与电流相垂直的梯度,将会产生能够引起导体纵向运动的纵向力。自然而然地,现在的问题在于,导体在标量磁场中移动时是否可能会产生电流;换句话说,是否存在类似于电磁感应的现象,并在什么条件下会显示出来。

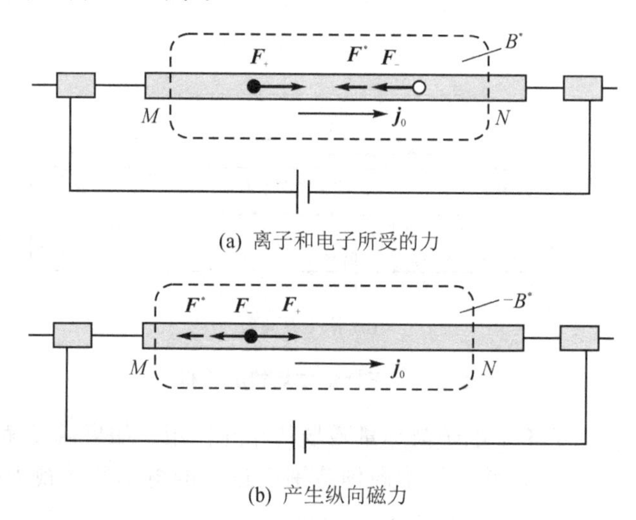

(a) 离子和电子所受的力

(b) 产生纵向磁力

图2.3　负标量磁场情况分析

2.2　无涡电磁感应

让我们来考虑一下直线导体在外部正标量磁场中的运动,其中导体的两端未连接。假设外部正标量磁场是恒定的(表示为 $B^* = \text{const}$),直线导体位于 x 轴上,并沿该轴以恒定速度移动(表示为 $v_{\text{nep}} = \text{const}$)。在实验室参考系中,外部正标量磁场是静止的,并且作用在 MN 部分的导体上,该部分长度保持不变(见图2.4)。

基于电子理论的考虑,可以得出结论:由于导体中的电子和离子参与传输运动,在 MN 区域内它们受到大小相同但方向相反的尼古拉耶夫力(表示为 $\boldsymbol{F}_-^*$ 和 $\boldsymbol{F}_+^*$)。这些力的作用类似于在 MN 区域内产生某种电场强度(表示为 $\boldsymbol{E}_{MN}$),该电场强度的方向在这种情况下沿着导体的运动方向。在导体中会产生电流吗？这个问题的答案取决于三个条件：

① 该感应电场是否为势场；

② 它在与导体相关的参考系中是否稳定；

③ 电路的闭合方式是什么。

由于涡旋磁场的变化，我们知道总会产生涡旋电场。从对称性的角度考虑，我们假设在外部正磁场中，感应的电场是一个无涡旋的势场，表示为 $\boldsymbol{E}_{\mathrm{g}}$。我们知道，创造一个势电场，必须存在源和涡旋。现在让我们从这个角度分析导体在正磁场中的运动。

首先，我们考虑一个理想化的情况，即外部标量磁场是均匀的。在导体运动过程中，导体在点 M 进入外部标量磁场的作用区域，在点 N 离开了该区域（见图 2.4）。因此，在理想的情况下（即在 MN 段，外部标量磁场是稳定且均匀的），在与移动导体相关的参考系中存在两个外部标量磁场的变化点：在点 M 它增加，表示为 $\frac{\mathrm{d}'B^*}{\mathrm{d}t}>0$；而在点 N 它减小，表示为 $\frac{\mathrm{d}'B^*}{\mathrm{d}t}<0$。在导数符号上的撇号表示它是在与导体相关的运动参考系中定义的。由于外部磁场在实验室的参考系中是稳定的，故在移动参考系中的变化是通过相对运动发生的。

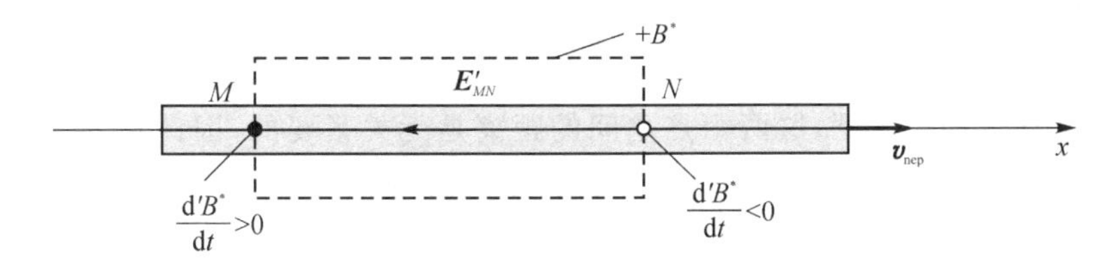

图 2.4　在外部标量磁场中移动的导体中感应电动势的产生

因此，当导体在外部磁场中做机械运动时，点 M 和点 N 之间会发生电荷的分离：在点 M，$\frac{\mathrm{d}'B^*}{\mathrm{d}t}>0$，会产生一个正极（黑点）；而在点 N，$\frac{\mathrm{d}'B^*}{\mathrm{d}t}<0$，会产生一个负极（白点）。于是，在点 M 和点 N 之间会产生电位差；换句话说，在点 M 和点 N 之间会产生一个外电动势（由于机械运动而产生的），对应着电场强度 $\boldsymbol{E}'_{MN}$。

因此，发生在点 M 和点 N 的非静态过程是导致导体中电势场产生的主要原因。

需要注意的是，在实验室参考系中，所述电场源和极子（极性）是静止的，并且在恒定速度下导体在稳定标量磁场中运动时，它们具有恒定的强度 $\left(\frac{\mathrm{d}'B^*}{\mathrm{d}t}=\mathrm{const}\right)$。为了产生恒定电流，需要用滑动触点来闭合点 M 和点 N，并使其在实验室参考系中保持静止，且以恒定的传输速度移动导体。在这种情况下，只有在 MN 部分中会感应出电动势，而在闭合电路的部分不会产生自身电动势，因为它相对于静止的稳定标量磁场是静止的。

流经闭合电路的感应电流产生了标量磁场。如图2.5所示,在点M,标量磁场是负的;在点N,标量磁场是正的。在点M,通过在电路中感应的电流的标量磁场试图减小随时间增加的外部磁场变化率$\frac{d'B_{ind}^{*}}{dt}<0$;而在点$N$,它试图增加随时间减小的外部磁场变化率$\frac{d'B_{ind}^{*}}{dt}>0$。可以将安培环路定律的类比应用于标量磁场:通过外部磁场的变化引起的闭合电路中的电流产生了标量磁场,它试图抵消引发它的外部磁场变化。

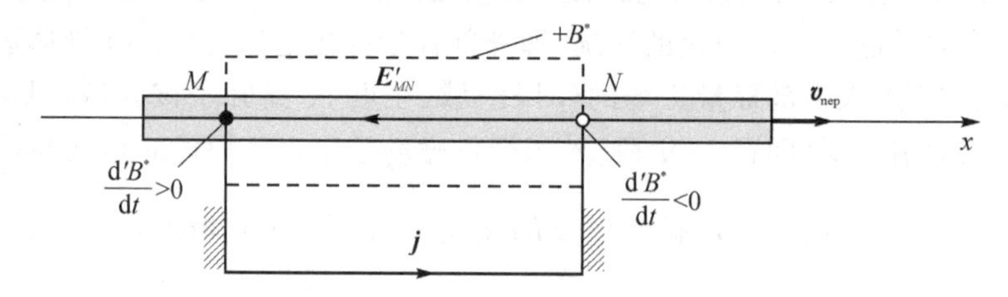

图2.5 静止闭合电路中的电流感应

可以类似地对导体在负的标量磁场中运动的情况进行推理。在这种情况下,源和汇会互换位置,并且在MN区域将会产生一个电场,其电场强度矢量$\boldsymbol{E}'_{MN}$与导体速度$\boldsymbol{v}_{nep}$的方向相同。

在考虑理想的情况下,只有两个点是活动的,因为只有这两个点中的准静电荷被感应出来。在这种情况下,这两个点之间的距离是无关紧要的,因此称MN区域为活动区域并不完全准确。这种情况虽然有助于理解现象的本质,但是它是非常理想化的:在具有严格定义边界的区域内创建均匀的标量磁场,如上述推理中所假设的,是不可能的。标量磁场本质上是非均匀的,并且延伸到无限远。因此,在非均匀标量磁场中移动导体时,感应的电场源和汇不是点状的,而是根据标量磁场的分布和导体运动相对于其的规律分布。因此,活动的不是单独的点,而是导体中的各个运动区段。在与导体相关的参考系中,标量磁场在这些区段内发生变化。

上述描述的想法在一个简单的实验中得到了验证,是由I. L. Misyuchenko所进行的(见图2.6(a))。产生标量磁场的磁对被固定在两个铜片上(见图2.6(b))。铜片之间通过绝缘层隔离并用柔性导线与微安表连接。该装配件放置在静止的铜带上,沿连接在铜片上的线路移动,铜片充当可移动的接触点。因此,铜带和外部等离子体介质之间发生相对运动,即产生了与图2.5相对应的条件。观察到感应电流与磁对在带上的运动速度存在明确的关系。当磁对的运动方向改变时,电流会相应地改变方向。如果移除铜带并将磁对在木桌上移动,将不会观测到电流。这样就排除了导线中感应电动势的假设。

考虑一种情况,即在与导体相关的参考系中,电场的源和汇的强度随时间变化,即$\frac{d'^2B^*}{dt^2}\neq 0$。如果导体运动不均匀,或外部等离子体介质是非稳态的,这是可能

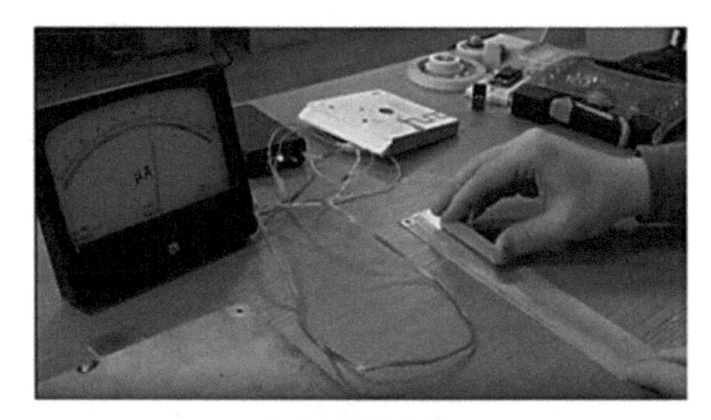

(a) 实验中的电流指示器

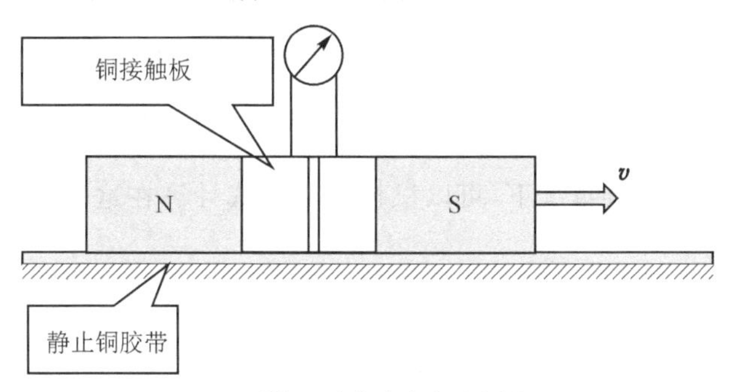

(b) 磁极运动产生电流示意图

图 2.6　无涡电磁感应现象的检测实验

的。显然，在这种情况下，即使导体不闭合，也会在导体中感应出可变的电流。

考虑另一个例子。假设一个静止的闭合圆形电导回路中只有一个点位于非稳态的等离子体介质中。为了明确起见，假设在某一时刻，在这个点上出现一个电场源。同时，在回路的某个其他点处会形成电场汇(见图 2.7(a))。如果电场源的强度是恒定的，即$\frac{dB^*}{dt}=\text{const}$，那么电流不会发生，只会发生回路中的电荷极化。有人可能会认为，通过一个额外的电路将电源和电场汇连接在一起(因为圆环是静止的)，可以产生电流(见图 2.7(b))。然而，事实并非如此，因为环路和连接导线位于同一参考系中，而其中的标量磁场并非稳态，因此在连接导线中感应出一个电场，产生与环路中的电荷极化相同的效应。

很明显，需要引入某种定量特征来描述与非稳态电磁过程相关的标量磁场。这样的特征与一段长度为 Δx 的导体上的磁通变化在 Δt 时间内的量度类似。在导体沿 x 轴移动且存在外部标量磁场的情况下，这个量度在伴随的参考系中可以表示为

$$\Delta\Phi^{*\prime}=B^* v_{\text{nep}}\Delta x\Delta t \tag{2.1}$$

其中，Δx 是活动区域的宽度，在该范围内电磁过程在与导体相关的参考系中是非稳态的。

设线性导体在非均匀稳态标量磁场 $B^*(x)$下做直线运动，如图 2.5 所示。我们

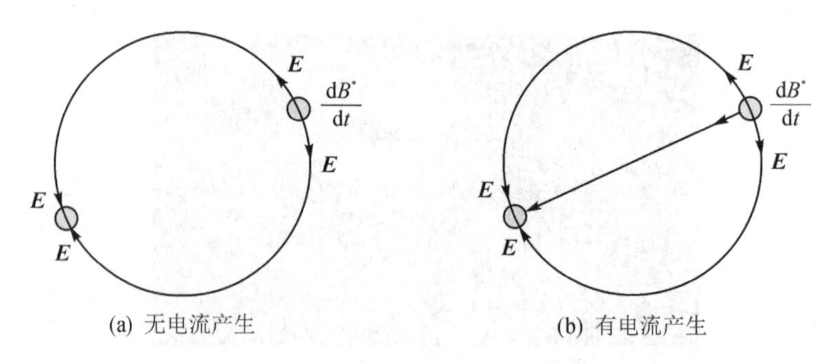

(a) 无电流产生　　(b) 有电流产生

图 2.7　闭合回路中一个点的非稳态标量磁场的思维实验

选择一个足够小的(基本的)区间 Δx 进行考察。在短时间间隔 Δt 内,该区间内的电场强度源(或汇)可以被视为一个恒定值 $\frac{\mathrm{d}' B^*}{\mathrm{d}t}=\mathrm{const}$。而标量磁场可以用某个平均值 B_{cp}^* 来描述。在这种情况下,可以根据以下公式计算在这一瞬间在该元区间上产生的感应电动势:

$$\varepsilon^* = -\frac{\Delta \Phi^*}{\Delta t} = -B_{\mathrm{cp}}^* v_{\mathrm{nep}} \Delta x \tag{2.2}$$

在这里,负号与 Lenz 法则的类比相对应:当直线导体在正方向上移动时,正符号的标量磁场中产生的感应电动势在活动区域内与运动速度方向相反。顺便说一下,根据式(2.2),可以得到以下关系:

$$\boldsymbol{E}_{MN}^* = -B_{\mathrm{cp}}^* \boldsymbol{v}_{\mathrm{nep}} \tag{2.3}$$

在当前时刻具有恒定电场强度源的情况下,如果将活动区域 Δx 连接到闭合电路中,将产生一个电流,其大小为

$$J = \frac{\varepsilon^*}{\Delta R} = \frac{B_{\mathrm{cp}}^* v_{\mathrm{nep}} \Delta x}{\Delta R}$$

其中,ΔR 是该段导线的电阻。考虑到其方向,活动区域 Δx 上的电流密度为

$$\boldsymbol{j} = -\frac{B_{\mathrm{cp}}^* \Delta x}{S \Delta R} \boldsymbol{v}_{\mathrm{nep}} \tag{2.4}$$

其中,S 是导体的横截面积。

如果已知在有限长度的活动区域上的标量磁场的分布规律,要计算当前时刻感应的电动势(EMF),可以使用以下公式:

$$\varepsilon^* = -v_{\mathrm{nep}} \int_{x_1}^{x_2} B^*(x) \mathrm{d}x \tag{2.5}$$

让我们来推导无旋电磁感应定律的微分形式。在一个假设静止的参考系中,存在着非均匀且非静态的标量磁场 $B^*(x,y,z,t)$。在这个动态介质的特定点上,电场存在源和汇,如上所述,可以通过导数项 $\frac{\mathrm{d}' B^*}{\mathrm{d}t}$ 来描述。一般情况下,它可以包括静态分量和运动分量。

$$\frac{\mathrm{d}'B^*}{\mathrm{d}t}=\frac{\partial B^*}{\partial t}+\boldsymbol{v}\cdot\nabla B^* \tag{2.6}$$

在移动介质的体积元($\mathrm{d}\tau'$)中,电场($\boldsymbol{E}'$)的源和汇由磁场的时间导数$\left(\frac{\mathrm{d}'B^*}{\mathrm{d}t}\mathrm{d}\tau'\right)$确定。对于整个选定的有限体积($\tau'$),可以使用积分来描述电场的源和汇。

$$\Phi^{*\prime}=\int_{\tau'}\frac{\mathrm{d}'B^*}{\mathrm{d}t}\mathrm{d}\tau' \tag{2.7}$$

通过界定流动介质的选定体积的表面S',描述电势场的$\boldsymbol{E}'$矢量的流量:

$$\Phi^{*\prime}=\int_{S'}E'_n\mathrm{d}S' \tag{2.8}$$

通过使用高斯定理,根据式(2.7)和式(2.8)得到

$$\int_{\tau'}\frac{\mathrm{d}'B^*}{\mathrm{d}t}\mathrm{d}\tau'=\int_{\tau'}\nabla\cdot\boldsymbol{E}'\mathrm{d}\tau'$$

由此得出一个重要的关系,在G・V・尼古拉耶夫的专著中以无需推导的方式呈现[16]:

$$\nabla\cdot\boldsymbol{E}'=\frac{\mathrm{d}'B^*}{\mathrm{d}t} \tag{2.9}$$

以微分形式给出无旋电磁感应定律:在参考系中,非稳态的标量磁场在空间中的某一点是该参考系中电场的源或汇。因此,电场的势能既可以由电荷产生,也可以通过非稳态的标量磁场产生。从这个意义上讲,$\frac{\mathrm{d}'B^*}{\mathrm{d}t}$可以称为位移电荷。对于这个概念的物理内涵将在后续进行研究。

因此,在介质静止条件下,广义电动力学中的一个方程可以写成

$$\nabla\cdot\boldsymbol{D}=\rho+\varepsilon'\varepsilon_0\frac{\partial B^*}{\partial t} \tag{2.10}$$

其中,$\boldsymbol{D}$是电场感应矢量,ε'是介质的相对介电常数,ρ是电荷密度。

我们利用无旋电磁感应的原理创建了一种新型发电机。发电机的原理图(由A. K. Томилин和O. B. Тупицына进行的实验[33])如图2.8所示。

使用两个尼古拉耶夫磁铁作为感应装置。磁铁在共线平面上设置和固定,切线与分片线平行。磁铁之间,与它们的平面共线,放置了一个转子,它是由电绝缘材料制成的圆盘,带有电导和非磁性外壳。外壳与切线相交的直径上放置了电刷,电刷与记录电流的设备(微安表、示波器)连接。

当转子围绕其轴旋转时,仪器记录下了一个恒定电流。在进行的实验中,转子以2 700 r/min的速度旋转,记录到的恒定电流为$J=10\ \mu\mathrm{A}$。

这种发电机与现有发电机的本质区别在于不适用涡旋电磁感应定律。在这里,当转子围绕垂直于其平面的轴旋转时,穿过导电外壳的磁感应流量不会改变。同样

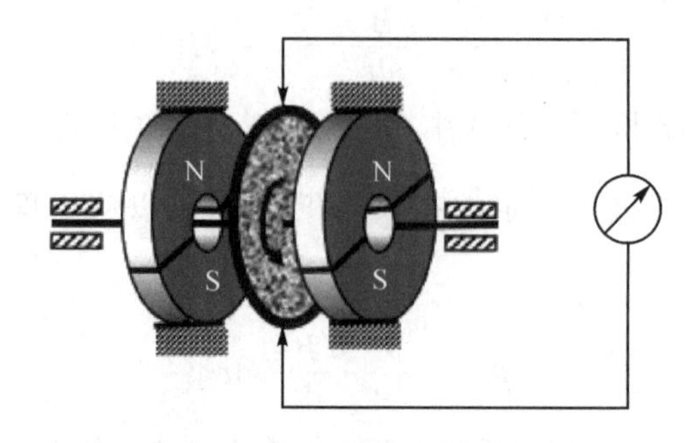

图 2.8　基于无旋电磁感应原理的第一种类型的发电机

的原理也可以用于创建基于纵向电磁相互作用的电动机。

第二种经过实验测试的发电机类型(A. K. Tomilin 实验)是一种交流电机。在介电转子上放置了几对平行的永磁体,它们的数量应该是 4 的倍数,沿着磁体连接线产生了磁场。磁体对被安排在转子的周边,使得磁场极性在表面上交替变化(见图 2.9)。

作为定子线圈使用双极框架。双极框架如图 2.10 所示。绕组的匝数应尽可能多。

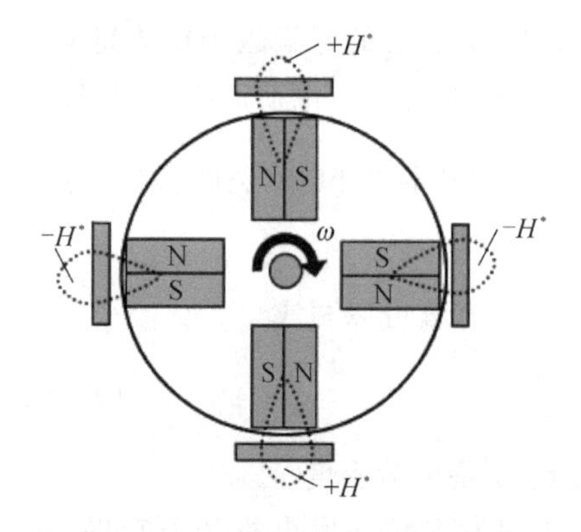

图 2.9　基于无涡旋电磁感应原理的第二种类型的发电机

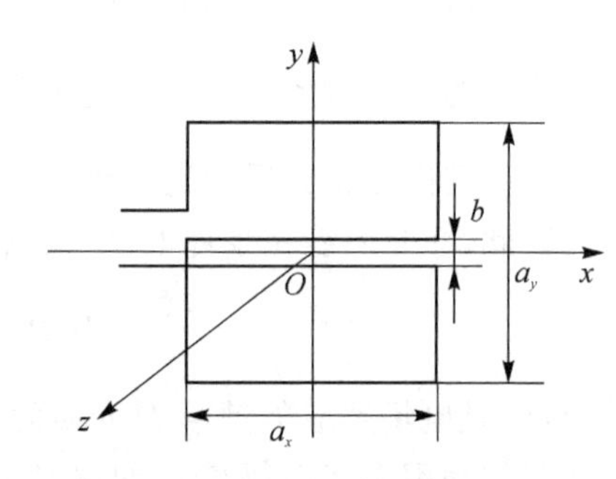

图 2.10　双极框架

框架垂直于磁体连接线排列在定子上。假设外部标量磁场沿着 x 轴移动。在与框架相关的参考系中,表示移动磁体对的矢量 $\mathbf{A}$ 具有分量 A_x 和 A_z。因此有

$$B^* = -\nabla\cdot\mathbf{A} = -\frac{\partial A_x}{\partial x} \tag{2.11}$$

考虑方程(2.11)的情况下,方程(2.10)在 x 轴上的投影将采取以下形式:

$$\frac{\partial D_x}{\partial x} = \varepsilon'\varepsilon_0 \frac{\partial^2 A_x}{\partial x \partial t}, \quad 或 \quad E_x = \frac{\partial A_x}{\partial t}$$

在沿 x 轴排列的导线中，会产生感应电场并产生电流。需要注意的是，所有与 x 轴平行的 4 根导线都会感应出电流，因此线圈中会产生相反方向的电流。然而，沿 x 轴产生的磁通较强，随着沿 y 轴远离逐渐减小。因此，线圈内部导线感应出的电流要比外部导线大得多。为了增强双极框架的效果，双极框架可以串联或并联，但必须考虑感应电流的相位，以消除反向电流或电压补偿。这个电机也可以以反向模式运行，即作为电动机使用。

为了进行实验，使用了 4 对磁铁，每个磁铁的尺寸为 10 mm×20 mm×60 mm。它们被固定在半径为 100 mm 的木制盘上。磁铁和线圈之间的间隙约为 9 mm。定子线圈由 4 个尺寸为 $a_x=a_y=50$ mm 的框架组成，内部导线之间的间隙为 $b=6$ mm。每个框架上绕有 20 匝铜线。转子加速至 2 500 r/min。该机器产生交流电流，并通过光束示波器进行记录。实验中观察了感应电流的频率和幅度与转子角速度的关系（见图 2.11(a)）。

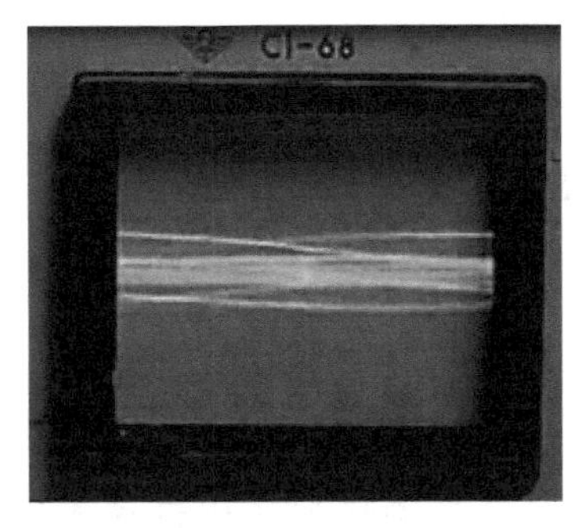

(a) 交流电流的产生

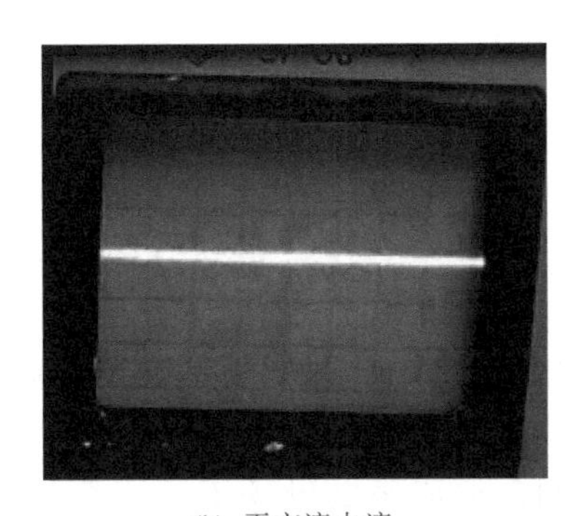

(b) 无交流电流

图 2.11　对比实验的示波图

布金娜(Bukina)和杜博维克(Dubovik)也得出了类似的结论[36]："如果环形线圈中的电流线性增长，那么'空'弗朗兹尔势线将变成一个静电二极子场。因此，在这种模式下，环形二极子可以模拟为点电荷，并可以用两个有效电荷来描述。"

学者 Y. B. Zeldovich[37]引入了术语 anapole（无极）来描述这一现象。一个 anapole 的模型可以是一个具有环形形状的线圈，通过其绕组流过电流。环形线圈的 anapole 矩是一个沿着环形线圈 x 轴方向的矢量。在 anapole 的轴上，磁场可以由矢势来描述：

$$\boldsymbol{A}(x,0,0)=4\pi\boldsymbol{T}\delta(y,z)$$

其中，$\delta(y,z)$是 δ 函数。

由于矢量 $\boldsymbol{T}$ 是无旋的，即是一个势矢量，所以 anapole 轴上的矢势也具有相同的特性：$\boldsymbol{A}(x,0,0)=\boldsymbol{A}_g(x,0,0)$。这证实了矢量电动力学势具有势-旋特性的观念。

2.3 系统的广义电动力学微分方程组

通过上述研究,可以得出包括旋度和势的两个磁场分量的广义电动力学方程组(宏观近似)。在一个假设静止观察的坐标系中,广义电动力学微分方程组如下所示:

$$\nabla\times \boldsymbol{H}+\nabla H^{*}=\boldsymbol{j}+\frac{\partial \boldsymbol{D}}{\partial t} \tag{2.12}$$

$$\nabla\times \boldsymbol{E}=-\frac{\partial \boldsymbol{B}}{\partial t} \tag{2.13}$$

$$\nabla\cdot \boldsymbol{D}=\rho+\varepsilon'\varepsilon_0\frac{\partial B^{*}}{\partial t} \tag{2.14}$$

$$\nabla\cdot \boldsymbol{B}=0 \tag{2.15}$$

$$\boldsymbol{B}=\mu'\mu_0\boldsymbol{H} \tag{2.16}$$

$$B^{*}=\mu'\mu_0 H^{*} \tag{2.17}$$

电场具有旋度($\boldsymbol{E}_{\mathrm{r}}$)和梯度($\boldsymbol{E}_{\mathrm{g}}$)分量:

$$\boldsymbol{E}=\boldsymbol{E}_{\mathrm{r}}+\boldsymbol{E}_{\mathrm{g}} \tag{2.18}$$

或

$$\boldsymbol{D}=\varepsilon'\varepsilon_0\boldsymbol{E}_{\mathrm{r}}+\varepsilon'\varepsilon_0\boldsymbol{E}_{\mathrm{g}} \tag{2.19}$$

根据方程(2.12),可以看出电导电流 $\boldsymbol{j}$ 引起了旋度(矢量)和势(标量)磁场。一般情况下,这两个构成统一磁场的分量都是非定常和非均匀的。由于矢量磁场 $\boldsymbol{B}$ 的变化,可知会形成旋度电场 $\boldsymbol{E}_{\mathrm{r}}$(见式(2.13))。标量磁场的变化将导致位移电荷 $\varepsilon'\varepsilon_0\frac{\partial B^{*}}{\partial t}$ 的产生,它们与电荷一样是潜在电场的源和汇(见式(2.14))。因此,一般情况下,电场由势和旋度(见式(2.18))组成。因此,在计算 $\boldsymbol{D}$ 的时间导数 $\frac{\partial \boldsymbol{D}}{\partial t}$ 时,会出现磁场的旋度(矢量)和势(标量)分量,见(式(2.12))。换句话说,位移电流和导电电流都产生了磁场的两个分量(旋度和势分量),因为

$$\frac{\partial \boldsymbol{D}}{\partial t}=\frac{\partial \boldsymbol{D}_{\mathrm{r}}}{\partial t}+\frac{\partial \boldsymbol{D}_{\mathrm{g}}}{\partial t}$$

方程(2.15)指示了矢量磁场的旋度性质。这个方程并不属于基本方程之一。关系式(2.16)和式(2.17)也是附加方程,并分别建立了矢量和标量磁场特性之间的相互关系。

注意到,上述广义电动力学方程是由许多独立的作者通过不同途径得出的。我们在研究过程中提供了一些参考文献,发现最早的一篇关于广义电动力学方程的出版物可以追溯到1956年,作者是日本物理学家 T. Ohmura[40]。

对于基本方程(2.12)~方程(2.14),应该加上在介质静止条件下以微分形式写出的欧姆定律:

$$\boldsymbol{j} = \sigma \boldsymbol{E} \tag{2.20}$$

其中，σ 是介质的电导率，在一般情况下，矢量 $\boldsymbol{E}$ 由电场的旋度和势两个分量的总和方程(2.18)组成。

方程(2.12)～方程(2.20)在以下假设下成立：

① 所有处于电磁场中的物体都是静止的。

② ε'、μ'、σ 是坐标的函数，不依赖于时间和电磁场的特性。

由于在广义电动力学中，除了电荷、电场的源和汇外，位移电荷也是电场的来源之一，因此显然连续性方程还包含额外的项。首先考虑理想导电介质的情况。基于方程(2.14)，引入有效电荷密度的概念：

$$\rho_{\text{ef}} = \rho + \varepsilon'\varepsilon_0 \frac{\partial B^*}{\partial t} \tag{2.21}$$

电导体中的电流产生既可以通过某一体积 τ 内电荷的变化来实现，也可以通过外部磁通密度的变化来实现。通过包围体积 τ 的表面 S 的总电流与有效电荷的变化相关联，其关系为

$$\int_S \boldsymbol{j} \cdot \mathrm{d}\boldsymbol{S} = -\int_\tau \frac{\partial \rho_{\text{ef}}}{\partial t} \mathrm{d}\tau$$

应用高斯定理到左侧，可以得到在理想的导电介质中的广义连续性方程：

$$\frac{\partial \rho}{\partial t} + \varepsilon'\varepsilon_0 \frac{\partial^2 B^*}{\partial t^2} + \nabla \cdot \boldsymbol{j} = 0 \tag{2.22}$$

因此，导电性电流的源(汇)是非稳态电荷和非稳态位移电荷。

在绝缘体中，不存在导电电流，因此 $\frac{\partial \rho}{\partial t} = 0$，连续性方程可以写为

$$\varepsilon'\varepsilon_0 \frac{\partial^2 B^*}{\partial t^2} + \nabla \cdot \frac{\partial \boldsymbol{D}}{\partial t} = 0 \tag{2.23}$$

换句话说，位移电流的源(汇)是非稳态位移电荷。

在一般情况下，当介质同时具有导电体和绝缘体的特性时，有

$$\frac{\partial \rho}{\partial t} + \varepsilon'\varepsilon_0 \frac{\partial^2 B^*}{\partial t^2} + \nabla \cdot \left(\boldsymbol{j} + \frac{\partial \boldsymbol{D}}{\partial t}\right) = 0 \tag{2.24}$$

此外，需要注意的是，方程(2.22)～方程(2.24)中的所有量都是指同一空间点的情况。在与电动力学的基本微分方程(2.12)～方程(2.14)一起使用时，这一点非常重要，因为方程(2.12)～方程(2.14)右侧和左侧的量分别属于不同的空间点。

对于积分形式的方程(2.12)，对应于广义的电流连续性定律方程(1.75)：

$$\oint_L \boldsymbol{H} \cdot \mathrm{d}\boldsymbol{l} = J + \frac{\mathrm{d}}{\mathrm{d}t}\int_S \boldsymbol{D} \cdot \mathrm{d}\boldsymbol{S} - \int_S \nabla H^* \cdot \mathrm{d}\boldsymbol{S}$$

对于某个闭合曲线上的磁场矢量 $\boldsymbol{H}$ 的环流，相应地对应着该闭合曲线所包围的总导电电流和位移电流之和，减去通过以该闭合曲线为边界的表面上的标量磁场(H^*)梯度流量。

方程(2.13)表达了电磁感应定律,可以写成以下形式:

$$\oint_L \boldsymbol{E} \cdot \mathrm{d}\boldsymbol{l} = -\frac{\mathrm{d}}{\mathrm{d}t}\int_S \boldsymbol{B} \cdot \mathrm{d}\boldsymbol{S} \tag{2.25}$$

方程(2.14)的积分形式表达了广义的高斯定理:

$$\oint_S \boldsymbol{D} \cdot \mathrm{d}\boldsymbol{S} = q + \varepsilon'\varepsilon_0\int_\tau \frac{\partial B^*}{\partial t}\mathrm{d}\tau \tag{2.26}$$

式(2.26)反映了无旋电磁感应定律:在给定参考系中,非恒定的标量磁场在空间某一区域内是电场的源或汇。

将式(2.15)转换为积分形式的表达式如下:

$$\oint_S \boldsymbol{B} \cdot \mathrm{d}\boldsymbol{S} = 0 \tag{2.27}$$

根据上述研究,麦克斯韦电动力学是一种有限的理论,因为它仅描述了由简单元素(无限电流或单个闭合回路)产生的电磁场。广义电动力学允许研究由多个元件组成的电动力学系统中的电磁场。下一个层次的推广是量子电动力学。

最古老的科学之一——力学,在其发展过程中已经经历了所有类似的发展阶段。通过类比,可以将麦克斯韦电动力学与研究简单物体(质点和刚体)的静力学、运动学和动力学的基本力学进行比较。广义电动力学可与材料系统的解析力学进行比较,而广义量子电动力学可与量子力学进行比较。

在现代电动力学中,直到现在还缺乏电动力学系统的理论(广义电动力学)。因此,麦克斯韦电动力学以及量子电动力学,不得不使用人为限制(规范)来"切断"通向不存在领域的路径。关于其中一种限制,即库仑规范式(1.5),我们已经注意到并表明它"关闭"了通往广义静磁学的路径。根据后续的展示,类似的情况也存在于电磁场理论和量子电动力学中。

麦克斯韦电动力学中出现规范的原因,例如在 Z. I. Doktorovich 的文章中有所提及[38]。这篇文章首次发表于 1994 年,作者有理有据地指出了现有理论的悖论性。他得出结论,将场分为涡旋场和梯度场并非条件性的,而是根本的,并特别注意到麦克斯韦方程中缺乏非定常梯度电场的情况。然而,他人为地(从"物理考虑"出发)排除了梯度磁场。在他的理论中,矢量势仅保持涡旋性,即库仑规范保持不变:$\nabla \cdot \boldsymbol{A} = 0$。

实质上,Z. I. Doktorovich 得出的结论是 $\boldsymbol{A}$ 矢量场的基本性质,尽管他没有明确表达这个想法。特别是,他正确指出电动势(包括感应电动势)总是由非电力的力引起。因此,在变压器的次级线圈中,电荷的移动不是由感应电场引起的(通常被认为是这样),而是由力引起的。

$$\boldsymbol{F} = -q\frac{\partial \boldsymbol{A}}{\partial t}$$

这种力是由电荷与非定常矢量场 $\boldsymbol{A}$ 相互作用而产生的。因此,Z. I. Doktorovich 建议只使用矢量势 $\boldsymbol{A}$ 来编写电动力学方程,将其他非定常电磁场特征视为次要的。

类似的观点在蒙德(Mende)的专著[39]中得到了阐述。该著作的作者得出结论:"运动或静止的电荷与磁矢量而非磁场本身相互作用,只有了解这个势和它的演化才能计算出作用在电荷上的所有力的分量。"这证实了前面关于描述电荷相互作用时磁矢势 $\boldsymbol{A}$ 的重要性的说法。

2.4　电磁场能量的广义能量守恒定律

让我们考虑一个由曲面 S 所限定的体积 τ。假设在这个体积内存在一个电磁场,并且通过电磁过程产生热量:

$$Q=\int_{\tau}\boldsymbol{j}\cdot\boldsymbol{E}\,\mathrm{d}\tau \tag{2.28}$$

根据方程(2.12)得到

$$Q=\int_{\tau}\boldsymbol{E}\cdot(\nabla\times\boldsymbol{H})\mathrm{d}\tau+\int_{\tau}\boldsymbol{E}\cdot(\nabla H^{*})\mathrm{d}\tau-\int_{\tau}\boldsymbol{E}\cdot\frac{\partial\boldsymbol{D}}{\mathrm{d}t}\mathrm{d}\tau \tag{2.29}$$

通过应用矢量分析的公式进行转换,可以得到以下结果:

$$\begin{aligned}Q=&-\int_{\tau}\nabla\cdot(\boldsymbol{E}\times\boldsymbol{H})\mathrm{d}\tau+\int_{\tau}\nabla\cdot(\boldsymbol{E}H^{*})\mathrm{d}\tau\\&-\int_{\tau}H^{*}\,\nabla\cdot\boldsymbol{E}\,\mathrm{d}\tau-\int_{\tau}\left(\boldsymbol{E}\cdot\frac{\partial\boldsymbol{D}}{\mathrm{d}t}+\boldsymbol{H}\cdot\frac{\partial\boldsymbol{B}}{\partial t}\right)\mathrm{d}\tau\end{aligned} \tag{2.30}$$

除了已知的坡印廷矢量之外,有

$$\boldsymbol{p}_{\perp}=\boldsymbol{E}_{\mathrm{r}}\times\boldsymbol{H}$$

我们引入一个类似的矢量作为描述电磁波在电场矢量 $\boldsymbol{E}_{\mathrm{g}}$ 方向上传输能量的特征:

$$\boldsymbol{p}_{\parallel}=\boldsymbol{E}_{\mathrm{g}}H^{*} \tag{2.31}$$

那么,用于描述电磁能量的完全传输特征的矢量为

$$\boldsymbol{p}=\boldsymbol{p}_{\perp}+\boldsymbol{p}_{\parallel}=\boldsymbol{E}_{\mathrm{r}}\times\boldsymbol{H}+\boldsymbol{E}_{\mathrm{g}}H^{*} \tag{2.32}$$

为了转换式(2.30)的第三项,我们将应用在 $\rho=0$ 时的式(2.14):

$$\int_{\tau}H^{*}(\nabla\cdot\boldsymbol{E})\mathrm{d}\tau=\int_{\tau}H^{*}\,\frac{\partial B^{*}}{\partial t}\mathrm{d}\tau$$

如果将式(2.30)最后两项合并,则得到以下一项:

$$\frac{1}{2}\,\frac{\partial}{\partial t}\int_{\tau}(\boldsymbol{E}\cdot\boldsymbol{D}+\boldsymbol{H}\cdot\boldsymbol{B}+H^{*}B^{*})\mathrm{d}\tau \tag{2.33}$$

电磁场总能量变化的密度,由以下表达式确定:

$$w=\frac{1}{2}(\boldsymbol{E}\cdot\boldsymbol{D}+\boldsymbol{H}\cdot\boldsymbol{B}+H^{*}B^{*}) \tag{2.34}$$

可以将其分为涡旋部分和势能部分:

$$w=\frac{1}{2}(\boldsymbol{E}_{\mathrm{r}}\cdot\boldsymbol{D}_{\mathrm{r}}+\boldsymbol{H}\cdot\boldsymbol{B}+H^{*}B^{*}+\boldsymbol{E}_{\mathrm{g}}\cdot\boldsymbol{D}_{\mathrm{g}}) \tag{2.35}$$

该表达式满足能量函数所需的正定条件。考虑到从式(2.30)得出的式(2.32)～式(2.34)中的内容,得到了电磁能量守恒的一般形式:

$$\frac{\partial w}{\partial t}=-Q-\int_S \boldsymbol{p}\cdot \mathrm{d}\boldsymbol{S} \tag{2.36}$$

在形式和含义上,它与已知的特例没有区别,但除了在与 $\boldsymbol{E}$ 和 $\boldsymbol{H}$ 矢量垂直的方向上传递能量之外,还考虑了在 $\boldsymbol{E}$ 矢量方向上传递能量。

2.5 边界条件

在具有不同属性的介质分界面上,介电常数(ε')、磁导率(μ')和电导率(σ)不连续。在广义宏观理论中,描述电磁场的所有6个变量的边界条件是:$\boldsymbol{E}$、$\boldsymbol{D}$、$\boldsymbol{H}$、$\boldsymbol{B}$、H^*、B^*。

根据已知的式(2.15),由参考文献[8]可以得出矢量 $\boldsymbol{B}$ 和 $\boldsymbol{H}$ 的法向分量的条件:

$$B_{2n}=B_{1n},\quad \mu'_2 H_{2n}=\mu'_1 H_{1n} \tag{2.37}$$

利用方程(2.14),可以得到矢量 $\boldsymbol{E}$ 和 $\boldsymbol{D}$ 的法向分量的条件。将方程(2.14)在与介质界面相交的小圆柱体的体积 τ 上进行积分,经过一些转换后可以得到如下结果:

$$(D_{2n}-D_{1n})S_0=q+\varepsilon'_1\varepsilon_0\int_{\tau_1}\frac{\partial B_1^*}{\partial t}\mathrm{d}\tau+\varepsilon'_2\varepsilon_0\int_{\tau_2}\frac{\partial B_2^*}{\partial t}\mathrm{d}\tau \tag{2.38}$$

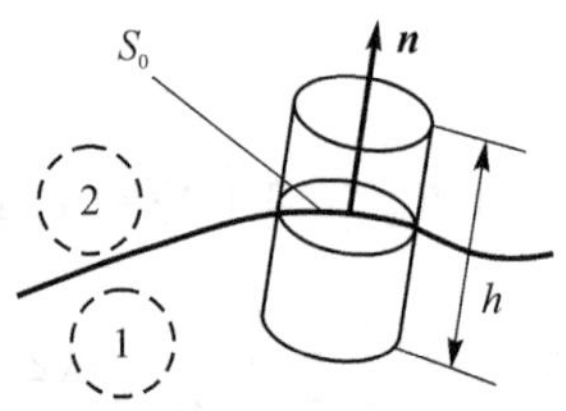

图2.12 电磁场的法向边界条件的推导

其中,S_0 是位于圆柱体内部的两个介质分界面的表面积,τ_1、τ_2 分别是位于第一介质和第二介质中的所选圆柱体的体积。图2.12所示为电磁场的法向边界条件的推导。

在极限情况下,当圆柱体的高度趋近于零时,条件式(2.38)可以写成如下形式:

$$D_{2n}-D_{1n}=\delta_{\mathrm{ef}} \tag{2.39}$$

其中,$\delta_{\mathrm{ef}}=\delta+\dfrac{\varepsilon'_1\varepsilon_0}{S_0}\displaystyle\int_{\tau_1}\frac{\partial B_1^*}{\partial t}\mathrm{d}\tau+\dfrac{\varepsilon'_2\varepsilon_0}{S_0}\displaystyle\int_{\tau_2}\frac{\partial B_2^*}{\partial t}\mathrm{d}\tau$,表示表面上的有效电荷密度,它由普通电荷密度 δ 和非静态电磁场在第一和第二介质中感应出的位移电荷密度组成。

对于矢量 $\boldsymbol{E}$ 的法向分量,有

$$\varepsilon'_2\varepsilon_0 E_{2n}-\varepsilon'_1\varepsilon_0 E_{1n}=\delta_{\mathrm{ef}} \tag{2.40}$$

根据方程(2.13),可以得到以下已知条件,涉及到矢量 $\boldsymbol{E}$ 和 $\boldsymbol{D}$ 的切向分量:

$$E_{2\zeta}-E_{1\zeta}=0,\quad \varepsilon'_1 D_{2\zeta}-\varepsilon'_2 D_{1\zeta}=0 \tag{2.41}$$

图2.13所示为电磁场的切向边界条件的推导。

将方程(2.12)与 $\mathrm{d}\boldsymbol{S}_{\mathrm{b}}$(位于与界面垂直的小矩形环路上的面元)进行数量积,如下所示:

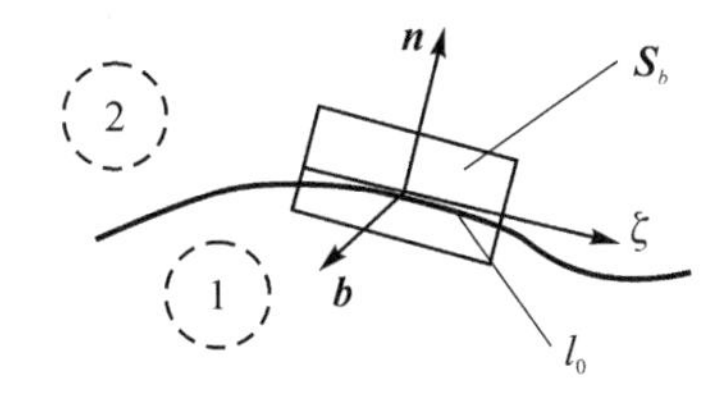

图 2.13　电磁场的切向边界条件的推导

$$(\nabla\times \boldsymbol{H})\cdot \mathrm{d}\boldsymbol{S}_b+(\nabla H^*)\cdot \mathrm{d}\boldsymbol{S}_b=\left(\boldsymbol{j}+\frac{\partial \boldsymbol{D}}{\partial t}\right)\cdot \mathrm{d}\boldsymbol{S}_b$$

通过对环路表面进行积分,得到如下结果:

$$\int_S(\nabla\times \boldsymbol{H})\cdot \mathrm{d}\boldsymbol{S}_b+\int_S(\nabla H^*)\cdot \mathrm{d}\boldsymbol{S}_b=\int_S\left(\boldsymbol{j}+\frac{\partial \boldsymbol{D}}{\partial t}\right)\cdot \mathrm{d}\boldsymbol{S}_b \tag{2.42}$$

在边界条件中,当环路收缩成长度为 l_0 的线时,左侧的第一个积分变为两个介质中磁场矢量 $\boldsymbol{H}$ 的切向分量的差值:

$$\int_S(\nabla\times \boldsymbol{H})\cdot \mathrm{d}\boldsymbol{S}_b=(H_{2\zeta}-H_{1\zeta})l_0 \tag{2.43}$$

在式(2.42)中,右侧部分确定了沿着与所选环路垂直的方向 $\boldsymbol{b}$ 的介质界面上的面电流,这个面电流垂直于选定的环路平面:

$$i_b=\frac{1}{l_0}\int_S\left(\boldsymbol{j}+\frac{\partial \boldsymbol{D}}{\partial t}\right)\cdot \mathrm{d}\boldsymbol{S}$$

这样的电流会产生一个矢量磁场,其中 $\boldsymbol{H}_1$ 和 $\boldsymbol{H}_2$ 在介质界面的两侧,方向相反,符合式(2.43)的要求。根据标量磁场的分布图,可以得出结论,这个电流的标量磁场强度在两个介质中是相同的,因此,

$$\int_S(\nabla H^*)\cdot \mathrm{d}\boldsymbol{S}_\zeta=0$$

那么根据式(2.42),可以得到磁场强度矢量的常规切向分量的条件:

$$H_{2\zeta}-H_{1\zeta}=i_b \tag{2.44}$$

考虑位于矢量 $\boldsymbol{\zeta}$ 和 $\boldsymbol{b}$ 所在平面上的面积为 $\mathrm{d}\boldsymbol{S}_n$ 的小矩形区域。该区域的微元 $\mathrm{d}\boldsymbol{S}_n$ 与介质界面的法线方向相同。将方程(2.12)与 $\mathrm{d}\boldsymbol{S}_n$ 进行数量积:

$$(\nabla\times \boldsymbol{H})\cdot \mathrm{d}\boldsymbol{S}_n+(\nabla H^*)\cdot \mathrm{d}\boldsymbol{S}_n=\left(\boldsymbol{j}+\frac{\partial \boldsymbol{D}}{\partial t}\right)\cdot \mathrm{d}\boldsymbol{S}_n$$

在右侧进行整合后,得到了通过介质边界垂直于其法线的总电流:

$$J_n=\int_S\left(\boldsymbol{j}+\frac{\partial \boldsymbol{D}}{\partial t}\right)\cdot \mathrm{d}\boldsymbol{S}_n$$

这种电流所产生的矢量磁场的强度在介质界面的两侧是相同的,即

$$\int_S(\nabla\times \boldsymbol{H})\cdot \mathrm{d}\boldsymbol{S}_n=0$$

然而,这种电流产生的矩形磁偶极子的梯度与介质界面的法向量相重合。因此,

在极限情况下,当矩形区域退化为长度为 l_0 的线时,可以得到

$$\int_S (\nabla H^*) \mathrm{d}\boldsymbol{S}_n = (H_2^* - H_1^*) l_0$$

因此

$$(H_2^* - H_1^*) l_0 = J_n$$

或者

$$H_2^* - H_1^* = i_n \tag{2.45}$$

其中,$i_n = \dfrac{J_n}{l_0}$表示垂直于界面流动的全电流的表面密度。因此,如果通过介质界面没有电流流过,那么两个介质中的标量磁场将保持相等。因此,我们可以得出以下标量磁场的条件:

$$\frac{B_2^*}{\mu'_2 \mu_0} - \frac{B_1^*}{\mu'_1 \mu_0} = i_n \tag{2.46}$$

通过欧姆定律的形式(2.20)可以得出导电性电流的切向密度的条件:

$$\frac{j_{2\zeta}}{j_{1\zeta}} = \frac{\sigma_2}{\sigma_1} \tag{2.47}$$

从连续性方程(2.22)中可以得出总电流密度法向分量的边界条件。我们对位于介质分界面上的小圆柱体进行积分得到

$$\int_\tau \nabla \cdot \boldsymbol{j}_{\text{all}} \mathrm{d}\tau = -\int_\tau \frac{\partial \rho}{\partial t} \mathrm{d}\tau - \int_\tau \frac{\partial^2 B^*}{\partial t^2} \mathrm{d}\tau$$

对于电导介质,$\boldsymbol{j}_{\text{all}}$ 表示电导电流;而对于绝缘介质,$\boldsymbol{j}_{\text{all}}$ 则表示位移电流。当圆柱体的侧表面趋近于零时,在左侧进行变换后,得到

$$\int_\tau \nabla \cdot \boldsymbol{j}_{\text{all}} \mathrm{d}\tau = (J_{2n} - J_{1n}) S_0$$

将右侧根据方程(2.21)表示为

$$-\int_\tau \frac{\partial \rho}{\partial t} \mathrm{d}\tau - \varepsilon' \varepsilon_0 \int_\tau \frac{\partial^2 B^*}{\partial t^2} \mathrm{d}\tau = -\frac{\partial}{\partial t}\left(\int_\tau \rho \mathrm{d}\tau + \varepsilon' \varepsilon_0 \int_\tau \frac{\partial B^*}{\partial t} \mathrm{d}\tau\right) = -\frac{\partial q_{\text{ef}}}{\partial t}$$

最终有

$$J_{2n} - J_{1n} = -\frac{\partial \delta_{\text{ef}}}{\partial t} \tag{2.48}$$

如果边界分隔电导介质,则方程(2.48)的形式为

$$J_{2n} - J_{1n} = -\frac{\partial \delta}{\partial t} \tag{2.49}$$

其中,J_{1n} 和 J_{2n} 是电导电流,δ 是界面上的电荷密度。

在两个绝缘介质的边界上,有

$$J_{2n}^{\text{disp}} - J_{1n}^{\text{disp}} = -\frac{\varepsilon' \varepsilon_0}{S_0} \frac{\partial^2 B^*}{\partial t^2} \tag{2.50}$$

其中，J_{1n}^{disp} 和 J_{2n}^{disp} 是位移电流。

如果边界分隔为导体和绝缘体，则得到

$$J_{2n}^{\text{disp}} - J_{1n}^{\text{disp}} = -\frac{\partial \delta}{\partial t} - \frac{\varepsilon' \varepsilon_0}{S_0} \frac{\partial^2 B^*}{\partial t^2} \tag{2.51}$$

正是通过边界面上的总电流的法线分量导致了非稳态的表面电荷和位移电荷的产生。

2.6 对称性和不变性

电动力学的本质在于电场和磁场之间的相互转化。通常将电场和磁场看作是具有对称性质的两个等价对象。多次尝试构建完全对称的电动力学，例如在参考文献[30]中。然而，这引发了引入磁荷-磁单极子的必要性问题，而实验证明磁单极子并不存在。在我们看来，在讨论这个问题时不能忘记磁场的物理本质，这已经在第 1.4 节讨论过了。

如果我们坚持使用经典电动力学，那么在没有传导电流的情况下，电场和磁场之间的相互转换可以由以下方程描述：

$$\nabla \times \boldsymbol{H} = \frac{\partial \boldsymbol{D}}{\partial t} \tag{2.52}$$

$$\nabla \times \boldsymbol{E} = -\frac{\partial \boldsymbol{B}}{\partial t} \tag{2.53}$$

式(2.53)给出的电磁感应定律在一个假想的静止参考系中可以写成如下形式：

$$\oint_L \boldsymbol{E} \cdot \mathrm{d}\boldsymbol{l} = -\frac{\partial \Phi_B}{\partial t} \tag{2.54}$$

其中，$\Phi_B = \oint_S \boldsymbol{B} \cdot \mathrm{d}\boldsymbol{S}$ 是磁通量。

反过来的现象：通过改变电场而产生涡旋磁场的现象，可以称为磁电感应，正如 F. F. Mende[39] 提出的那样。实际上，根据类似于式(2.54)情况，在一个假设的静止参考系中可以写成以下形式：

$$\oint_L \boldsymbol{H} \cdot \mathrm{d}\boldsymbol{l} = -\frac{\partial \Phi_D}{\partial t} \tag{2.55}$$

其中，$\Phi_D = \oint_S \boldsymbol{D} \cdot \mathrm{d}\boldsymbol{S}$ 是电场通量。

用电动力学的矢量势 $\boldsymbol{A}$ 来描述磁场：

$$\boldsymbol{B} = \nabla \times \boldsymbol{A} \tag{2.56}$$

类似地，可以引入磁动力学的矢量势 $\boldsymbol{M}$[39]：

$$\boldsymbol{D} = \nabla \times \boldsymbol{M} \tag{2.57}$$

根据对称性考虑，除了电荷数位势 ϕ，我们还需要引入磁荷数位势。我们将其表

示为 ψ。因此,经典理论中电磁场的描述可以通过两个四维矢量($\boldsymbol{A},\phi/c$)和($\boldsymbol{M},\psi/c$)来表示。在静止介质中,电磁场的特征可以用这些矢量的分量来表达:

$$\boldsymbol{E}=-\nabla\phi-\frac{\partial \boldsymbol{A}}{\partial t},\quad \boldsymbol{H}=-\nabla\psi-\frac{\partial \boldsymbol{M}}{\partial t} \tag{2.58}$$

正如前述,$\boldsymbol{H}$ 矢量的这种表示允许存在其势场分量,因此需要磁荷-磁单极子。然而,由于尚未发现磁单极子,并且按照第 1.4 节的说明,磁场的本质也不包含磁单极子,因此在经典宏观理论中,明显需要引入一个条件来排除矢量 $\boldsymbol{H}$ 的势场分量:

$$\frac{\partial \boldsymbol{M}_{\mathrm{g}}}{\partial t}+\nabla\psi=\boldsymbol{0} \tag{2.59}$$

其中,$\boldsymbol{M}_{\mathrm{g}}$ 是矢量 $\boldsymbol{M}$ 的势场分量。因此,方程(2.58)中第二式将采取以下形式:

$$\boldsymbol{H}=-\frac{\partial \boldsymbol{M}_{\mathrm{r}}}{\partial t}$$

在广义电动力学中,正如我们的研究所示,电动力学的矢量势 $\boldsymbol{A}$ 除了涡旋分量之外,还具有势场分量,因此引入了标量磁场势的概念。

$$B^{*}=-\nabla\cdot\boldsymbol{A},\quad B^{*}=\mu_0 H^{*}$$

出于对称性的考虑,描述电场也需要引入两个相互关联的标量函数(标量电感应强度和标量电场强度):

$$D^{*}=\nabla\cdot\boldsymbol{M},\quad D^{*}=\varepsilon_0 E^{*}$$

因此,为了描述电磁场,一般情况下需要使用两个四维矢量($\boldsymbol{H},H^{*}$)和($\boldsymbol{E},E^{*}$)。我们从对称性的考虑中得出这个结论。然而,广义电动力学方程(2.12)~方程(2.15)并不完全对称:它们不包含标量函数 E^{*} 和 D^{*}。这是因为这些方程仅描述宏观电动力学现象。下一个层次的理论推广是在量子层次上进行的。

广义量子电动力学的微分方程是由 T. Ohmura[40] 和 N. P. Hvorostenko[41] 导出的。通过放弃 Fock-Podolsky 规范,他们得到了具有以下形式的带有源的广义量子电动力学微分方程:

$$\nabla\times\boldsymbol{H}+\nabla H^{*}=\boldsymbol{j}+\frac{\partial \boldsymbol{D}}{\partial t} \tag{2.60}$$

$$\nabla\times\boldsymbol{E}+\nabla E^{*}=-\boldsymbol{j}_s-\frac{\partial \boldsymbol{B}}{\partial t} \tag{2.61}$$

$$\nabla\cdot\boldsymbol{D}=\rho+\varepsilon_0\frac{\partial B^{*}}{\partial t} \tag{2.62}$$

$$\nabla\cdot\boldsymbol{B}=\rho_s-\mu_0\frac{\partial D^{*}}{\partial t} \tag{2.63}$$

在这里,($\boldsymbol{H},H^{*}$)是磁场强度的四维矢量,($\boldsymbol{E},E^{*}$)是电场强度的四维矢量,($\boldsymbol{j},c\rho$)是电流密度的四维矢量,($\boldsymbol{j}_s,c\rho_s$)是轴矢(自旋矢量)的四维矢量。

在参考文献[41]中,引入了两个四维势:($\boldsymbol{A},A_0$)以及($\boldsymbol{M},M_0$)。根据我们的记号,A_0 表示 ϕ/c,M_0 表示 ψ/c。势($\boldsymbol{M},M_0$)是量子电动力学中特有的,它用于描述

电磁场与电子的自旋场的相互作用[43]。正如从式(2.63)中可以看出，在量子电动力学中使用类似于“磁单极子”的概念，它们是产生和吸收势矢量磁场的源和汇。换句话说，条件式(2.59)在量子理论中不适用，因此它具有比宏观电动力学更高的对称性。

在考虑只有导电电流(没有轴向电流)的过程时，不需要使用势($\boldsymbol{M}, M_0$)。请注意，方程(2.60)～方程(2.63)与我们得到的方程(2.12)～方程(2.15)在排除量子效应的条件下是相同的：

$$E^{*}=0,\quad \rho_s=0,\quad \boldsymbol{j}_s=\boldsymbol{0} \tag{2.64}$$

描述四维场的一种方便方式是使用四元数。四元数是由三维矢量和标量值组成的有序对。四元数具有两个分量：实部和虚部。

在 L. A. Alexeeva 的文章[44]中，电动力学理论以使用四元数场的方式描述。通过使用这种方法，得到了广义的量子电动力学方程，与 T. Ohmura 和 N. P. Hvorostenko 的方程(2.60)～方程(2.63)完全相同。

显然，在描述电动力学过程时，首要特征应该是四维矢量($\boldsymbol{A}, \phi/c$)和($\boldsymbol{M}, \psi/c$)，它们可以表示为四元数。它们定义了某个基本物质场对象的状态。电磁场的特征仅仅是这些基本矢量的时空导数。顺便提一下，它们的普遍表达式具有惊人的对称形式[41-42]：

$$\boldsymbol{H}=-\frac{\partial \boldsymbol{M}}{\partial t}+\frac{1}{\mu_0}\nabla\times\boldsymbol{A}-\nabla\psi,\quad H^{*}=-\varepsilon_0\frac{\partial\phi}{\partial t}-\frac{1}{\mu_0}\nabla\cdot\boldsymbol{A} \tag{2.65}$$

$$\boldsymbol{E}=-\frac{\partial \boldsymbol{A}}{\partial t}-\frac{1}{\varepsilon_0}\nabla\times\boldsymbol{M}-\nabla\phi,\quad E^{*}=\mu_0\frac{\partial\psi}{\partial t}+\frac{1}{\varepsilon_0}\nabla\cdot\boldsymbol{M} \tag{2.66}$$

在宏观方法中，条件方程(2.59)保持不变。对这些关系的完全对称性产生了一些符号上的差异，这仅仅是因为历史上已经形成了这些量的定义。

如上所述，对于描述宏观电动力学现象，仅使用四维矢量势($\boldsymbol{A}, \phi/c$)是足够的。因此，在宏观广义理论的框架下，采用以下关系：

$$\boldsymbol{H}=\frac{1}{\mu_0}\nabla\times\boldsymbol{A},\quad \boldsymbol{E}=-\frac{\partial\boldsymbol{A}}{\partial t}-\nabla\phi \tag{2.67}$$

$$H^{*}=-\varepsilon_0\frac{\partial\phi}{\partial t}-\frac{1}{\mu_0}\nabla\cdot\boldsymbol{A},\quad E^{*}=0 \tag{2.68}$$

经典宏观电动力学仅对应于关系式(2.67)。通常对它们应用梯度变换。

$$\boldsymbol{A}'=\boldsymbol{A}_0+\nabla\chi,\quad \phi'=\phi_0-\frac{\partial\chi}{\partial t} \tag{2.69}$$

在这里，$\chi(x,y,z,t)$是任意的标量时空函数，矢量势 $\boldsymbol{A}_0$ 和标量势 ϕ_0 是在给定参考系 K_0 中的电磁场的矢量势和标量势。

具有旋涡磁场 $\boldsymbol{B}$、$\boldsymbol{H}$ 和电场 $\boldsymbol{E}$、$\boldsymbol{D}$ 的特性在变换式(2.69)下保持不变。在常规电动力学中，电磁场没有其他特性，因此可以得出电磁场的梯度不变性的结论。这个结论为引入规范提供了基础。通常不讨论变换式(2.69)的物理意义。

让我们尝试理解梯度变换式(2.69)的物理意义。注意,通过梯度矢量$\nabla\chi$,矢量势的势能部分发生变化,根据广义理论(如式(2.68)所示),势能部分与磁电位相关。矢量$\boldsymbol{A}$的势能部分的改变发生在从给定参考系K_0到相对于其运动的平动参考系K_n'的转换中。参考系之间的平动运动的条件由移动物体的点状理想化确定。在这种情况下,参考系的运动方向通常不重合。在不改变其涡旋分量的情况下,是否可能改变矢量$\boldsymbol{A}$的势能分量呢?让我们以运动带电粒子为例来解释这一点。在不同的参考系中,粒子的速度由不同的矢量确定。因此,由该粒子产生的电流也必须根据参考系的不同进行区分。众所周知,矢量势由产生它的电流确定,并且通常具有两个分量:涡旋和势能(见图1.14)。在电流的大小和方向发生变化时,$\boldsymbol{A}$矢量的两个分量都发生变化,也就是说,每个分量都必须指定参考方向。因此,在参考系之间转换时,方程(2.69)第一个关系应以以下形式写成:

$$\boldsymbol{A}'=\boldsymbol{A}_0+\boldsymbol{a}_{\mathrm{r}}+\boldsymbol{a}_{\mathrm{g}} \tag{2.70}$$

其中,$\boldsymbol{a}_{\mathrm{r}}$和$\boldsymbol{a}_{\mathrm{g}}$分别代表在不同参考系之间转换时,矢量$\boldsymbol{A}$的涡旋和势能分量的变化。

显然,当改变空气的密度时,电场也会发生变化。为了考虑到这种变化,在方程(2.69)的第二式中引入了一个带有负号的修正项$\frac{\partial\chi}{\partial t}$。

让我们以点电荷为例来解决这个问题。众所周知,标量势取决于电荷的位置和大小。电荷是相对论不变的量[10]。因此,标量势在从一个参考系转换到另一个参考系时仅仅通过电荷和势界定点之间的相对论长度缩短来改变。这可以通过方程(1.28)和方程(1.29)来考虑。

$$\phi'=\phi_0-\boldsymbol{v}\cdot\boldsymbol{A}'=\phi_0-\frac{v^2}{c^2}\phi_0 \tag{2.71}$$

因此

$$\frac{\partial\chi}{\partial t}=\boldsymbol{v}\cdot\boldsymbol{A}'=\frac{v^2}{c^2}\phi_0 \tag{2.72}$$

标量势,如已知的那样,可以附加一个常量,因此函数χ的值是任意选择的。因此,标量势在从伴随带电粒子的参考系过渡到粒子以速度$\boldsymbol{v}$运动的参考系时按照式(2.71)进行变换。这就是梯度变换在标量势中的物理意义。

让我们考虑在K_0和K'参考系之间的矢量势转换式(2.70),这两个参考系相对于彼此以速度$\boldsymbol{v}(t)$平动。我们将计算第一个关系式(2.70)关于时间的全导数:

$$\frac{\mathrm{d}\boldsymbol{A}'}{\mathrm{d}t}=\frac{\mathrm{d}\boldsymbol{A}_0}{\mathrm{d}t}+\frac{\mathrm{d}\boldsymbol{a}_{\mathrm{r}}}{\mathrm{d}t}+\frac{\mathrm{d}\boldsymbol{a}_{\mathrm{g}}}{\mathrm{d}t} \tag{2.73}$$

将式(2.73)左侧进行转换。在移动的坐标系K'中,电动力学势的全导数和局部导数之间存在关系:

$$\frac{\mathrm{d}\boldsymbol{A}'}{\mathrm{d}t}=\frac{\partial\boldsymbol{A}_0}{\partial t}+(\boldsymbol{v}\ \nabla)\boldsymbol{A}_{\mathrm{g}}+(\boldsymbol{v}\ \nabla)\boldsymbol{A}_{\mathrm{r}}=\frac{\partial\boldsymbol{A}_0}{\partial t}-\boldsymbol{v}B^*+\boldsymbol{v}\times\boldsymbol{B} \tag{2.74}$$

其中使用了矢量分析中的一个著名公式，来转换右侧的第二项。

$$\nabla\times(\boldsymbol{a}\times\boldsymbol{b})=(\boldsymbol{b}\ \nabla)\boldsymbol{a}-(\boldsymbol{a}\ \nabla)\boldsymbol{b}+\boldsymbol{a}\ \nabla\cdot\boldsymbol{b}-\boldsymbol{b}\ \nabla\cdot\boldsymbol{a}$$

当矢量 $\boldsymbol{a}$ 和 $\boldsymbol{b}$ 为势的情况下，该等式的左边恒等于零。假设 $\boldsymbol{b}=\boldsymbol{b}(t)$，则 $(\boldsymbol{a}\ \nabla)\boldsymbol{b}=\boldsymbol{0}$ 和 $\boldsymbol{a}\ \nabla\cdot\boldsymbol{b}=0$。我们得到以下关系：

$$(\boldsymbol{b}\ \nabla)\boldsymbol{a}=\boldsymbol{b}\ \nabla\cdot\boldsymbol{a}$$

在式(2.74)中：

$$(\boldsymbol{v}\ \nabla)\boldsymbol{A}_{g}=\boldsymbol{v}\ \nabla\cdot\boldsymbol{A}_{g}=-\boldsymbol{v}B^{*}$$

式(2.74)与式(1.32)相符，$\boldsymbol{E}=-\dfrac{\mathrm{d}\boldsymbol{A}'}{\mathrm{d}t}$，$\boldsymbol{E}_0=-\dfrac{\partial\boldsymbol{A}'_0}{\partial t}$。这证实了式(2.70)是在相对论框架下，描述了电动力学量随着参考系变换的变化。

将“旋度”运算符应用到式(2.70)中，得到

$$\frac{1}{\mu_0}\nabla\times\boldsymbol{A}'=\frac{1}{\mu_0}\nabla\times\boldsymbol{A}_0+\frac{1}{\mu_0}\nabla\times\boldsymbol{a}_{r},\quad \text{且}\quad \boldsymbol{H}'\neq\boldsymbol{H}_0 \tag{2.75}$$

这个关系确认了一个已知的现象：磁场与选择的参考系有关。然而，如果将“旋度”应用于式(2.69)中的第一式，得到的是 $\boldsymbol{H}'=\boldsymbol{H}_0$，这与现实不符。

将“散度”算子应用到式(2.70)中，得到

$$\frac{1}{\mu_0}\nabla\cdot\boldsymbol{A}'=\frac{1}{\mu_0}\nabla\cdot\boldsymbol{A}_0+\frac{1}{\mu_0}\nabla\cdot\boldsymbol{a}_{g},\quad \text{且}\quad H^{*\prime}\neq H_0^{*} \tag{2.76}$$

这个公式考虑了从 K_0 到 K' 坐标系的电场的潜在分量的变化。

在切换参考系时，矢量场的势场和涡旋分量以不同的方式发生变化。这取决于参考系之间的相对运动。以上讨论的变换适用于参考系的平动相对运动情况。现在考虑这样一种情况：参考系 K' 相对于参考系 K_0 以任意方式移动，即进行平动—转动运动。作为一个例子，考虑参考系 K' 沿矢量场 $\boldsymbol{A}$ 的涡旋线移动，并与相应的自然三维坐标系重合。图2.14显示了矢量 $\boldsymbol{A}$ 沿圆形路径的变化情况。在这种特殊情况下，矢量 $\boldsymbol{A}$ 的涡旋分量在转换到伴随粒子的参考系 K' 后完全消失，而势场分量 $\boldsymbol{a}_g$ 则出现。可以说，矢量势场 $\boldsymbol{A}$ 经过转换，将涡旋场转化为势场。

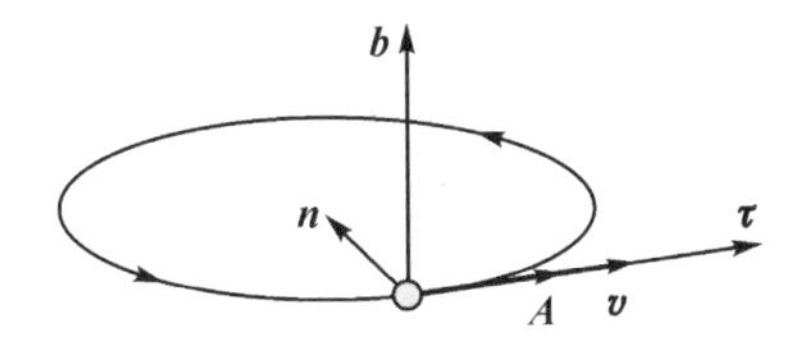

图2.14　涡旋场转换为势场

所以，我们得出结论：电动力学矢量 $\boldsymbol{A}$ 的涡旋部分和标势部分的比依赖于参考系的选择。在广义电动力学中，规范条件被电动力学特性在参考系变换时所代替。

在使用张量时，广义电动力学的微分方程的对称性表现良好。可以基于方程(2.12)～方程(2.13)构建张量：

$$\tilde{\boldsymbol{h}}_{\mu v}=\begin{bmatrix} H^* & H_z & -H_y & -\mathrm{i}cD_x \\ -H_z & H^* & H_x & -\mathrm{i}cD_y \\ H_y & -H_x & H^* & -\mathrm{i}cD_z \\ \mathrm{i}cD_x & \mathrm{i}cD_y & \mathrm{i}cD_z & -\mathrm{i}H^* \end{bmatrix} \tag{2.77}$$

方程(2.14)～方程(2.15)可以简化为张量：

$$\tilde{\boldsymbol{b}}_{\mu v}=\begin{bmatrix} cB^* & cB_z & -cB_y & -\mathrm{i}E_x \\ -cB_z & cB^* & cB_x & -\mathrm{i}E_y \\ cB_y & -cB_x & cB^* & -\mathrm{i}E_z \\ \mathrm{i}E_x & \mathrm{i}E_y & \mathrm{i}E_z & -\mathrm{i}cB^* \end{bmatrix} \tag{2.78}$$

请注意，在传统电动力学中，使用具有零对角线分量的张量，因为那里没有使用场的矢量表示。

在张量的公式(2.77)和公式(2.78)之间建立关系：

$$\tilde{h}_{\mu v}=\sqrt{\frac{\varepsilon_0}{\mu_0}}\cdot\tilde{b}_{\mu v}\quad(\mu,v=1,2,3,4)$$

在广义理论中，引入并使用了电荷密度的概念：

$$\rho_{\mathrm{ef}}=\rho+\varepsilon'\varepsilon_0\frac{\partial B^*}{\partial t}$$

现检查它的不变性。引入四维全电流密度的概念，其分量为

$$\tilde{J}_1=\rho_{\mathrm{ef}}V_x,\quad \tilde{J}_2=\rho_{\mathrm{ef}}V_y,\quad \tilde{J}_3=\rho_{\mathrm{ef}}V_z,\quad \tilde{J}_4=\mathrm{i}c\rho_{\mathrm{ef}}$$

将连续性方程(2.24)以张量的形式写出：

$$\frac{\partial\tilde{J}_1}{\partial x_1}+\frac{\partial\tilde{J}_2}{\partial x_2}+\frac{\partial\tilde{J}_3}{\partial x_3}+\frac{\partial\tilde{J}_4}{\partial x_4}=0 \tag{2.79}$$

其中，$x_1=x,x_2=y,x_3=z,x_4=\mathrm{i}ct$。

让有效电荷在惯性参考系 K'_n 中静止：

$$\tilde{J}'_1=0,\quad \tilde{J}'_2=0,\quad \tilde{J}'_3=0,\quad \tilde{J}'_4=\mathrm{i}c(\rho_{\mathrm{ef}})_0$$

在 K_0 实验室坐标系中，其 x 轴与 K'_n 的运动方向重合，即电荷沿着 x 轴以速度 $\boldsymbol{v}$ 运动。根据已知的特殊相对论变换[8]，有

$$\tilde{J}_1=\frac{(\rho_{\mathrm{ef}})_0 v}{\sqrt{1-v^2/c^2}},\quad \tilde{J}_2=\tilde{J}'_2,\quad \tilde{J}_3=\tilde{J}'_3,\quad \tilde{J}_4=\frac{\mathrm{i}c(\rho_{\mathrm{ef}})_0}{\sqrt{1-v^2/c^2}}$$

根据这些公式，我们可以得出结论：

$$\rho_{\mathrm{ef}}=\frac{(\rho_{\mathrm{ef}})_0}{\sqrt{1-v^2/c^2}}$$

在从静止参考系转变为移动参考系时，有效电荷所处的体积也会发生变化：

$$\mathrm{d}\tau'=\mathrm{d}\tau_0\sqrt{1-v^2/c^2}$$

因此

$$dq_{\mathrm{ef}}=\rho_{\mathrm{ef}}d\tau'=(\rho_{\mathrm{ef}})_0 d\tau_0=d(q_{\mathrm{ef}})_0$$

所以有效电荷是一个不变量,它不依赖于参考系的选择,并且可以像实际电荷一样处理。

当然,广义电动力学方程在洛伦兹变换下的不变性问题是一个重要的问题。在广义电动力学中,像传统理论一样,电势 $\boldsymbol{A}$ 和 ϕ 满足达朗贝尔方程。根据已知研究[13],这是判断原始方程(2.12)～方程(2.15)在洛伦兹变换下不变性的充分条件。因此,广义电动力学是相对论不变的理论。

第3章

广义电磁波理论

3.1 波动方程

电动力学理论是19世纪末，在麦克斯韦、洛伦兹、哈维赛德和赫兹工作的基础上形成的。它创造了现代无线电和电信设备。然而，在描述电磁波过程时存在着问题。让我们列出现代电动力学理论的主要矛盾之处：

① 为自由单频电磁波编写的能量密度函数在其传播的前端自发地从零变化到最大值。

② 第①点中提到的矛盾，是远场电磁波的电和磁分量同相变化造成的。根据物理表示，函数 $\boldsymbol{E}$ 和 $\boldsymbol{H}$ 的参数必须转移到 $\pi/2$。但是数学上的考虑禁止了这一点。如下一节所述。

③ 在麦克斯韦方程中，如果将电和磁分量的相移定律代入，则会破坏恒等式。这是让我们对前两个矛盾视而不见的主要观点。

④ 以前的观点表明，麦克斯韦方程式左边和右边的表达式是针对同一点的，它们所描述的现象是同时发生的。这种方法完全排除了电磁过程在空间和时间中传播的可能性，因为没有考虑因和果的区别，也就是说，忽略了动态过程的本质。

⑤ 为了消除第④点矛盾，达朗贝尔波方程（我们注意到它是从麦克斯韦方程中导出的）引入了左和右参数之间的差异。也就是说，我们把因和果在空间和时间上分开。波动方程的解是在考虑延迟的情况下编写的。然而，不建议将这些解代入原始麦克斯韦方程组，因为这会出现第③点矛盾。

因此，出于数学上的考虑，在现代电磁理论中不得不接受与物理概念相矛盾的根本性不一致。

现在我们尝试建立一个自洽的电磁场理论。描述电磁波时，会考虑涡和势的电动力学过程。同时，以校准的形式忽略数学限制。

值得注意的是，到目前为止，已经积累了足够的实验和理论事实，需要对现有的电磁波理论进行修订。所谓的电标量波（纵向电磁波）是在C. Monstein、J. P. Wesley[45]、K. Meil[46-47]、B. Sacco、A. Tomilin的实验中发现的[48]。K. J. van Vlaenderen[49]、D. A. Woodside[50]、I. A. Arbab、Z. A. Satti[51]、D. V. Podgainy、O. A. Zaimidoroga[52-53]、A. K. Tomilin[54-59]给出了电标量波存在的理论基础。

我们将方程(2.13)写为

$$\nabla\times\left(\boldsymbol{E}+\frac{\partial\boldsymbol{A}}{\partial t}\right)=\boldsymbol{0}$$

因此，电场强度与磁标势和磁矢势的已知关系如下：

$$\boldsymbol{E}=-\nabla\phi-\frac{\partial\boldsymbol{A}}{\partial t}\tag{3.1}$$

在前面的章节中，证明了磁矢势 $\boldsymbol{A}$ 具有两个分量：涡旋分量 $\boldsymbol{A}_{\mathrm{r}}$ 和势分量 $\boldsymbol{A}_{\mathrm{g}}$。根据式(3.1)，可以将电场按照来源分为势分量电场和涡旋分量电场：

$$\boldsymbol{E}_{\mathrm{g}}=-\nabla\phi-\frac{\partial\boldsymbol{A}_{\mathrm{g}}}{\partial t},\quad \boldsymbol{E}_{\mathrm{r}}=-\frac{\partial\boldsymbol{A}_{\mathrm{r}}}{\partial t}\tag{3.2}$$

如上所述，经典电动力学中，势分量 $\boldsymbol{A}_{\mathrm{g}}$ 隐含地存在。但是在电磁波微分方程中，通常使用规范排除它。例如，考虑洛伦兹规范：

$$\nabla\cdot\boldsymbol{A}+\mu'\mu_0\varepsilon\varepsilon_0\frac{\partial\phi}{\partial t}=0$$

对于这种规范，通常不提出有关其物理意义的问题。如果尝试找出其物理意义，则不可避免地必须考虑到这里 $\nabla\cdot\boldsymbol{A}\neq0$，并且需要考虑与磁矢势 $\boldsymbol{A}$ 的势分量和标量磁场相关的所有内容。

如果写出以下关系式：

$$H^*(x',y',z',t)=-\frac{1}{\mu'\mu_0}\nabla\cdot\boldsymbol{A}-\varepsilon'\varepsilon_0\frac{\partial\phi}{\partial t}\tag{3.3}$$

就产生了一种方法来考虑磁场的标量分量，并利用这个理论来验证标量磁场的真实存在。注意，在稳定情况下式(3.3)与式(1.6)一致。

将式(3.3)代入式(2.12)中，与式(3.1)联立，可得

$$-\frac{1}{\mu'\mu_0}\nabla\times(\nabla\times\boldsymbol{A})-\frac{1}{\mu'\mu_0}\nabla(\nabla\cdot\boldsymbol{A})-\varepsilon'\varepsilon_0\frac{\partial\phi}{\partial t}=\boldsymbol{j}-\varepsilon'\varepsilon_0\frac{\partial}{\partial t}\left(\nabla\phi+\frac{\partial\boldsymbol{A}}{\partial t}\right)$$

由此得到了磁矢势 $\boldsymbol{A}$ 的达朗贝尔波方程：

$$\Delta\boldsymbol{A}-\varepsilon'\varepsilon_0\mu'\mu_0\frac{\partial^2\boldsymbol{A}}{\partial t^2}=-\mu'\mu_0\boldsymbol{j}\tag{3.4}$$

方程(3.4)可以分解为磁矢势 $\boldsymbol{A}$ 的涡旋分量和势分量的两个独立方程。在这种情况下，应通过封闭的电流($\boldsymbol{j}_{\mathrm{r}}$)和非封闭的电流($\boldsymbol{j}_{\mathrm{g}}$)来区分。因此，得到

$$\Delta\boldsymbol{A}_{\mathrm{r}}-\varepsilon'\varepsilon_0\mu'\mu_0\frac{\partial^2\boldsymbol{A}_{\mathrm{r}}}{\partial t^2}=-\mu'\mu_0\boldsymbol{j}_{\mathrm{r}}\tag{3.5}$$

$$\Delta A_{\mathrm{g}} - \varepsilon'\varepsilon_0\mu'\mu_0 \frac{\partial^2 \boldsymbol{A}_{\mathrm{g}}}{\partial t^2} = -\mu'\mu_0 \boldsymbol{j}_{\mathrm{g}} \tag{3.6}$$

由于方程(3.6)仅包含势矢量函数，因此可以将其写成标量形式。为此，我们需要引入两个标量函数：分量 $\boldsymbol{A}_{\mathrm{g}}$ 的势 ξ、电流 $\boldsymbol{j}_{\mathrm{g}}$ 的势 η。这样就有

$$\nabla\xi = -\boldsymbol{A}_{\mathrm{g}}, \quad \nabla\eta = -\boldsymbol{j}_{\mathrm{g}}$$

式(3.6)可以表示为

$$\Delta\xi - \varepsilon'\varepsilon_0\mu'\mu_0 \frac{\partial^2 \xi}{\partial t^2} = -\mu'\mu_0 \eta \tag{3.7}$$

类似地，考虑式(3.1)和式(3.3)，对式(2.14)进行变换，我们得到标量势的波动方程：

$$\Delta\phi - \varepsilon'\varepsilon_0\mu'\mu_0 \frac{\partial^2 \phi}{\partial t^2} = -\frac{\rho}{\varepsilon'\varepsilon_0} \tag{3.8}$$

注意微分方程(3.7)和方程(3.8)形式的一致性，可以引入非稳定电场的完全标量势：

$$\zeta = \phi + \frac{\partial \xi}{\partial t} \tag{3.9}$$

这个关系也可以从方程(3.2)中第一个表达式得到，令

$$\boldsymbol{E}_{\mathrm{g}} = -\nabla\xi$$

将方程(3.7)对时间微分，并将其与方程(3.8)逐项相加，得到以下微分方程，该方程结合了对潜在电动力学过程的描述：

$$\Delta\xi - \varepsilon'\varepsilon_0\mu'\mu_0 \frac{\partial^2 \xi}{\partial t^2} = -\frac{\rho}{\varepsilon'\varepsilon_0} - \mu'\mu_0 \frac{\partial \eta}{\partial t} \tag{3.10}$$

将式(3.10)的右侧表示为

$$\frac{1}{\varepsilon'\varepsilon_0}\left(\rho + \mu'\mu_0\varepsilon'\varepsilon_0 \frac{\partial \eta}{\partial t}\right)$$

称括号中的表达式为有效电荷的体积密度：

$$\rho_{\mathrm{ef}} = \rho + \mu'\mu_0\varepsilon'\varepsilon_0 \frac{\partial \eta}{\partial t}$$

将该式与式(2.21)进行比较：

$$\rho_{\mathrm{ef}} = \rho + \varepsilon'\varepsilon_0 \frac{\partial B^*}{\partial t}$$

得出的结论是，我们引入的电流的势 η 是我们已经知道的标量磁场的强度：

$$\eta = H^*$$

因此，式(3.10)可以表示为

$$\Delta\xi - \varepsilon'\varepsilon_0\mu'\mu_0 \frac{\partial^2 \xi}{\partial t^2} = -\frac{\rho}{\varepsilon'\varepsilon_0} - \frac{\partial B^*}{\partial t} \tag{3.11}$$

从这个方程式可以看出，有两种产生电势场的方法：① 随时间变化的电荷密度

$\rho(t)$;② 借助非稳定的标量磁场。

事实证明,对于波电动力过程的完整描述,需要两个矢量:$\boldsymbol{B}$ 和 $\boldsymbol{E}_{\mathrm{r}}$,两个标量:$\phi$ 和 H^*。这意味着一般情况下的电动力学过程是势—涡旋过程。涡旋(横向)电磁波由矢量 $\boldsymbol{B}$ 和 $\boldsymbol{E}_{\mathrm{r}}$ 描述。另外,还有一个(标量)势(纵向)电磁波,由标量 ϕ 和 H^* 描述。

由此可以得出结论,作为电磁场的基本特征,以($\boldsymbol{A}_{\mathrm{r}}$, ξ/c)的形式记录四维矢量是较为方便的。它完全分离矢量(涡旋)和标量(势)分量。如前所述,类似地,矢量势也可以表示为($\boldsymbol{A}$,ϕ/c)。在广义方程(2.12)~方程(2.14)中存在的电磁场的所有特征均是间接的,因为它们是矢量电势的时间导数。使用这种方法需要确定四维矢量的物理含义,在第 4 章中考虑了此问题。

分解的方程描述的是特殊情况。在一般情况下,每个电流分量都会产生涡旋磁场和势磁场,因此,方程(3.4)的分解并不总是可行的。一个例子是线性开路电流,它同时产生磁场的两个分量。另一种情况如图 1.35 所示:闭合电流系统同时产生涡旋磁场和势磁场。

在研究的这一阶段,很明显,使用库仑或洛伦兹规范导致了理论的限制并排除了标量磁场的考虑,从而排除了与之相关的所有现象。如上所述,这些条件阻碍了复杂电动力学系统领域理论的发展。

在考虑电动力学的波过程时,从电位方程转向使用电场和磁场的方程是很方便的。我们从方程(2.12)~方程(2.15)获得电磁场的波动方程。将算子$\partial/\partial t$ 应用于等式(2.12),在考虑式(2.13)和式(2.14)转换之后,有

$$\Delta\boldsymbol{E}-\mu'\mu_0\varepsilon'\varepsilon_0\frac{\partial^2\boldsymbol{E}}{\partial t^2}=\mu'\mu_0\frac{\partial\boldsymbol{j}}{\partial t}+\frac{1}{\varepsilon'\varepsilon_0}\nabla\rho \tag{3.12}$$

在特殊情况下,可以将方程(3.12)分解为电场势分量和涡旋分量的两个独立方程:

$$\Delta\boldsymbol{E}_{\mathrm{g}}-\mu'\mu_0\varepsilon'\varepsilon_0\frac{\partial^2\boldsymbol{E}_{\mathrm{g}}}{\partial t^2}=\mu'\mu_0\frac{\partial\boldsymbol{j}_{\mathrm{g}}}{\partial t}+\frac{1}{\varepsilon'\varepsilon_0}\nabla\rho \tag{3.13}$$

$$\Delta\boldsymbol{E}_{\mathrm{r}}-\mu'\mu_0\varepsilon'\varepsilon_0\frac{\partial^2\boldsymbol{E}_{\mathrm{r}}}{\partial t^2}=\mu'\mu_0\frac{\partial\boldsymbol{j}_{\mathrm{r}}}{\partial t} \tag{3.14}$$

计算方程(2.13)的时间导数,与方程(2.12)联立,得到矢量 $\boldsymbol{H}$ 的波动方程:

$$\Delta\boldsymbol{H}-\varepsilon'\varepsilon_0\mu'\mu_0\frac{\partial^2\boldsymbol{H}}{\partial t^2}=-\nabla\times\boldsymbol{j} \tag{3.15}$$

式(3.14)和式(3.15)解释了已知的横向电磁波辐射的机理。

同样地,将式(2.12)和式(2.14)代入进行转换,得到标量函数 H^* 的波方程:

$$\Delta H^*-\varepsilon'\varepsilon_0\mu'\mu_0\frac{\partial^2H^*}{\partial t^2}=\frac{\partial\rho}{\partial t}+\nabla\cdot\boldsymbol{j} \tag{3.16}$$

如果在电导线介质的某个点发生电荷变化,它就会成为电流的源或汇,而电流又会在相邻的空间点产生。注意式(3.16)中右边和左边的变量是描述空间的不同点,

因此,使用连续性方程(2.22)会得到一个微分方程,左边的项不会与右边的同类项相消,因为它们描述的是不同点、不同时间的场:

$$\Delta H^{*}(x',y',z',t)-\varepsilon'\varepsilon_0\mu'\mu_0\frac{\partial^2 H^{*}(x',y',z',t)}{\partial t^2}=$$
$$-\varepsilon'\varepsilon_0\frac{\partial^2 B^{*}(x,y,z,t-r/v)}{\partial t^2} \tag{3.17}$$

微分方程(3.13)和方程(3.16)解释了纵向电磁波辐射的机制。这个问题将在下一节中讨论。

电动力学的研究通常遵循一条历史方法:首先考虑个别的电和磁现象,然后再考虑电磁场的形成。电动力学理论的顶端是麦克斯韦方程,由此产生了波动方程。

麦克斯韦-洛伦兹理论对电动力学波过程的描述完全基于电场和磁场涡旋的概念。电场的势分量不包括在波过程中。磁场的势分量甚至没有被提出。出于数学原因,引入了库仑或洛伦兹规范,排除了磁场(电磁场)的势分量。

从力学和电动力学之间类比的角度看,现代物理学家通常认为机械描述是有限的,不适合研究电磁过程。然而,这一观点在 P. A. Zhilina 的文章中得到了充分的驳斥。特别是,弹性理论和电动力学之间的类比表明了基于麦克斯韦方程的理论体系的基本局限性。

在弹性理论(以及一般的连续介质力学)中,一般的场效应得到了充分的利用:由于连续弹性介质中固体分子的运动,它会产生势和涡;反之亦然,固体分子被固体介质的运动吸引。在这种情况下,可以清楚地看到引起波过程的外力源。这些现象由达朗贝尔四维波动方程描述。

电动力学现象也可用达朗贝尔四维波动方程描述。然而,在将其从麦克斯韦方程中导出时,使用了库仑或洛伦兹规范条件。在连续介质力学中没有类似的条件。因此,在使用方程描述波时,力学和电动力学的方程呈现形式一致性,而在单独考虑每个过程时,则不总是相似的。在这个意义上,现代电动力学并不是一个完全的场理论。

我们使用一种形式化的场论方法来构造电动力学方程。当考虑场效应时,用达朗贝尔的四维方程来描述。这基本上是一般场论的一个假定。所有宏观电动力学过程都可通过四维矢量势($\mathbf{A},\phi/c$)或($\mathbf{A}_{\mathrm{r}},\ \xi/c$)来描述。

由于方程的因果关系描述的是不同的时间和空间点,因此场源的坐标-时间连续性和场本身的特征必须区分开来。若用极坐标来描述电流和电荷,用空间坐标来描述场势,则方程(3.4)和方程(3.8)的解可记为四维矢量($\mathbf{A}_{\mathrm{r}},\ \xi/c$)的延迟形式:

$$\mathbf{A}_{\mathrm{r}}(x',y',z',t)=\frac{\mu'\mu_0}{4\pi}\int_{\tau}\frac{\boldsymbol{j}_{\mathrm{r}}(x,y,z,t-r/v)}{r}\mathrm{d}\tau \tag{3.18}$$

$$\xi(x',y',z',t)=\frac{1}{4\pi\varepsilon'\varepsilon_0}\int_{\tau}\frac{\rho_{\mathrm{ef}}(x,y,z,t-r/v)}{r}\mathrm{d}\tau \tag{3.19}$$

其中，$r=\sqrt{(x'-x)^2+(y'-y)^2+(z'-z)^2}$，是源与场的特定点之间的距离。$v$ 是波的传播速度，τ 是包含源的区域的体积。

引入四维空间坐标：

$$x_1=x,\quad x_2=y,\quad x_3=z,\quad x_4=\mathrm{i}ct$$

各个方向的磁矢势分量如下：

$$\Phi_1=A_x,\quad \Phi_2=A_y,\quad \Phi_3=A_z,\quad \Phi_4=\mathrm{i}c\xi$$

统一式(3.4)和式(3.8)之后的四维波动方程如下：

$$\Box\Phi_v=-\mu'\mu_0 s_v \tag{3.20}$$

这里□是不变的达朗贝尔算子，并且使用四维电流密度矢量的分量：

$$s_1=\rho_{\mathrm{ef}}v_x,\quad s_2=\rho_{\mathrm{ef}}v_y,\quad s_3=\rho_{\mathrm{ef}}v_z,\quad s_4=\mathrm{i}c\rho_{\mathrm{ef}}$$

计算矢量的四维散度：

$$\frac{\partial\Phi_1}{\partial x_1}+\frac{\partial\Phi_2}{\partial x_2}+\frac{\partial\Phi_3}{\partial x_3}+\frac{\partial\Phi_4}{\partial x_4}=\nabla\cdot\boldsymbol{A}_{\mathrm{r}}+\varepsilon'\varepsilon_0\mu'\mu_0\frac{\partial\xi}{\partial t} \tag{3.21}$$

通常，出于数学原因，即洛伦兹条件，方程的右边等于零。现尝试放弃洛伦兹规范，接受式(3.3)，可得到下式：

$$B^*(x',y',z',t)=-\nabla\cdot\boldsymbol{A}_{\mathrm{r}}-\varepsilon'\varepsilon_0\mu'\mu_0\frac{\partial\xi}{\partial t}$$

进一步得到

$$\frac{\partial\Phi_1}{\partial x_1}+\frac{\partial\Phi_2}{\partial x_2}+\frac{\partial\Phi_3}{\partial x_3}+\frac{\partial\Phi_4}{\partial x_4}=-B^*(x',y',z',t) \tag{3.22}$$

从波方程(3.4)和方程(3.8)出发，联立方程(3.1)和方程(3.22)，不难得到广义电动力学方程(修正的麦克斯韦方程)(2.12)和方程(2.14)。这就是从波方程到电动力学广义方程的方法，也似乎是最合理的方法。它允许考虑涡和势的电磁过程。

我们可以得出结论：电动力学理论(宏观近似)的基础是波方程(3.4)～方程(3.8)或它们的统一式(3.20)。麦克斯韦方程(以及广义电动力学方程)只在单个电磁场过程中建立了电磁场二次特征之间的关系。

3.2　纵向电磁波

如上所示，广义电动力学(宏观理论)指出了两种类型的电磁波：横向和纵向。第一种电磁波是众所周知的，相关研究充分，并在实践中使用。第二种电磁波几乎没有被研究过，尽管关于纵向电磁波的文献很多。我们稍后将分析有关这一问题的文献。然而，术语“纵向电磁波”在经典电动力学中被理解为一个非平面波分量，由涡旋矢量 $\boldsymbol{E}_{\mathrm{r}}$ 和 $\boldsymbol{H}$ 确定。例如，普通电磁波在波导中传播时形成的纵向分量。这种现象超出了传统电动力学的范畴，并且已经得到了很好的研究。在新兴的广义电动力学中，也有必要使用术语“纵向电磁波”来表示第二种波，但其含义与传统理论中使用的概念不同。我们所理解的纵向电磁波是指矢量 $\boldsymbol{E}_g$ 和标量 H^* 变化而形成的。由于这些波的方向与矢量 $\boldsymbol{E}_g$ 相同,它们往往被称为 E 波或电标量波。

上述理论解释了纵向电磁波的产生和传播。让我们看看赫兹电振荡器,即磁场由电流 $\boldsymbol{j}_g(t)$ 的直流分量脉冲产生(见图 3.1)。在这种情况下,电流振荡频率 ν 的选择方式是使振荡器的长度 l 与电磁辐射的半波长相同:

$$l=\frac{\lambda}{2} \tag{3.23}$$

由于带电流的导体长度有限,因此除了矢量磁场之外,还会产生标量磁场。电流增大,标量磁场的感应也会增大。考虑电流段两端点 A 点和 B 点附近的磁场,在 A 点会产生一个变化率为负的标量磁场$\left(\frac{\partial B^*}{\partial t}<0\right)$。因此,此时在 A 点生成一个电场汇 $\boldsymbol{E}_g$;同时,在 B 点会产生一个变化率为正的标量磁场$\left(\frac{\partial B^*}{\partial t}>0\right)$,因此会生成一个大小为 $\boldsymbol{E}_g$ 的电场源。

在图 3.1(a)中,电场的汇用黑点表示,电场的源用白点表示。请注意楞次定律的应用,根据该规则,在 AB 段感应的电场是针对初始电流的,并试图抵消其增加。

点 A 和点 B 处的电势场的矢量在各个方向上均有分布,因此,一般而言,纵向电磁波在分别靠近点 A 和点 B 的空间里传播的波面都接近球面。在图中仅存在点 A 和点 B,仅描绘了沿源电流 $\boldsymbol{j}_g$ 所在直线的矢量 $\boldsymbol{E}_g$。实际在空间内存在另外的某些点 C 和点 D,分别形成电场的源和汇。由于电磁波以有限速度扩散,因此以点 C 和点 D 为中心的电场与以点 A 和点 B 为中心的电场有一定的延迟。

现在,假设导体 AB 中的电流方向不变,大小减小,那么它在点 A 和点 B 附近产生的标量磁场也会减小。在这种情况下,在点 A 形成电场 $\boldsymbol{E}_g$ 的源,点 B 形成汇(见图 3.1(b))。一段时间后,在点 C 和点 D 将分别出现场 $\boldsymbol{E}_g$ 的汇和源。

接下来,我们再考虑两个时间间隔,每个间隔相当于 AB 段电流方向变化周期的 1/4。当从 B 流向 A 的电流增大时,点 A 形成源,点 B 形成汇。然后,当电流减小时,点 A 形成汇,点 B 形成源。因此,标量磁场 $B^*(t)$ 和电场矢量 $\boldsymbol{E}_g$ 决定交流电磁场的产生和传播。该波的传播发生在电场矢量 $\boldsymbol{E}_g$ 的方向上,因此形成了纵向电磁波。

第 1.6 小节讨论过产生标量磁场的电动系统,它们中的任何一个都可以作为产生或接收纵向电磁波的天线。让我们以双回路(双极)天线为例(见图 3.2),考虑纵向电磁波的产生过程。让频率和相位同步的交流电通过电路的每个部分,连接部分的长度必须满足式(3.23)。在这种情况下,就会产生交变标量磁场,从而产生纵向电磁波。

相反,当这种导电系统位于纵向电磁波的传播区域时,如果满足条件式(3.23),就会在闭合的导电回路中产生相位和频率同步的电流,即接收到电磁信号。因此,发

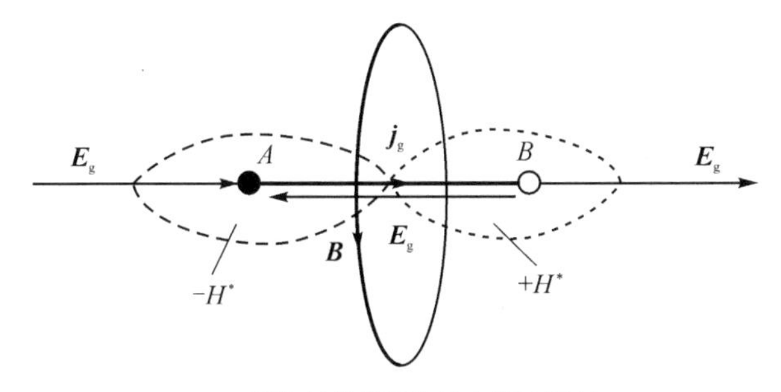

(a) 线性赫兹振荡器的电磁波辐射

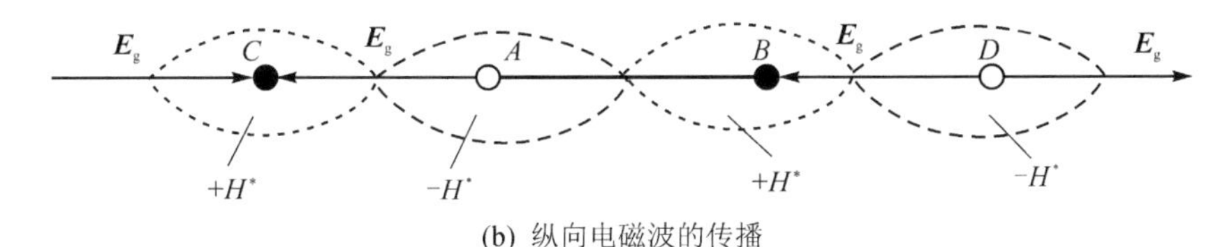

(b) 纵向电磁波的传播

图 3.1　电磁波的辐射及传播

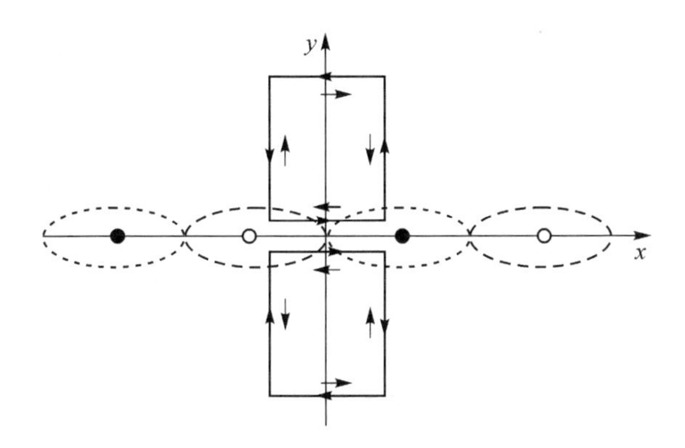

图 3.2　双极天线产生的纵向电磁波

射器(辐射天线)和接收器(接收天线)的基本结构是相同的。

如上所述,纵向电磁波和横向电磁波密不可分,并相互产生。这种关系的机理如图 3.3 所示。令横向电磁波沿 x 轴传播,在这种情况下,涡旋电场 $\boldsymbol{E}_{\mathrm{r}}$ 的环状电场围绕磁场 $\boldsymbol{B}$ 每条磁场线生成(见图 3.3(a))。考虑电场增加的时间(周期的第一个1/4)内的波,在该周期的第二个 1/4 中,出现一个势电场,矢量 $\boldsymbol{E}_{\mathrm{g}}$ 与 x 轴正交,并根据楞次定律确定方向(见图 3.3(b))。

环形电场会诱发标量磁场(H^*),在这种情况下,标量磁场是非稳态的,其梯度方向垂直于横波的传播方向(见图 3.3(b))。在非稳态标量磁场中,会产生电势场 $\boldsymbol{E}_{\mathrm{g}}$ 的源和汇。在图 3.3(b)的上部,在给定的时间间隔内形成场 $\boldsymbol{E}_{\mathrm{g}}$ 的汇,下部形成源。换句话说:出现一个非稳态准偶极子,其位置与 x 轴正交。

在周期的第三个 1/4 内,电势场产生涡旋磁场 $\boldsymbol{B}$,产生横电磁波,沿垂直于 $\boldsymbol{E}_{\mathrm{g}}$ 的方向,即平行于 x 轴传播(见图 3.3(c))。因此,横向和纵向电磁波密不可分地联系在一起,并在同一过程中形成。

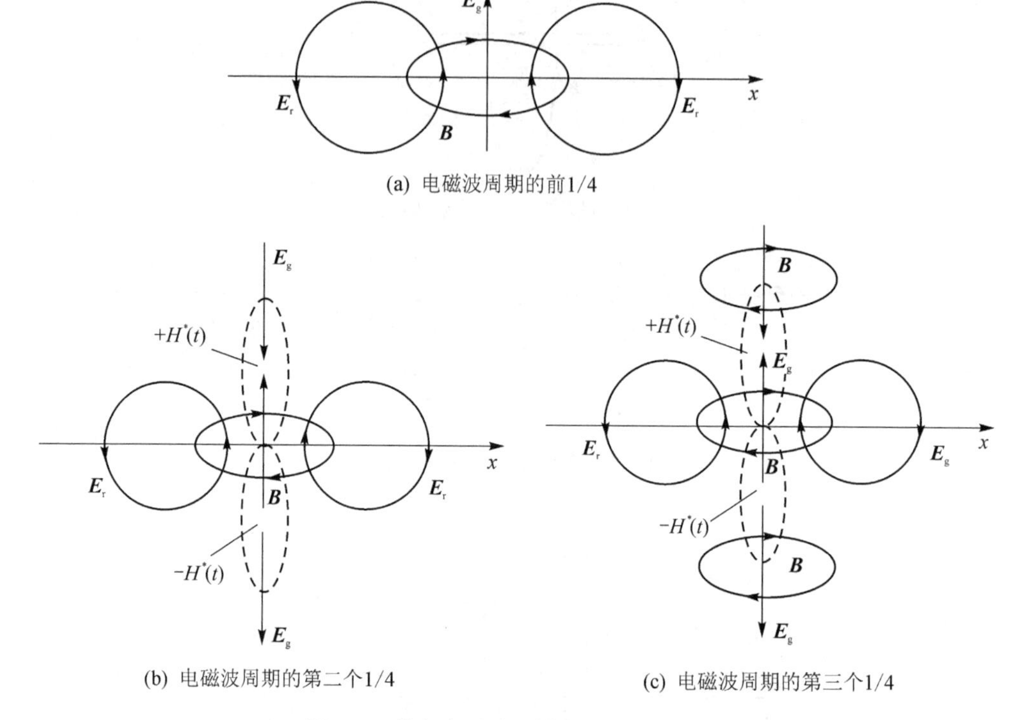

(a) 电磁波周期的前1/4

(b) 电磁波周期的第二个1/4

(c) 电磁波周期的第三个1/4

图 3.3 纵向电磁波和横向电磁波的关系

显然,相互转化的过程中,电磁场的分量发生了一定的延迟,即纵波的特性相对于横波的特性在时间上发生了偏移。可以认为,横波和纵波是按照反相的规律变化的。纵波和横波相互转换的观点所引申出的能量考量也表明了这一点。这种方法消除了在考虑单一横向电磁波时产生的悖论,例如,参考文献[54]中讨论了这一悖论。悖论的实质在于,传统理论中,自由横电磁波的矢量 $\boldsymbol{E}_r$ 和 $\boldsymbol{B}$ 同相,即电场和磁场的能量同时达到最大值并同时转向零。这种表示不符合能量守恒定律。

用线性赫兹振荡器发射和接收电磁信号的方法证明了将电磁波描述为横波和纵波相互转换过程的理论是正确的。在发射或接收信号的瞬间,沿着有限长度导体传播的电流脉冲就是电磁波。在发射信号的情况下,E 波会产生一个涡旋电磁场;相反,在接收信号时,由于横向电磁波的作用,导体中会产生一个势能电场,即纵向电磁波。

现在来看看与纵向电磁波问题有关的文献。如果排除那些将纵波理解为由涡旋矢量定义 $\boldsymbol{E}_r$ 和 $\boldsymbol{B}$ 的文献,以及所有接近的文献,结果表明,对这一领域的深入研究很少。G. V. Nikolayev 的著作[16-18]中只包含了关于电磁波可能由电势矢量 $\boldsymbol{E}_g$ 和标量 H^* 定义的主要观点,以及之前所描述的双回路(双极)天线实验,其中一个作为发射器，沿 x 轴传播纵向电磁波；另一个作为接收器（见图 3.4）。

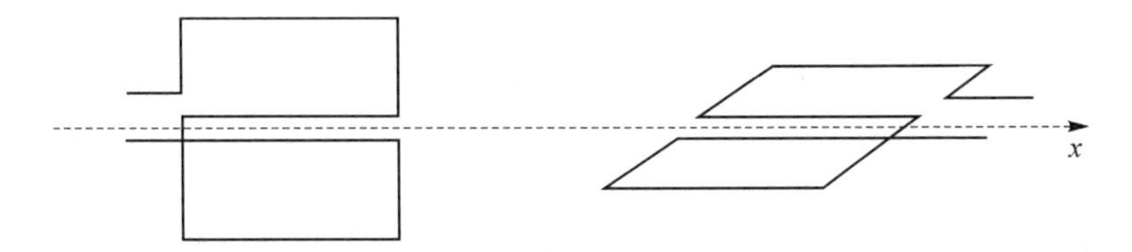

图 3.4　G. V. Nikolayev 纵波实验

参考文献[61-62]包含一个球形对称电动力学问题，该文献定义了一个表面分布着电荷为常量（$q=\text{const}$）的膨胀球的电磁场。表面电荷密度的变化速率为 $\rho=\rho(t)$，由于电荷的运动轨迹沿径向，故产生非封闭电流 $\boldsymbol{j}_{\text{g}}(t)$。

B. M. Bolotovsky 和 V. A. Ugarov 于 1976 年发表的论文[61]得出结论，膨胀球外的电场将是恒定的，磁场（涡旋）不会产生，也就是说，一切都归结为静电。他们同意 Y. B. Zeldovich 和 I. A. Yakovlev 的观点，即电荷守恒定律不允许非稳态问题的提出。

2008 年，Y. V. Kuznetsov 指出参考文献[62]所提出问题中的能量差异。假设球体表面有许多点电荷，那么每个点电荷在运动时都会产生磁场。每个电荷的能量与磁场强度的平方成正比。也就是说，磁场能量一定是一个正函数。但是这些涡旋磁场的叠加产生了零结果（“矢量”）。总磁场的能量去哪里了？正函数的和不能等于零。如果我们只能用涡旋磁场的概念来解释，那么这种能量悖论是无法解决的。此时只能假设出现了标量磁场。这就是 Y. N. Kuznetsov 得出的结论。

这个“悖论”很容易用广义电动力学的波方程来解决。事实上，在不断膨胀的球体之外，没有矢量磁场。这从式（3.15）可以得出，因为没有涡旋（$\nabla\times\boldsymbol{j}=\boldsymbol{0}$）。然而，在膨胀球体表面的每个点上，电荷密度都会发生变化，并产生一个电流源，因此根据式（3.16）产生非稳定的标量磁场 $H^*(t-r/c)$。因为矢量 $\nabla\rho$ 的方向是径向的，所以根据式（3.2），会形成径向势 $\boldsymbol{E}_{\text{g}}(t-r/c)$。这种非稳态的电场叠加在由恒定电荷 q 形成的恒定电场 $\boldsymbol{E}_{0\text{g}}(r)$ 上。因此，在带有恒定电荷的膨胀球外，会产生一个恒定电场，此外还会产生 E 波。

当交流位移电流通过球形电容器时，也会出现同样的问题。由于电流的球面对称性，涡旋磁场不可能存在。只有 ∇H^* 为球形电容器中提供位移电流[21]。

德国研究人员 C. Monstein 和 J. P. Wesley 在一篇论文中描述了支持上述理论推理的实验。他们的第一个实验证明了电容器板之间的纵向波能量传输，这两块电容器板之间的距离大于波长。然后在板之间安装一个滤波器，以吸收横向电磁波。第二个实验使用的是安装在 10～1 000 m 之间的球形辐射天线。通过同轴电缆向金属球内部施加交变电势，从而在辐射天线上产生可变电荷。电缆的输出端接地。结果，位于地面屏上方的球形天线开始振荡。以同样方式布置的接收天线记录到呈指数衰减的信号，即衰减速度快于与辐射源距离的平方的倒数。这是因为这个实验中的天线不是一个孤立的可变电荷。由于球体和地球之间的电荷分离,偶极子效应得以保持。

参考文献[45]的作者不使用标量磁场的概念,也不试图超越经典电动力学的范围,因此他们对这个问题的看法是片面的:他们仅依靠泊松方程来获得标量电势,并仅讨论势矢量 $\boldsymbol{E}_{\mathrm{g}}$ 的变化。然而,C. Monstein 和 J. P. Wesley 的实验对于理解正在研究的现象是非常重要的,因为它们揭示了对电磁场的普遍观点的局限性,并允许我们“桥接”到广义电动力学上。从广义电动力学方程(2.14)可以看出,纵向电磁波不仅可以由可变电荷产生,还可以由变化的标量磁场产生,G. V. Nikolaev 用双回路天线进行的实验证实了这一点。

A. V. Enshin 和 V. A. Iliodorov 的文章对电磁辐射相关问题进行了深入分析。参考文献[31-32]的作者通过实验证实:“……当顺磁性气体介质暴露在具有特殊频率分量的激光辐射下时,其组成分子或原子的自旋会发生极化。在激光辐射有质动力的共振影响下,会形成具有明显铁磁特性的准晶体自旋极化结构。也就是说,宏观量子效应在自旋极化介质中成为可能。在顺磁气体的自旋极化结构中(研究对象是分子气体,这些气体具有不相配的电子自旋或核自旋,以及其他一些物质),激光辐射会转化为纵向电磁波,即电场矢量与波矢量方向重合的波。这种转变之所以成为可能,是因为辐射涉及的不是只能发射横向电磁波的单个电子,而是通过交换相互作用结合在一起的一组外部电子,其行为类似于量子流体。在自旋极化结构产生的纵向电磁波中,方向性和相干性明显高于原始激光辐射的相干性。这不是百分比或倍数的问题,而是大小关系的问题。纵向辐射的吸收截面也比横向辐射小得多。”

A. V. Enshin 和 V. A. Iliodorov 的研究结果与广义电动力学的结论完全一致:纵向电磁波不能由单独的闭合电流产生,但闭合电流系统(如环形)能够产生纵向电磁波。因此,外部激光辐射显然能促进环形电子结构的组织,从而发射纵向电磁波。诱导辐射的方向性和相干性使信号可以远距离传输,从而有效地利用纵向电磁波(至少在光波范围内)。显然,可以在量子电动力学的框架内对这一现象做出完整的解释。这个问题将在后续章节中讨论。

参考文献[63]和[64]描述了非恒定标量磁场中机电系统振荡产生的影响,并指出了一些可能的技术应用。

因此,根据上述文献和我们自己的研究结果,可以明确地指出,纵向电磁波的特性与横向电磁波的特性有很大不同,对它们的进一步研究将为电子通信的发展开辟新的前景,并能改变各种材料的特性,特别是用于记录和存储信息的特性。

3.3 量子电动力学中的纵向电磁波

20 世纪 30 年代,纵向电磁波问题首次出现在量子电动力学中,因为四维数学架构中需要引入纵向电磁波。然而,为了满足麦克斯韦理论,V. Fock 和 B. Podolsky

引入了特殊的规范条件，将纵向电磁波排除在外，并且波本身被称为“非物质”。

20世纪70年代末和80年代初，K·P·哈尔琴科用一种特殊的天线进行了实验，得出了与传统电动力学相矛盾的惊人结果[65]。显然，日本物理学家T. Ohmura于1956年首次获得了量子电动力学的广义方程[40]。90年代初，N. P. Khvorostenko[41]再次提出了这一问题。在两个四维势矢量的基础上，他严谨地证明了三种可能的电磁波：一种横波和两种纵波。沿电拉力矢量方向传播的波称为E波，沿磁力方向传播的波称为H波。

参考文献[41]中推导了电磁场的波方程，我们使用作者的符号以无量纲的形式再现：

$$\Delta \boldsymbol{E}-\frac{1}{c^2}\frac{\partial^2 \boldsymbol{E}}{\partial t}=q_e\left(\frac{1}{c}\frac{\partial \boldsymbol{I}}{\partial t}+\nabla I_0\right)+q_m\nabla\times \boldsymbol{J} \tag{3.24}$$

$$\Delta E_0-\frac{1}{c^2}\frac{\partial^2 E_0}{\partial t}=-q_e\left(\frac{1}{c}\frac{\partial I_0}{\partial t}+\nabla\cdot \boldsymbol{I}\right) \tag{3.25}$$

$$\Delta \boldsymbol{H}-\frac{1}{c^2}\frac{\partial^2 \boldsymbol{H}}{\partial t}=q_m\left(\frac{1}{c}\frac{\partial \boldsymbol{J}}{\partial t}+\nabla J_0\right)-q_e\nabla\times \boldsymbol{I} \tag{3.26}$$

$$\Delta H_0-\frac{1}{c^2}\frac{\partial^2 H_0}{\partial t}=-q_m\left(\frac{1}{c}\frac{\partial J_0}{\partial t}+\nabla\cdot \boldsymbol{J}\right) \tag{3.27}$$

鉴于符号上的差异，在方程(2.64)条件下，方程(3.24)、方程(3.25)和方程(3.26)与我们得到的方程(3.14)、方程(3.15)和方程(3.16)相同。量子电动力学的特殊方程(3.27)我们尚未考虑。

此外，N. P. Khvorostenko使用常规连续性条件，可以记录成以下形式：

$$\frac{1}{c}\frac{\partial I_0}{\partial t}+\nabla\cdot \boldsymbol{I}=0 \tag{3.28}$$

将其代入方程(3.25)，等式的右边为零。在此基础上，他得出结论：“……标量强度E_0和相关的纵向E波只能以真空自由零点振荡的形式存在，不能用物质源激发它们。因此，量子电动力学对这类波的处理方法是‘非物质性’，是有充分理由的[41]。”

然而我们注意到，N. P. Khvorostenko所得到的方程(2.62)与方程(2.14)完全相同，并且正如已经确定的那样，可以得到形式为方程(2.22)的连续性方程。如果用参考文献[41]中使用的符号来写，则可以得到

$$q_e\left(\frac{1}{c}\frac{\partial I_0}{\partial \mathrm{t}}+\nabla\cdot \boldsymbol{I}\right)+\frac{1}{c^2}\frac{\partial^2 E_0}{\partial t^2}=0 \tag{3.29}$$

将方程(3.29)应用于方程(3.25)，我们会得到一个与方程(3.11)相同的无量纲方程，但以高斯单位制书写：

$$\Delta E_0(x',y',z',t)-\frac{1}{c^2}\frac{\partial^2 E_0(x',y',z',t)}{\partial t^2}=-\frac{1}{c^2}\frac{\partial^2 E_0(x,y,z,t-r/\nu)}{\partial t^2} \tag{3.30}$$

值得注意的是,左侧的第二项并没有与右侧相抵消,因为它们描述的是不同空间点、不同时刻的特性。根据方程(3.30)可知:在空间的某一坐标为(x,y,z)的点产生非恒定的标量磁场,在同一点产生电场(或电流)的源(或汇),这导致空间相邻点(x',y',z')在经过r/ν时间后出现不恒定的标量磁场。

不幸的是,N.P. Khvorostenko的错误结论剥夺了所有与电磁波有关的后续研究的理论基础,现在主流科学界仍然只关注横向电磁波。请注意,考虑到所有的三种电磁波类型,能量转移矢量将记录如下:

$$\boldsymbol{p}=\boldsymbol{p}_{\perp}+\boldsymbol{p}_{\parallel}=\boldsymbol{E}_{\mathrm{r}}\times\boldsymbol{H}+\boldsymbol{E}_{\mathrm{g}}H^{*}+\boldsymbol{H}E^{*} \tag{3.31}$$

这一通用公式载于N.P. Khvorostenko的文献[41],我们得到的局部公式(2.32)仅适用于宏观电动力学。

3.4 准静态电磁场

准静态理论通常用于讨论导电介质在电磁场中的运动。在这种情况下,计算导数时,除了局部导数外,还会产生对流分量。因此,微分方程中应使用全微分符号。众所周知,在准静止情况下,不考虑电磁波的辐射过程,因此与传导电流相比,位移电流被忽略,滞后效应也未考虑在内。

在实验室参考系K_0中创建一个电场$\boldsymbol{E}_0(x,y,z,t)$以及一个随时间以$\boldsymbol{B}_0(x,y,z,t)$和$B_0^*(x,y,z,t)$函数变化的磁场。考虑导电介质在这些参考系中运动,我们将介质的某个点与相对于K_0平移运动的运动参考系K'关联起来。

在字母右上角加撇号表示运动参考系中的量。在外加磁场中运动的导电介质会产生额外的电场,在一般情况下,电场有涡旋电场$\boldsymbol{E}'_{\mathrm{r}}$和势电场$\boldsymbol{E}'_{\mathrm{g}}$两个分量。在运动的导电介质中,会感应出感生电流$\boldsymbol{j}'$,电流又反过来产生额外的磁场。移动参考系中总磁场的特性将表示为$\boldsymbol{H}'$、$H^{*\prime}$或$\boldsymbol{B}$、$B^{*\prime}$。因此,移动的参考系中的准静态广义电动力学的主要微分方程将采取以下形式:

$$\nabla\times\boldsymbol{H}'+\nabla H^{*\prime}=\boldsymbol{j}' \tag{3.32}$$

$$\nabla\times\boldsymbol{E}'=-\frac{\mathrm{d}'\boldsymbol{B}_0}{\mathrm{d}t} \tag{3.33}$$

$$\nabla\cdot\boldsymbol{D}'=\rho+\varepsilon'\varepsilon_0\frac{\mathrm{d}'B_0^*}{\mathrm{d}t} \tag{3.34}$$

请注意,由于准静态理论中没有考虑场的传播过程,因此这些方程左右两边的函数指的是介质中的一点。

将方程(3.33)右边部分分为局部导数和对流导数:

$$\nabla\times\boldsymbol{E}'=-\frac{\partial\boldsymbol{B}_0}{\partial t}-(\boldsymbol{v}\,\nabla)\boldsymbol{B}_0 \tag{3.35}$$

其中,$\boldsymbol{v}(t)$是相对于K_0静止的电介质中某一定点的速度。

使用常用的矢量分析公式：

$$\nabla\times(\boldsymbol{B}_0\times\boldsymbol{v})=(\boldsymbol{v}\,\nabla)\boldsymbol{B}_0-(\boldsymbol{B}_0\,\nabla)\,\boldsymbol{v}+\boldsymbol{B}_0\,\nabla\cdot\boldsymbol{v}-\boldsymbol{v}\,\nabla\cdot\boldsymbol{B}_0$$

由于$\boldsymbol{v}(t)$是时间的函数，而$\boldsymbol{B}_0$只有旋，因此得到

$$\nabla\times(\boldsymbol{B}_0\times\boldsymbol{v})=(\boldsymbol{v}\,\nabla)\boldsymbol{B}_0$$

经过转换，可以得到

$$\nabla\times\boldsymbol{E}'=-\frac{\partial\,\nabla\times\boldsymbol{A}'}{\partial t}-\nabla\times(\boldsymbol{B}_0\times\boldsymbol{v})$$

最后一个等式建立了涡旋矢量之间的关系：

$$\boldsymbol{E}'_{\mathrm{r}}=-\frac{\partial A'_{\mathrm{r}}}{\partial t}+\boldsymbol{v}\times\boldsymbol{B}_0 \tag{3.36}$$

根据这一关系，将电场的涡旋部分转换到移动参考系中，则方程(3.34)可以表示为

$$\nabla\boldsymbol{D}'=\rho+\varepsilon'\varepsilon_0\left(\frac{\partial B_0^*}{\partial t}+\boldsymbol{v}\cdot\nabla B_0^*\right) \tag{3.37}$$

方程(3.37)是根据密度为ρ的电荷来写的。记住，电荷是不随参考系变换的变量，所以不用加一撇。

标量电势差和电荷密度通过泊松方程相联系，即

$$\Delta\phi=-\frac{\rho}{\varepsilon'\varepsilon_0} \tag{3.38}$$

也可以写成

$$\rho=-\varepsilon'\varepsilon_0\Delta\phi \tag{3.39}$$

此外，如方程(3.37)所示，电流沿标量磁场梯度方向移动，会产生准电荷：

$$\boldsymbol{v}\cdot\nabla B_0^*=\nabla\cdot(\boldsymbol{v}B_0^*)-B_0^*\,\nabla\cdot\boldsymbol{v}$$

例如，当电流的源(或汇)位于标量磁场梯度方向的起点(或终点)上时，就会出现这种情况。在这种情况下有

$$\boldsymbol{v}\cdot\nabla B_0^*=\nabla\cdot(\boldsymbol{v}B_0^*) \tag{3.40}$$

然后，结合方程(3.39)和方程(3.40)，对方程(3.37)进行变换，就得到了运动参考系中电场势能部分的局部表达式：

$$\boldsymbol{E}'_{\mathrm{g}}=-\nabla\phi-\frac{\partial\boldsymbol{A}'_{\mathrm{g}}}{\partial t}+\boldsymbol{v}B_0^* \tag{3.41}$$

结合方程(3.36)和方程(3.41)，得出部分等式：

$$\boldsymbol{E}'=\boldsymbol{E}_0+\boldsymbol{v}\times\boldsymbol{B}_0+\boldsymbol{v}B_0^*$$

在这种情况下，欧姆定律可以表示为

$$\boldsymbol{j}'=\sigma(\boldsymbol{E}_0+\boldsymbol{v}\times\boldsymbol{B}_0+\boldsymbol{v}B_0^*) \tag{3.42}$$

这里有$\boldsymbol{E}=-\Delta\phi-\dfrac{\partial\boldsymbol{A}_0}{\partial t}$，即有与原参考系相对静止的电场强度。此时$\boldsymbol{A}_0=\boldsymbol{A}_{(0)\mathrm{r}}+\boldsymbol{A}_{(0)\mathrm{g}}$。

一般情况下，我们可以用电势的形式写出欧姆定律：

$$\boldsymbol{j}' = -\sigma\left(\nabla\phi + \frac{\mathrm{d}\boldsymbol{A}'}{\mathrm{d}t}\right) \tag{3.43}$$

这种形式的定律比方程(3.42)具有更深刻的物理内容,它指出了运动介质中电流产生的主要原因:伴随参考系中矢量势场的不稳定性。

我们可以得出一种更加概括的说法:参考系中四维矢量势($\boldsymbol{A}$,ϕ/c)的任何变化都会导致导电介质中产生电流。

从方程(3.32)出发,联立方程(1.4)和方程(1.6),可以得到以下结果:

$$\frac{1}{\mu'\mu_0}\nabla\times(\nabla\times\boldsymbol{A}') - \frac{1}{\mu'\mu_0}\nabla(\nabla\cdot\boldsymbol{A}') = \boldsymbol{j}'$$

对于矢量势,可以得到泊松方程:

$$\Delta\boldsymbol{A}' = -\mu'\mu_0\boldsymbol{j}' \tag{3.44}$$

如果在静止介质中考虑准静态过程,则不需要引入运动参照系,也不需要使用撇号。在特殊情况下,可以将方程(3.44)分成两个独立的方程,分别表示矢量势的涡旋分量和势分量。在一般情况下,传导电流会同时引起矢量和标量磁场。即使在所有传导电流都是闭合的情况下,由多个闭合回路形成的电动系统也能诱发标量磁场。图1.35所示的电流系统就是一个例子。

因此,广义电动力学准静态问题的求解简化为对方程(3.38)、方程(3.43)和方程(3.44)的联立求解。其与经典理论的差异在于矢量电势的性质:在势分量生成了一个以前欧姆定律微分形式中没有考虑到的对流分量$\boldsymbol{v}B_0^*$。

3.5 电介质中的电磁波

考虑平面电磁波在静止均匀不带电的电介质中的传播过程:

$$\varepsilon' = \text{const},\quad \mu' = \text{const},\quad \sigma = 0,\quad \rho = 0$$

在这种情况下,方程(2.12)~方程(2.14)的形式如下:

$$\nabla\times\boldsymbol{H} + \nabla H^* = \varepsilon'\varepsilon_0\frac{\partial\boldsymbol{E}}{\partial t} \tag{3.45}$$

$$\nabla\times\boldsymbol{E} = -\mu'\mu_0\frac{\partial\boldsymbol{H}}{\partial t} \tag{3.46}$$

$$\nabla\cdot\boldsymbol{E} = \mu'\mu_0\frac{\partial H^*}{\partial t} \tag{3.47}$$

从方程(3.45)~方程(3.47)得到涡旋矢量$\boldsymbol{E}$的均匀达朗贝尔方程:

$$\Delta\boldsymbol{E} - \mu'\mu_0\varepsilon'\varepsilon_0\frac{\partial^2\boldsymbol{E}}{\partial t^2} = \boldsymbol{0} \tag{3.48}$$

它可以被分解成涡旋分量和势分量两个方程:

$$\Delta\boldsymbol{E}_r - \mu'\mu_0\varepsilon'\varepsilon_0\frac{\partial^2\boldsymbol{E}_r}{\partial t^2} = \boldsymbol{0} \tag{3.49}$$

$$\Delta \boldsymbol{E}_{g}-\mu'\mu_{0}\varepsilon'\varepsilon_{0}\frac{\partial^{2}\boldsymbol{E}_{g}}{\partial t^{2}}=\boldsymbol{0} \tag{3.50}$$

最后一个方程可以使用标量势的形式书写：

$$\Delta\phi-\mu'\mu_{0}\varepsilon'\varepsilon_{0}\frac{\partial^{2}\phi}{\partial t^{2}}=0$$

同样地，我们得到矢量 $\boldsymbol{H}$ 的达朗贝尔方程：

$$\Delta \boldsymbol{H}-\mu'\mu_{0}\varepsilon'\varepsilon_{0}\frac{\partial^{2}\boldsymbol{H}}{\partial t^{2}}=\boldsymbol{0} \tag{3.51}$$

标量 H^{*} 的达朗贝尔方程：

$$\Delta H^{*}-\mu'\mu_{0}\varepsilon'\varepsilon_{0}\frac{\partial^{2}H^{*}}{\partial t^{2}}=0 \tag{3.52}$$

因此，电磁波具有四个特征，可以有条件地分离出由涡旋矢量 $\boldsymbol{E}_{r}$、$\boldsymbol{H}$ 定义的波的横向分量，以及用势矢量 $\boldsymbol{E}_{g}$（或标量电位 ϕ）和标量 H^{*} 定义的纵向分量。

请注意：横向电磁波和纵向电磁波的传播速度相同：

$$v_{\perp}=v_{\parallel}=\frac{1}{\sqrt{\varepsilon'\varepsilon_{0}\mu'\mu_{0}}}=\frac{c}{\sqrt{\varepsilon'\mu'}} \tag{3.53}$$

其中，$c=\dfrac{1}{\sqrt{\varepsilon_{0}\mu_{0}}}$，是真空中的光速。

这表明电磁过程的所有成分之间存在着不可分割的联系，而且在一般情况下不可能将它们的位置完全分开。此外，在物质介质中传播的横向电磁波会在空间的每一点产生纵波，反之亦然。这种关系的物理本质已在第 3.2 节中揭示。

考虑平面电磁波在电介质中的传播过程。让位于 O 中心的振动器同时产生横向和纵向电磁波，它们都在不带电的电介质中传播，并与辐射源保持较大距离。我们研究的是位于坐标平面 Oxy 的某个点 $M(x,y)$ 附近的传播过程。在这一点上，波的两个分量同时存在：横波和纵波。每个波分量实际上都是水平的，即每个波的波面都与其传播方向垂直。区分沿 x 轴传播的纵向电磁波和沿 y 轴传播的横向电磁波（见图 3.5(a)）。

在描述电磁波过程时，我们依据第 3.2 节中描述的物理概念。将一个波周期分为 4 个连续阶段：

① 在 $M(x,y)$ 点形成的涡旋磁场 $\boldsymbol{H}$；

② 在 $M_{1}(x_{1},y_{1})$ 点形成环状构型的涡旋电场 $\boldsymbol{E}_{r}$；

③ 在 $M_{2}(x_{2},y_{2})$ 点上产生标量磁场 H^{*}；

④ 在 $M_{3}(x_{3},y_{3})$ 点上产生势电场 $\boldsymbol{E}_{g}$。

相邻的点 $M(x,y)$、$M_{1}(x_{1},y_{1})$、$M_{2}(x_{2},y_{2})$、$M_{3}(x_{3},y_{3})$ 依次排列。在极限情况下（微分层次上），它们是相邻的。在宏观层面上，相邻点之间的距离常常被假设为波长的 1/4（$\lambda/4$）。在这种情况下，各阶段的时间间隔为 1/4 个周期。基于这些波过

程的物理思想,微分方程(3.49)～方程(3.52)的解应通过以下形式求得,即

$$\boldsymbol{H}(x,t)=\boldsymbol{H}_z(x)\exp(\mathrm{i}\omega t) \tag{3.54}$$

$$\boldsymbol{E}_{\mathrm{r}(x_1,t_1)}=\boldsymbol{E}_{\mathrm{r}y}(x_1)\exp(\mathrm{i}\omega t_1),\quad x_1=x+\frac{\lambda}{4},\quad t_1=t+\frac{T}{4} \tag{3.55}$$

$$H^*(y_2,t_2)=H^*(y_2)\exp(\mathrm{i}\omega t_2),\quad y_2=y_1+\frac{\lambda}{4},\quad t_2=t+\frac{T}{2} \tag{3.56}$$

$$\boldsymbol{E}_{\mathrm{g}}(y_3,t_3)=\boldsymbol{E}_{\mathrm{g}y}(y_3)\exp(\mathrm{i}\omega t_3),\quad y_3=y_2+\frac{\lambda}{4},\quad t_3=t+\frac{3T}{4} \tag{3.57}$$

其中,ω 是角频率,下标 y 或 z 表示相应矢量所在的轴。

将方程(3.54)代入方程(3.51)中,得到一个常微分方程:

$$\frac{\mathrm{d}^2\boldsymbol{H}_z(x)}{\mathrm{d}x^2}+k_{\perp}^2\boldsymbol{H}_z(x)=\boldsymbol{0} \tag{3.58}$$

其中,$k_{\perp}=\omega\sqrt{\varepsilon'\varepsilon_0\mu'\mu_0}$,是横向电磁波的波数。

通过求解在 x 轴正方向上传播的横波的方程(3.58),得到

$$\boldsymbol{H}(\boldsymbol{r},t)=\boldsymbol{H}_z^0\exp\mathrm{i}(\omega t-k_{\perp}x)=\boldsymbol{H}_z^0\exp\mathrm{i}(\omega t-k_{\perp}\boldsymbol{x}^0\cdot\boldsymbol{r}) \tag{3.59}$$

其中,$\boldsymbol{H}_z^0$ 是涡旋磁场强度振幅,$\boldsymbol{r}$ 是定义点 M 位置的径矢量,$\boldsymbol{x}^0$ 是 x 轴上的单位矢量。

联立方程(3.49)和方程(3.55),可以得到

$$\boldsymbol{E}_{\mathrm{r}}(\boldsymbol{r}_1,t_1)=\boldsymbol{E}_{\mathrm{r}y}^0\exp\mathrm{i}(\omega t_1-k_{\perp}x_1)=\boldsymbol{E}_{\mathrm{r}y}^0\exp\mathrm{i}(\omega t_1-k_{\perp}\boldsymbol{x}^0\cdot\boldsymbol{r}_1) \tag{3.60}$$

其中,$\boldsymbol{E}_{\mathrm{r}y}^0$ 是涡旋电场的振幅,$\boldsymbol{r}_1$ 是定义点 $M_1(x_1,y_1)$位置的径矢量。

联立方程(3.52)与方程(3.56),可以得到

$$H^*(\boldsymbol{r}_2,t_2)=H^{*0}\exp\mathrm{i}(\omega t_2-k_{\parallel}y_2)=H^{*0}\exp\mathrm{i}(\omega t_2-k_{\parallel}\boldsymbol{y}^0\cdot\boldsymbol{r}_2) \tag{3.61}$$

其中,H^{*0} 是标量磁场的振幅,$\boldsymbol{r}_2$ 是定义点 $M_2(x_2,y_2)$位置的径矢量,$k_{\parallel}=\omega\sqrt{\varepsilon'\varepsilon_0\mu'\mu_0}$,是纵向电磁波的波数。

最后,根据方程(3.50)和方程(3.57),可以得到

$$\boldsymbol{E}_g(\boldsymbol{r}_3,t_3)=\boldsymbol{E}_{\mathrm{g}y}^0\exp\mathrm{i}(\omega t_3-k_{\parallel}y_3)=\boldsymbol{E}_{\mathrm{g}y}^0\exp\mathrm{i}(\omega t_3-k_{\parallel}\boldsymbol{y}^0\cdot\boldsymbol{r}_3) \tag{3.62}$$

其中,$\boldsymbol{E}_{\mathrm{g}y}^0$ 是电场势的幅值,$\boldsymbol{r}_3$ 是定义点 $M_3(x_3,y_3)$位置的径矢量。

对于涡旋电场,有

$$\nabla\cdot\boldsymbol{E}_{\mathrm{r}}=0$$

将其代入式(3.60)可以得到

$$\nabla\cdot\boldsymbol{E}_{\mathrm{r}}=-\mathrm{i}k_{\perp}(\boldsymbol{x}^0\cdot\boldsymbol{E}_{\mathrm{r}})=0$$

因此 $\boldsymbol{E}_{\mathrm{r}}\perp\boldsymbol{x}^0$。

同样,对于磁场强度矢量,可以根据式(3.59)得出

$$\nabla\cdot\boldsymbol{H}=0=-\mathrm{i}k_{\perp}(\boldsymbol{x}^0\cdot\boldsymbol{H})=0$$

因此 $\boldsymbol{H}\perp\boldsymbol{x}^0$,波的传播方向垂直于涡旋矢量 $\boldsymbol{E}_{\mathrm{r}}$ 和 $\boldsymbol{H}$ 组成的平面。

将方程(3.59)和方程(3.60)代入方程(3.46)。根据方程(3.55)对矢量 $\boldsymbol{E}$ 的参

数进行变换，得到

$$\omega t_1 - k_\perp x_1 = \omega t - k_\perp x$$

这意味着在方程(3.46)变换后的式子中，左边与右边存在相同的周期函数。将它们消去后，得到

$$k_\perp E_{ry}^0 \boldsymbol{z}^0 = -\omega\mu'\mu_0 \boldsymbol{H}_z^0$$

或

$$\boldsymbol{k}_\perp \times \boldsymbol{E}_{ry}^0 = \omega\mu'\mu_0 \boldsymbol{H}_z^0$$

因此，矢量 $\boldsymbol{E}_r$ 和矢量 $\boldsymbol{H}$ 相互垂直，这个结论与传统理论的已知结果不谋而合。

把方程(3.61)和方程(3.62)的解代入方程(3.47)。根据方程(3.57)进行参数转换：

$$\omega t_3 - k_\parallel y_3 = \omega t_2 - k_\parallel y_2$$

在变换后的方程(3.47)中，可以得出左边和右边有相同的周期函数。考虑到这一点，可以得出

$$\boldsymbol{E}_g = -\sqrt{\frac{\mu'\mu_0}{\varepsilon'\varepsilon_0}} H^* \boldsymbol{y}^0 \tag{3.63}$$

因此，势矢量 $\boldsymbol{E}_g$ 沿 y 轴传播。这意味着使用术语“纵向电磁波”来描述所研究的波类型是合理的。

将方程(3.59)和方程(3.60)代入方程(3.46)，将方程(3.61)和方程(3.62)代入方程(3.47)，可以得到以下两个关系式：

$$\sqrt{\mu'\mu_0} H_z^0 = -\sqrt{\varepsilon'\varepsilon_0} E_{ry}^0 \tag{3.64}$$

$$\sqrt{\mu'\mu_0} H^{*0} = -\sqrt{\varepsilon'\varepsilon_0} E_{gy}^0 \tag{3.65}$$

因此，我们得出了磁和电部分之间的能量平衡方程：

$$\mu'\mu_0 [(H_z^0)^2 + (H^{*0})^2] = \varepsilon'\varepsilon_0 [(E_{ry}^0)^2 + (E_{gy}^0)^2] \tag{3.66}$$

得出的结果与第2.4节中的结论一致：横向和纵向电磁波都携带能量。这一过程的特征是广义波印廷矢量方程(2.32)，对于平面波，它的写法是

$$\boldsymbol{p} = \boldsymbol{p}_\perp + \boldsymbol{p}_\parallel = \boldsymbol{E}_r \times \boldsymbol{H} + \boldsymbol{E}_g H^* \tag{3.67}$$

结果矢量 $\boldsymbol{p}$ 的方向与径矢量 $\boldsymbol{r}$ 重合(见图3.5(b))，电磁波就是沿着这个方向在空间的某一点传播的。

使用这种方法的能量悖论也不出现，因为电磁能密度可以用方程(2.34)的形式表达：

$$w = \frac{1}{2}(\boldsymbol{E}_r \cdot \boldsymbol{D}_r + \boldsymbol{H} \cdot \boldsymbol{B} + H^* B^* + \boldsymbol{E}_g \cdot \boldsymbol{D}_g) \tag{3.68}$$

在上个表达式中，前两项代表横向波的能量，后两项代表纵向波的能量。如果将方程(3.59)～方程(3.62)代入方程(3.68)，则在任何时间 t 值下，都能得到一个常数：

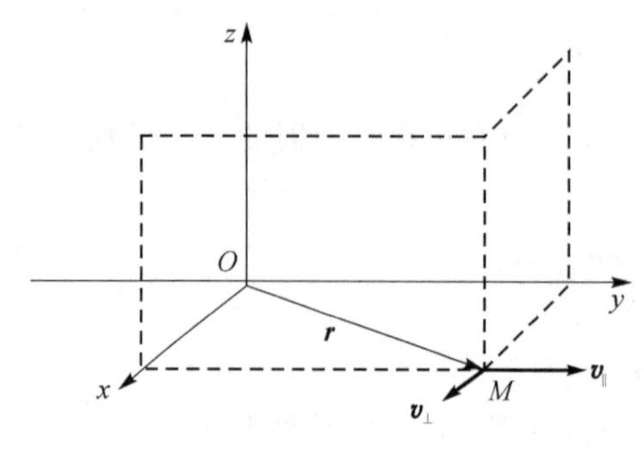

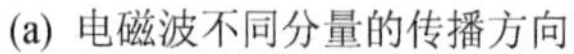
(a) 电磁波不同分量的传播方向

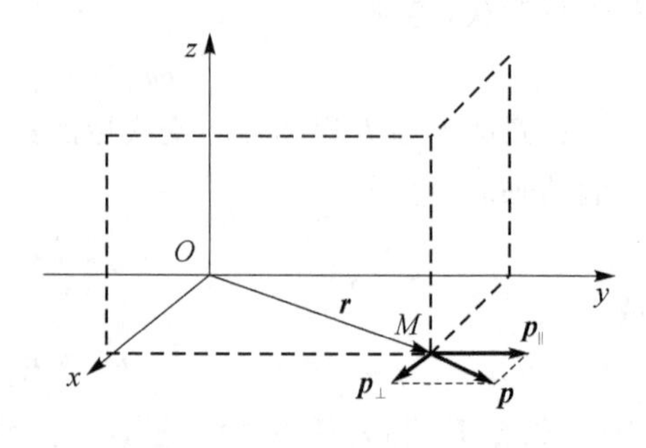

(b) 广义波印廷矢量的方向

图 3.5　电磁波不同分量的传播方向及广义波印廷矢量的方向

$$w=\frac{\varepsilon'\varepsilon_0}{2}\left[(E_{\mathrm{r}y}^0)^2+(E_{\mathrm{g}y}^0)^2\right]=\frac{\mu'\mu_0}{2}\left[(H_z^0)^2+(H^{*0})^2\right]=\mathrm{const}$$

也就是说,波前函数 w 不能像经典理论中那样自发地变化。电场的能量转换为磁场的能量,反之亦然。电磁场总能量的变化只有根据定律式(2.36)的热量释放和能量转移才有可能发生。

因此,电磁波应被视为由横向和纵向分量组成的复合波,称之为复电磁波。用图形表示复电磁波是很有趣的(见图 3.6)。让横波沿 x 轴传播,纵波沿 y 轴传播。在虚线的交叉点上分别是 $M(x,y)$、$M_1(x_1,y_1)$、$M_2(x_2,y_2)$和 $M_3(x_3,y_3)$,在这些点上,两个分量结合在一起形成复电磁波。

从图 3.6 中可以看出,波印廷矢量的每个分量($\boldsymbol{p}_{\parallel}$ 和 $\boldsymbol{p}_{\perp}$)根据周期性规律变化。也就是说,对于一个波周期,矢量 $\boldsymbol{p}$ 的方向会发生两次变化。在这种情况下会发生能量转移吗?让我们来解释一下这个明显的矛盾。

单独考虑横波。在位于原点的点 M 上,在时间 t 的范围是 $0<t<T/4$,有一个变化的涡旋电场 $\boldsymbol{E}_{\mathrm{r}}$,$\frac{\partial \boldsymbol{E}_{\mathrm{r}}}{\partial t}<\boldsymbol{0}$。由于在第一个 1/4 周期内电场不断减小,涡旋磁场不断增大,力线的方向也相应地改变(见图 3.7(a))。图中显示了沿 x 轴正负方向传播的电磁波分量以及相应的波印廷矢量。

由于在第一个 1/4 周期内电场不断减小,涡旋磁场不断增大,力线的方向也相应改变(见图 3.7(a))。图中显示了沿 x 轴正负方向传播的电磁波分量以及相应的波印廷矢量。

在第二个 1/4 周期,涡旋磁场的强度减弱,但方向不变。让我们来描绘一下在波的传播过程中,任四个位置上产生的涡旋电场和波印廷矢量(见图 3.7(b))。在内侧部分产生的能量流相互抵消,而在外侧部分的能量流则推动了波的进一步传播。因此,在波的前方,能量向外传递。

第三个 1/4 周期的电磁过程如图 3.7(c)所示。同样,在内侧部分产生的能量流相互抵消,同时有向外部方向的传播。

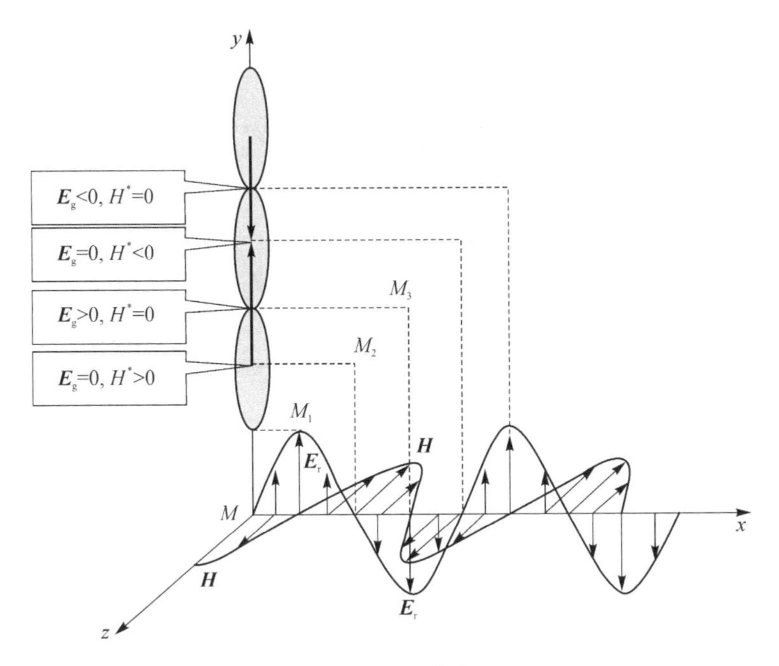

图 3.6　复电磁波的图示

因此，横向电磁波具有相位偏移 $\pi/2$ 的特性。这一概念可以解释能量传递和扩展波前的形成，波前之后没有扰动。纵向电磁波也应采用类似的思路，同时考虑到其在 y 轴正负方向上的传播。

利用复电磁波的概念，可以对惠更斯原理进行物理解释。根据这一原理，波前的每个点都被表示为一个球面波的波源。在波前的边界，波印廷矢量有一个位于波前平面内的分量。这就是分量 $\boldsymbol{p}_{\parallel}$，是纵向电磁波的特征。因此，电磁波绕过障碍物的能力的物理解释是基于其复特性。

我们不禁要问：在电介质中，是否有可能产生一个只包含电标量波成分的单向电磁波呢？第 3.2 节描述了实现这一想法的实验尝试。C. Monstein 和 J. P. Wesley 的实验[45]使用了球形天线，在发射球上产生了脉冲电荷。由于地球和球体之间的电荷分离，不可避免地会产生偶极子效应，其中信号以正比于 $1/r^3$ 的规律衰减。

问题在于如何消除偶极子效应，以增加信号的传输距离。从理论上讲，辐射天线应该是一个表面电荷密度可变的、不与外界接触的独立非接地球体。参考文献[61-62]就考虑了这样一个模型。例如，可以想象一个半径周期性变化的带电球体。但这样的模型在无线电频率下的使用并不方便。第 3.9 节将讨论从技术上解决这个无线电问题的可能方法。

考虑球面纵向电磁波在无限介质中的理论传播过程。在描述波长为 λ 的自由球面对称纵向波时，可以在一个周期 T 内划分以下步骤：

① 在半径为 r 的球面上，t 时刻产生球面对称的径向电场 $\boldsymbol{E}_g$。

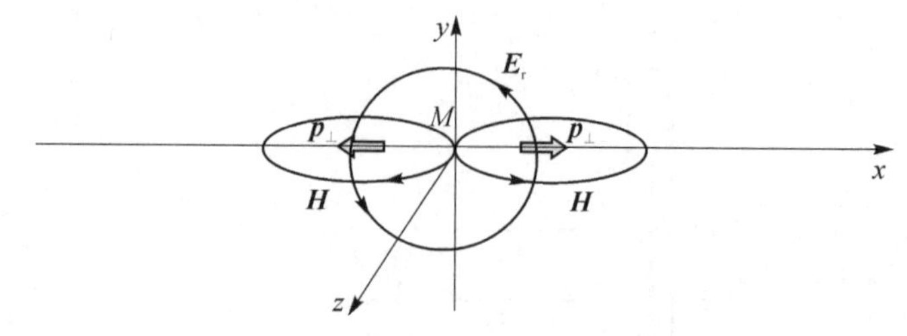

(a) 横波在第一个1/4周期的传播

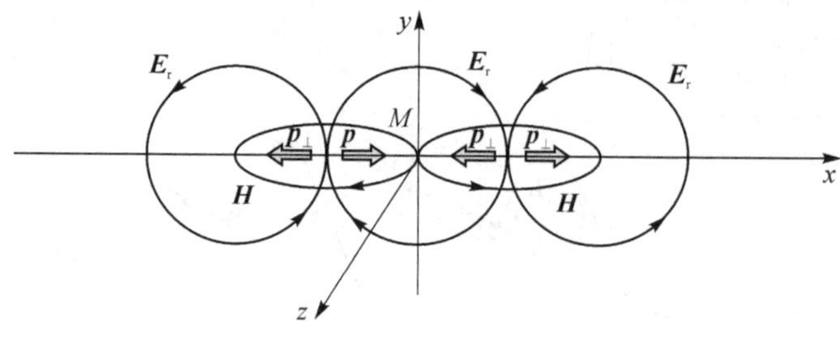

(b) 横波在第二个1/4周期的传播

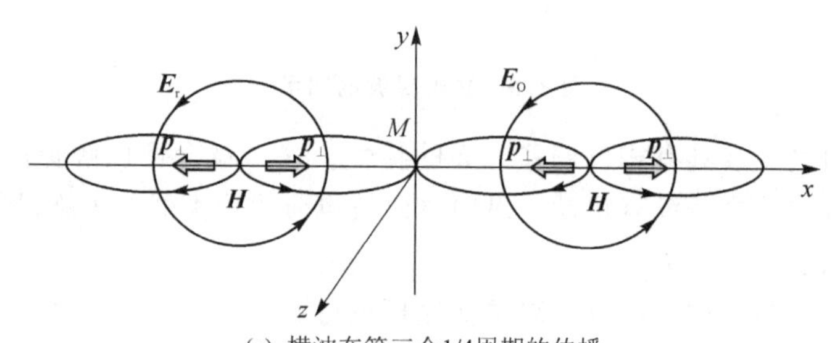

(c) 横波在第三个1/4周期的传播

图 3.7　横波的传播

② 在 $t_1=t+T/4$ 时刻,在半径为 $r_1=r+\lambda/4$ 的球面上产生正的标量磁场。出现位移电荷 $\varepsilon'\varepsilon_0\dfrac{\partial B^*}{\partial t}$ 和位移电流的汇 $\dfrac{\partial \boldsymbol{D}_{\mathrm{g}}}{\partial t}$。

③ 在 $t_1=t+T/2$ 时刻,在半径为 $r_1=r+\lambda/2$ 的球面上产生负的标量磁场。出现位移电荷和径向位移电流的源。

④ 在 $t_1=t+3T/4$ 时刻,在半径为 $r_1=r+3\lambda/4$ 的球面上产生正的标量磁场。出现位移电荷和径向位移电流的汇。

纵向球面波的传播可以看作是位移电流源和汇在波前的交替形成。

考虑微分方程(3.13)、方程(3.16)。在球面坐标中,这些方程如下:

$$\frac{\partial^2 E_{\mathrm{g}}}{\partial r^2}+\frac{2}{r}\frac{\partial E_{\mathrm{g}}}{\partial r}-\varepsilon'\varepsilon_0\mu'\mu_0\frac{\partial^2 E_{\mathrm{g}}}{\partial t^2}=0 \tag{3.69}$$

$$\frac{\partial^2 H^*}{\partial r^2}+\frac{2}{r}\frac{\partial H^*}{\partial r}-\varepsilon'\varepsilon_0\mu'\mu_0\frac{\partial^2 H^*}{\partial t^2}=0 \tag{3.70}$$

在上述 4 个阶段中的每个阶段求解这些方程：

$$E_{\mathrm{g}}(r,t)=E_{\mathrm{r}}(r)\exp(\mathrm{i}\omega t)$$

$$H^{*}(r_1,t_1)=H_{\mathrm{r}}^{*}(r_1)\exp(\mathrm{i}\omega t_1),\quad r_1=r+\lambda/4,\quad t_1=t+T/4$$

$$E_{\mathrm{g}}(r_2,t_2)=E_{\mathrm{g}}(r_2)\exp(\mathrm{i}\omega t_2),\quad r_2<r+\lambda/2,\quad t_2=t+T/2$$

$$H^{*}(r_3,t_3)=H_{\mathrm{r}}^{*}(r_3)\exp(\mathrm{i}\omega t_3),\quad r_3<r+3\lambda/4,\quad t_3=t+3T/4$$

据此我们可以得出：

$$E_{\mathrm{g}}(r,t)=\frac{E_{\mathrm{g}}^{0}}{r}\exp[\mathrm{i}(\omega t-kr)] \tag{3.71}$$

$$H^{*}(r_1,t_1)=\frac{H^{*0}}{r}\exp[\mathrm{i}(\omega t_1-kr_1)],\quad r_1=r+\lambda/4,\quad t_1=t+T/4 \tag{3.72}$$

$$E_{\mathrm{g}}(r_2,t_2)=\frac{E_{\mathrm{g}}^{0}}{r}\exp[\mathrm{i}(\omega t_2-kr_2)],\quad r_2<r+\lambda/2,\quad t_2=t+T/2 \tag{3.73}$$

$$H^{*}(r_3,t_3)=\frac{H^{*0}}{r}\exp[\mathrm{i}(\omega t_3-kr_3)],\quad r_3<r+3\lambda/4,\quad t_3=t+3T/4 \tag{3.74}$$

其中，$k=\omega\sqrt{\varepsilon'\varepsilon_0\mu'\mu_0}$，是波数。

根据式(2.35)，球面波前的能量密度按规律递减：

$$w(r,t)=\frac{1}{2}(\mu'\mu_0H^{*2}+\varepsilon'\varepsilon_0E_{\mathrm{g}}^{2}) \tag{3.75}$$

根据上述解法可知，在电介质中，球形纵波振幅的衰减按照正比于 $1/r$ 的规律，其能量根据式(3.75)以 $1/r^2$ 的规律减小。但是，要确保完美的球形对称，在技术上是很困难的，因为在电荷分离过程中会产生偶极子效应。这也是阻碍电标量波在无线电工程中广泛应用的主要原因。

3.6 导体中的电磁波

本节讨论平面电磁波在静止均质无界导体中的传播过程：

$$\sigma=\text{const}\neq0,\quad \varepsilon'=\text{const},\quad \mu'=\text{const},\quad \rho=0$$

此时可以把式(2.12)～式(2.14)写成如下形式：

$$\nabla\times\boldsymbol{H}+\nabla H^{*}=\sigma(\boldsymbol{E}_{\mathrm{r}}+\boldsymbol{E}_{\mathrm{g}})+\varepsilon'\varepsilon_0\frac{\partial(\boldsymbol{E}_{\mathrm{r}}+\boldsymbol{E}_{\mathrm{g}})}{\partial t} \tag{3.76}$$

$$\nabla\times\boldsymbol{E}_{\mathrm{r}}=-\mu'\mu_0\frac{\partial\boldsymbol{H}}{\partial t} \tag{3.77}$$

$$\nabla\cdot\boldsymbol{E}_{\mathrm{g}}=\mu'\mu_0\frac{\partial H^{*}}{\partial t} \tag{3.78}$$

问题的解法类似于式(3.59)、式(3.60)、式(3.61)和式(3.62)：

$$\boldsymbol{H}(\boldsymbol{r},t)=\boldsymbol{H}_{z}^{0}\exp[\mathrm{i}(\omega t-\boldsymbol{K}_{\perp}\cdot\boldsymbol{r})] \tag{3.79}$$

$$\boldsymbol{E}_{\mathrm{r}}(\boldsymbol{r}_1,t_1)=\boldsymbol{E}_{\mathrm{r}y}^0\exp[\mathrm{i}(\omega t_1-\boldsymbol{K}_\perp\cdot\boldsymbol{r}_1)],\quad x_1=x+\frac{\lambda}{4},\quad t_1=t+\frac{T}{4} \tag{3.80}$$

$$H^*(\boldsymbol{r}_2,t_2)=H^{*0}\exp[\mathrm{i}(\omega t_2-\boldsymbol{K}_\parallel\cdot\boldsymbol{r}_2)],\quad y_2=y_1+\frac{\lambda}{4},\quad t_2=t+\frac{T}{2} \tag{3.81}$$

$$\boldsymbol{E}_{\mathrm{g}}(\boldsymbol{r}_3,t_3)=\boldsymbol{E}_{\mathrm{g}y}^0\exp[\mathrm{i}(\omega t_3-\boldsymbol{K}_\parallel\cdot\boldsymbol{r}_3)],\quad y_3=y_2+\frac{\lambda}{4},\quad t_3=t+\frac{3T}{4} \tag{3.82}$$

其中,$\boldsymbol{K}_\perp=K_\perp\boldsymbol{x}^0$,$\boldsymbol{K}_\parallel=K_\parallel\boldsymbol{y}^0$,都是在导体中表示集成电磁波的波矢量。

请注意,连续点之间的距离不一定等于波长的1/4。在点与点之间的任意距离上,坐标、时间的函数$\boldsymbol{H}(r,t)$和$H^*(\boldsymbol{r}_2,t_2)$,以及$\boldsymbol{E}_{\mathrm{r}}(\boldsymbol{r}_1,t_1)$和$\boldsymbol{E}_{\mathrm{g}}(\boldsymbol{r}_3,t_3)$分别一致。

将式(3.79)～式(3.82)代入式(3.76)～式(3.78),得到

$$-\mathrm{i}\boldsymbol{K}_\perp\times\boldsymbol{H}-\mathrm{i}\boldsymbol{K}_\parallel H^*=\sigma(\boldsymbol{E}_{\mathrm{r}}+\boldsymbol{E}_{\mathrm{g}})+\mathrm{i}\omega\varepsilon'\varepsilon_0(\boldsymbol{E}_{\mathrm{r}}+\boldsymbol{E}_{\mathrm{g}}) \tag{3.83}$$

$$-\mathrm{i}\boldsymbol{K}_\parallel\cdot\boldsymbol{E}_{\mathrm{g}}=\mathrm{i}\omega\mu'\mu_0H^* \tag{3.84}$$

$$\mathrm{i}\boldsymbol{K}_\perp\times\boldsymbol{E}_0=-\mathrm{i}\omega\mu'\mu_0\boldsymbol{H} \tag{3.85}$$

将式(3.84)、式(3.85)中的H^*和$\boldsymbol{H}$代入式(3.83),得到复式方程:

$$\frac{K_\perp^2\boldsymbol{E}_{\mathrm{r}}}{\mu'\mu_0}+\frac{K_\parallel^2\boldsymbol{E}_{\mathrm{g}}}{\mu'\mu_0}=\omega^2\left(\frac{\sigma}{\mathrm{i}\omega}+\varepsilon'\varepsilon_0\right)(\boldsymbol{E}_{\mathrm{r}}+\boldsymbol{E}_{\mathrm{g}})$$

涡旋和势的部分分别如下:

$$K_\perp^2=\omega^2\mu'\mu_0\left(\varepsilon'\varepsilon_0-\mathrm{i}\,\frac{\sigma}{\omega}\right) \tag{3.86}$$

$$K_\parallel^2=\omega^2\mu'\mu_0\left(\varepsilon'\varepsilon_0-\mathrm{i}\,\frac{\sigma}{\omega}\right) \tag{3.87}$$

因此,横向和纵向波矢量的模是相同的。在导电介质中,波矢量是复数:

$$\boldsymbol{K}_\perp=\boldsymbol{k}_\perp-\mathrm{i}\boldsymbol{s}_\perp,\quad \boldsymbol{K}_\parallel=\boldsymbol{k}_\parallel-\mathrm{i}\boldsymbol{s}_\parallel \tag{3.88}$$

其中,$\boldsymbol{s}_\perp=\omega\mu'\mu_0\sigma\boldsymbol{x}^0$,$\boldsymbol{s}_\parallel=\omega\mu'\mu_0\sigma\boldsymbol{y}^0$。

将方程(3.88)代入方程(3.86)和方程(3.87),分别得到每种波的两个二次方程:

$$k_\perp^4-\omega^2\mu'\mu_0\varepsilon'\varepsilon_0k_\perp^2-\frac{(\omega\mu'\mu_0\sigma)^2}{4}=0 \tag{3.89}$$

$$s_\perp^4+\omega^2\mu'\mu_0\varepsilon'\varepsilon_0s_\perp^2-\frac{(\omega\mu'\mu_0\sigma)^2}{4}=0 \tag{3.90}$$

$$k_\parallel^4-\omega^2\mu'\mu_0\varepsilon'\varepsilon_0k_\parallel^2-\frac{(\omega\mu'\mu_0\sigma)^2}{4}=0 \tag{3.91}$$

$$s_\parallel^4+\omega^2\mu'\mu_0\varepsilon'\varepsilon_0s_\parallel^2-\frac{(\omega\mu'\mu_0\sigma)^2}{4}=0 \tag{3.92}$$

在传统理论中,当求解方程(3.89)和方程(3.90)时,只考虑与问题物理意义相对应的实数根。正实根对应于沿x轴正向传播的横波:

$$k_{\perp}=\omega\sqrt{\frac{\varepsilon'\varepsilon_0\mu'\mu_0}{2}\left[\sqrt{1+\left(\frac{\sigma}{\varepsilon'\varepsilon_0\omega}\right)^2}+1\right]} \tag{3.93}$$

$$s_{\perp}=\omega\sqrt{\frac{\varepsilon'\varepsilon_0\mu'\mu_0}{2}\left[\sqrt{1+\left(\frac{\sigma}{\varepsilon'\varepsilon_0\omega}\right)^2}-1\right]} \tag{3.94}$$

因此，对于横向电磁波，有

$$\boldsymbol{H}(\boldsymbol{r},t)=\boldsymbol{H}_z^0\exp(-\boldsymbol{s}_{\perp}\cdot\boldsymbol{r})\exp[\mathrm{i}(\omega t-\boldsymbol{k}_{\perp}\cdot\boldsymbol{r})] \tag{3.95}$$

$$\boldsymbol{E}_{\mathrm{r}}(\boldsymbol{r}_1,t_1)=\boldsymbol{E}_{\mathrm{r}y}^0\exp(-\boldsymbol{s}_{\perp}\cdot\boldsymbol{r}_1)\cdot\exp[\mathrm{i}(\omega t_1-\boldsymbol{k}_{\perp}\cdot\boldsymbol{r}_1)] \tag{3.96}$$

由此可见，横向电磁波在导体中是有阻尼的，这一点在实践中也得到了证实。

我们已经知道，纵向电磁波具有本质上不同的特性，这在理论中也有明显的表现。方程(3.91)和方程(3.92)的解有两对根：两个实根和两个虚根。如果选择实根，纵波的性质与横波的性质就没有区别。这与我们已知的事实不符。因此，我们来研究虚根的情况。在这种情况下，方括号里的式子是带负号的，总根号下的式子总是负的，由此得到虚数：

$$k_{\parallel}=\mathrm{i}\omega\sqrt{\frac{\varepsilon'\varepsilon_0\mu'\mu_0}{2}\left[\sqrt{1+\left(\frac{\sigma}{\varepsilon'\varepsilon_0\omega}\right)^2}-1\right]},\quad 即\quad k_{\parallel}=\mathrm{i}s_{\perp} \tag{3.97}$$

$$s_{\parallel}=\mathrm{i}\omega\sqrt{\frac{\varepsilon'\varepsilon_0\mu'\mu_0}{2}\left[\sqrt{1+\left(\frac{\sigma}{\varepsilon'\varepsilon_0\omega}\right)^2}+1\right]},\quad 即\quad s_{\parallel}=\mathrm{i}k_{\perp} \tag{3.98}$$

正虚根对应于沿 y 轴正向传播的波。考虑到这些解，对于在导电介质中沿 y 轴正向传播的纵向电磁波，可以得到

$$H^*(\boldsymbol{r}_2,t_2)=H^{*0}\exp[\mathrm{i}(\omega t_2-\boldsymbol{K}_{\parallel}\cdot\boldsymbol{r}_2)]=H^{*0}\exp(s_{\perp}y_2)\exp[\mathrm{i}(\omega t_2-k_{\perp}y_2)] \tag{3.99}$$

$$\boldsymbol{E}_{\mathrm{g}}(\boldsymbol{r}_3,t_3)=\boldsymbol{E}_{\mathrm{g}y}^0\exp[\mathrm{i}(\omega t_3-\boldsymbol{K}_{\parallel}\cdot\boldsymbol{r}_3)]=\boldsymbol{E}_{\mathrm{g}y}^0\exp(s_{\perp}y_3)\exp[\mathrm{i}(\omega t_3-k_{\perp}y_3)] \tag{3.100}$$

这里使用的实际数值是 $k_{\perp}$ 和 $s_{\perp}$，从式(3.95)、式(3.96)和式(3.99)、式(3.100)的比较中可以看出，纵波振幅的增加与横波的衰减程度相同。这意味着横波的能量完全转化为纵波的能量。

由上述解可知，在距离等于 $1/s_{\perp}$ 处，平面纵向电磁波的振幅增加了 e 倍。横向电磁波与自由电荷相互作用，其衰减与穿透导体深度的关系($1/s_{\perp}$)与纵向电磁波完全相同。纵向 E 波在导体中感应出交变电流。

我们已经注意到，在赫兹振荡器中，沿导体传播的电流脉冲与导体中产生的电势电场有关。也就是说，在导体中传播的是纵向 E 波。在这种情况下，不可避免地会产生沿导体分布的不稳定标量磁场，即纵波的两个特性 $\boldsymbol{E}_{\mathrm{g}}$ 和 H^* 都存在。如果振荡器作为接收天线工作，那么 E 波是由外部横向电磁波在其中产生的。事实证明，导体中的横向电磁波受到阻尼，并将能量传递给纵波。

式(3.96)、式(3.97)和式(3.99)、式(3.100)描述了平面波在厚度小于横波穿透

深度的导体层中传播的情况：

$$\Delta_{\perp}=\frac{1}{s_{\perp}}=\sqrt{\frac{\lambda}{\pi\sigma}}\sqrt[4]{\frac{\varepsilon'\varepsilon_0}{\mu'\mu_0}} \tag{3.101}$$

其中，λ 是波长。横波的波阻为

$$R_{\omega\perp}=\sqrt{\frac{\mu'\mu_0}{\varepsilon'\varepsilon_0}} \tag{3.102}$$

对于纵波，我们分别得到放大深度的值

$$\Delta_{\parallel}=\frac{1}{s_{\parallel}}=\mathrm{i}\sqrt{\frac{\lambda}{\pi\sigma}}\sqrt[4]{\frac{\varepsilon'\varepsilon_0}{\mu'\mu_0}} \tag{3.103}$$

和波阻

$$R_{\omega\parallel}=\mathrm{i}\sqrt{\frac{\mu'\mu_0}{\varepsilon'\varepsilon_0}} \tag{3.104}$$

因此，导体中的波阻抗可以用复数的形式表示：

$$R_{\omega}=(1+\mathrm{i})\sqrt{\frac{\mu'\mu_0}{\varepsilon'\varepsilon_0}} \tag{3.105}$$

下面讨论球形纵向电磁波在具有相同性质的导电介质中的传播。用球面坐标来表示微分方程(3.13)和方程(3.16)：

$$\frac{\partial^2 E_g}{\partial r^2}+\frac{2}{r}\frac{\partial E_g}{\partial r}-\mu'\mu_0\varepsilon'\varepsilon_0\frac{\partial^2 E_g}{\partial t^2}=\mu'\mu_0\frac{\partial j_g}{\partial t}+\frac{1}{\varepsilon'\varepsilon_0}\frac{\partial\rho}{\partial r} \tag{3.106}$$

$$\frac{\partial^2 H^*}{\partial r^2}+\frac{2}{r}\frac{\partial H^*}{\partial r}-\varepsilon'\varepsilon_0\mu'\mu_0\frac{\partial^2 H^*}{\partial t^2}=\frac{\partial\rho}{\partial t}+\frac{1}{r^2}\frac{\partial(r^2 j_g)}{\partial r} \tag{3.107}$$

与电介质不同，导体中有两个平行过程：电磁场传播和电流的传导。这两个过程都推动了径向的能量传递。导体中的纵波衰减方式与电介质中的纵波衰减方式相同：按照 $1/r$ 的规律。传导电流是通过以下著名的关系式确定的：

$$j_g=\sigma E_g$$

因此，当介质的电导率大于1时，场强就会增加。例如，不同盐度和温度的海水的电导率为3～7 S/m。因此，球形纵向电磁波在海水中的能量传递会放大3～7倍。

需要注意的是，在导体中波单向传播的条件比在电介质中更容易实现，因为横向分量会迅速衰减，其能量会转移到纵波中。这提高了纵波的稳定性。

根据本小节的理论分析得出结论，在导体中(如水下物体之间)创建电磁通信从根本上是可行的。

3.7 电标量波的实验研究

20世纪初，N·特斯拉利用球形天线进行了实验，发现了电磁波的不寻常特性[66]。然而，这项工作成果至今尚未得到理论解释和实际应用。

特斯拉的装置[66](见图3.8)由一个发射器和一个接收器组成。发射器的主要组成部分是一个与螺旋线圈相连的金属球,螺旋线圈是谐振变压器的次级。变压器的初级电路与高频高压电源相连,在次级电路中会产生高电势。接收器的布置与之类似。许多灯泡并联作为负载。在这种结构中接地起着重要作用。

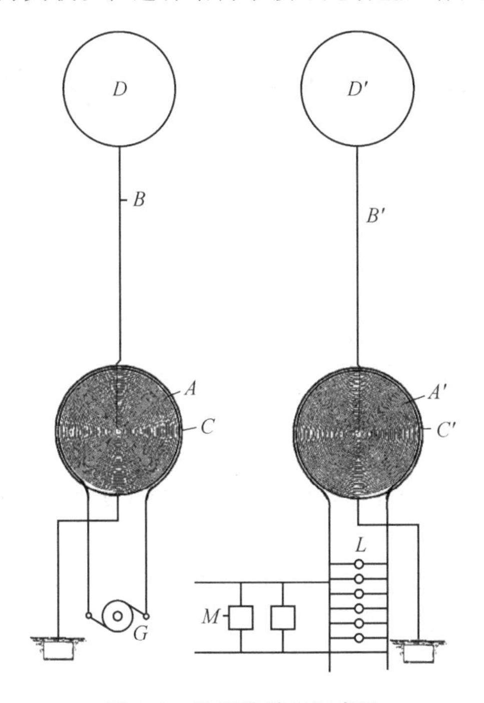

图3.8 特斯拉装置示意图

特斯拉用这种装置展示了普通无线电波无法做到的事情。他在科罗拉多州斯普林斯市建造了两座塔,一座装有10 kW的发射器,另一座装有接收器,两座塔相距25 mile(1 mile=1.609 km)。在他的展示中,这一系统的能量传输几乎没有损耗;接收到的能量足以为200盏50 W的荧光灯供电。

100年后,K. Meyl[46]在实验室条件下,在一个微型装置上重复了特斯拉的实验:“塔”的高度约为30 cm。每个“塔”的底部都有一个由两个螺旋线圈组成的扁平特斯拉线圈,次级螺旋线圈的中心与一个金属球相连。由于设备相对较小,谐振频率范围为几MHz,而特斯拉的工作频率要低得多。输入信号的电压为2 V,而特斯拉产生的输入脉冲电压为60 kV。

图3.9是K. Meyl的装置示意图。带有数字指示器的射频电流发生器与发射机的初级绕组并联,并联电路中接入了2个LED。如前所述,次级线圈的内端连接到金属球,外端连接到“地”。接收机和发射机单独使用由铜线制成的接地环路。

接收机和发射机完全对称。两个与发射机电路中相同的LED作为接收机输出的“负载”。在该实验中,K. Meyl进行了以下步骤:

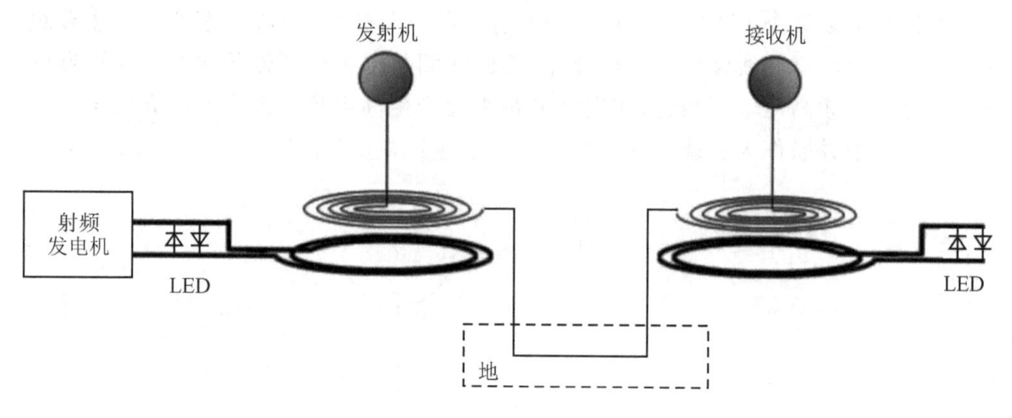

图 3.9　K. Meyl 装置示意图

① 振荡器的输出电平设置为 2 V 左右,振荡器的频率可调。接收机上 LED 指示灯的亮度可检测到谐振。它对应于频率 $f_{02}=7$ MHz,在这种情况下,发射机上的 LED 指示灯亮度最低。

② 在频率 $f_{02}=7$ MHz 时,接收机断开与地面的连接。接收机的 LED 熄灭,而发射机的 LED 亮起。这意味着发射机"感知"到接收机正在接收信号。K. Meyl 将此称为"接收机对发射机的响应"。

③ 在 $f_{01}=4.7$ MHz 处探测到了另一个谐振峰值。接收机 LED 发光二极管的亮度比频率为 f_{02} 时低。发射机对接收机的反作用在 $f_{01}=4.7$ MHz 处没有出现。

K. Meyl 声称,装置探测到异常现象,而这些异常现象可以用电标量波(纵波)的存在来解释。K. Meyl 的结论尚未得到明确的科学评价。一些文章(例如参考文献[67])的作者认为,可以根据普通横向电磁波的特性来解释观测到的现象。也有观点认为,K. Meyl 的装置并没有再现特斯拉实验的所有条件。

我们注意到,当发射天线和接收天线之间的距离小于波长时,上述现象是在近场观察到的。因此,基于这些实验,无法就自由纵向波的特性得出结论。

B. Sacco 于 2011 年在技术创新研究中心实验室(意大利都灵)进行了类似的实验,但波长更短[48]。耦合球形天线的测试频率范围很宽:0～300 MHz。从能量吸收示意图(见图 3.10)可以看出,主要谐振发生在超短波(USW)的范围内,并且在 $f_1=141.7$ MHz、$f_2=161.5$ MHz、$f_3=179.8$ MHz 有三个峰值(三峰谐振)。

为了证明信号不是通过横向电磁波传输的,发射机被放置在法拉第笼中。所有连接都是通过面板连接器使用同轴电缆进行的。接收机放置在法拉第笼外,接收到的信号被传输到 VNA2 分析仪端口。

在第一次测试中,发射机的接地线通过金属墙上的绝缘小孔引出法拉第笼(见图 3.11),孔的直径约为 8 mm,比波长小得多,因此不会影响对发射电磁信号的屏蔽。在第一种情况下,笼门保持打开,发射机和接收机处于视线范围内。

然后,在相同的条件下,关闭笼门。令人惊讶的是,结果没有任何区别:在

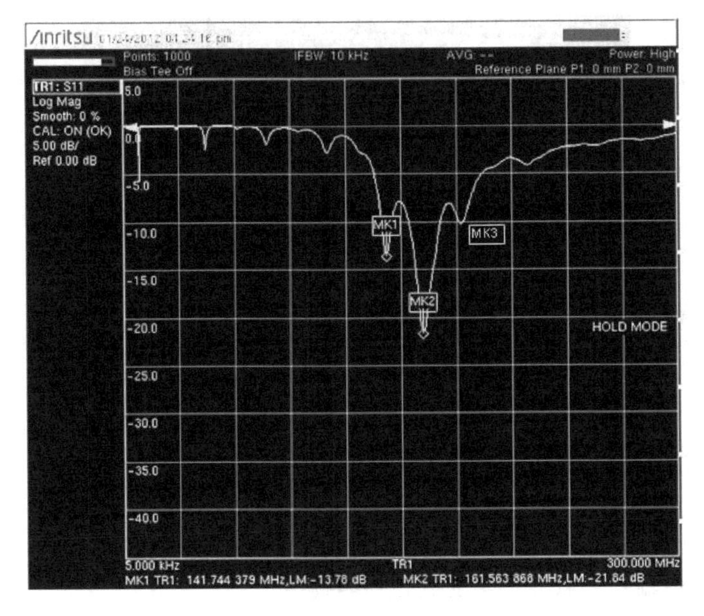

图 3.10　三峰谐振

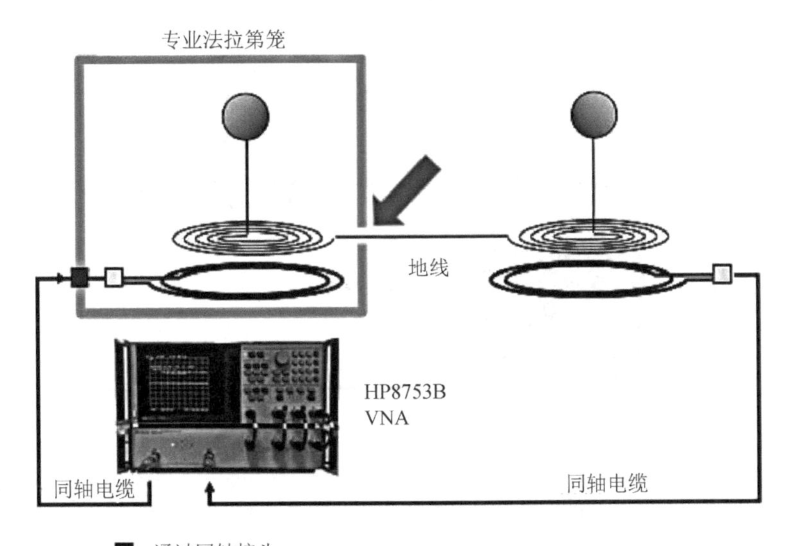

图 3.11　使用法拉第笼的第一次测试

图 3.12 中,两条曲线(门打开和门关闭时)完全相同。由此我们可以得出结论,发射器和接收器之间的信号完全是通过地线传输的。

接下来,重复上述相同配置的实验,但发射机接地线连接到笼子金属壁的内侧,接收机接地线连接到笼子金属壁的外侧(见图 3.13)。在这个条件下,信号通过接地

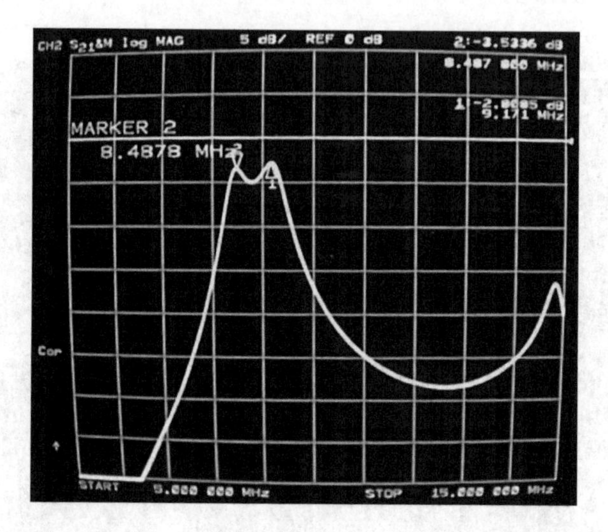

图 3.12　第一次试验中法拉第笼发射信号的幅频响应

导线从发射器传输到接收器不会受到任何阻碍。

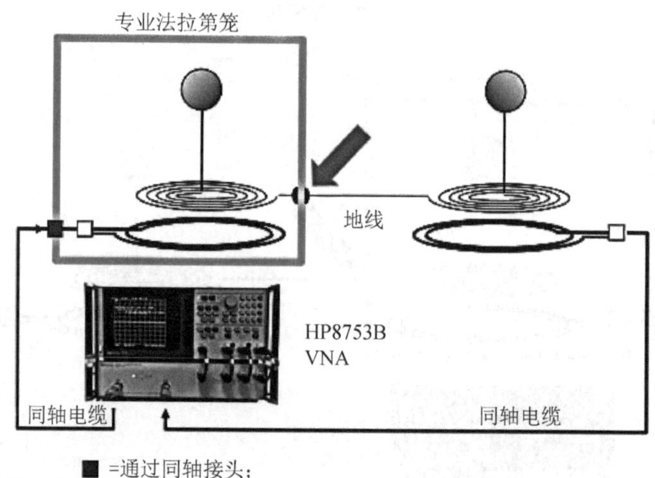

图 3.13　使用法拉第笼的第二次测试

然而,在这种情况下,信号的衰减非常大(屏蔽效率高)。当门关闭时,信号不会离开法拉第笼。如果门是打开的,且天线安装在视线范围内,则信号就能很好地传输。因此,在第一次测试中,信号传输不是接地导体导致的。球形天线之间会产生电磁波,但它不同于横向电磁波。

因此,根据以上现象,需要进行以下分析:

- 从理论上计算三个谐振峰对应的频率;
- 探索发射机和接收机之间发生的电磁过程,并找出其特征。

从传统电磁波理论的角度来看,上述实验结果似乎自相矛盾。观察到的现象显然超出了传统的电磁过程概念。

3.8 特斯拉线圈中的电磁过程

首先,我们要弄清楚:特斯拉和 K. Meyl 的装置与传统无线电系统有什么区别。特斯拉的螺旋线圈不同于普通变压器的电磁绕组。普通变压器的使用是基于传统涡旋磁场理论的涡旋电磁感应现象。在普通变压器的绕组中,电流主要是环形(涡旋)电流。

特斯拉变压器绕组的设计使其包含两个传导电流组成部分:切向(涡旋)电流 $\boldsymbol{j}_{\mathrm{r}}$ 和径向(无旋)电流 $\boldsymbol{j}_{\mathrm{g}}$(见图 3.14(a))。

$$\boldsymbol{j}=\boldsymbol{j}_{\mathrm{r}}+\boldsymbol{j}_{\mathrm{g}}$$

因此,螺旋线圈中的电场可以表示为涡旋(无散)和势(无旋)成分的叠加:

$$\boldsymbol{E}=\boldsymbol{E}_{\mathrm{r}}+\boldsymbol{E}_{\mathrm{g}}$$

在描述螺旋线圈中发生的过程时,方程(2.12)分解为两个微分方程:

$$\nabla\times\boldsymbol{H}=\boldsymbol{j}_{\mathrm{r}}+\frac{\partial\boldsymbol{D}_{\mathrm{r}}}{\partial t} \tag{3.108}$$

$$\nabla H^{*}=\boldsymbol{j}_{\mathrm{g}}+\frac{\partial\boldsymbol{D}_{\mathrm{g}}}{\partial t} \tag{3.109}$$

方程(3.108)描述了涡旋电磁过程,方程(3.109)描述了无旋电磁过程。在这些方程右边的静态(或准静态)过程中,只有传导电流的分量:$\boldsymbol{j}_{\mathrm{r}}$ 和 $\boldsymbol{j}_{\mathrm{g}}$。传导电流和电场分量的幅值比取决于螺旋线圈的结构,并由夹角 α 决定。

$$\tan\alpha=\frac{\boldsymbol{j}_{\mathrm{g}}}{\boldsymbol{j}_{\mathrm{r}}}=\frac{\boldsymbol{E}_{\mathrm{g}}}{\boldsymbol{E}_{\mathrm{r}}} \tag{3.110}$$

因此,方程(3.108)和方程(3.109)通常通过方程(3.110)互连。由于考虑了线圈导体中发生的电磁过程,因此在方程(3.108)中,与传导电流 $\boldsymbol{j}_{\mathrm{r}}$ 相比,位移电流 $\left(\frac{\partial\boldsymbol{D}_{\mathrm{r}}}{\partial t}\right)$ 可以被忽略。由于角度 α 很小,因此 $\boldsymbol{j}_{\mathrm{g}}\ll\boldsymbol{j}_{\mathrm{r}}$,在方程(3.109)中,与位移电流 $\left(\frac{\partial\boldsymbol{D}_{\mathrm{g}}}{\partial t}\right)$ 相比,传导电流 $\boldsymbol{j}_{\mathrm{g}}$ 可以被忽略。

因此,方程(3.108)和方程(3.109)可以写成

$$\nabla\times\boldsymbol{H}=\boldsymbol{j}_{\mathrm{r}} \tag{3.111}$$

$$\nabla H^{*}=\frac{\partial\boldsymbol{D}_{\mathrm{g}}}{\partial t} \tag{3.112}$$

图 3.14(b)中分别描绘了特斯拉线圈中电流的切向分量($\boldsymbol{j}_{\mathrm{r}}$)和径向分量$\left(\frac{\partial\boldsymbol{D}_{\mathrm{g}}}{\partial t}\right)$。

在由两个螺旋线圈组成的特斯拉变压器中,有两种现象同时发生:

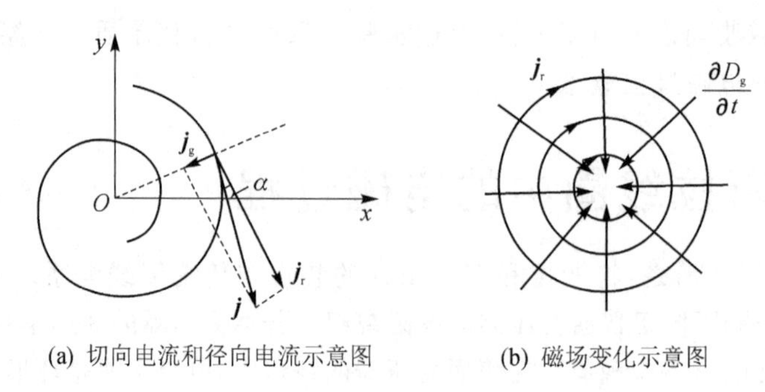

(a) 切向电流和径向电流示意图　　(b) 磁场变化示意图

图 3.14　特斯拉线圈中的两种电流

- 涡旋电磁感应;
- 无旋电磁感应。

众所周知,涡旋电磁感应会产生涡旋电流。也就是说,在次级线圈中会产生传导电流 $\boldsymbol{j}_r(t)$。无旋电磁感应可产生径向电流。初级线圈中流动的径向传导电流$\boldsymbol{j}_g(t)$被转换成次级线圈中出现的径向位移电流$\frac{\partial \boldsymbol{D}_g}{\partial t}$。

现更详细地描述这一过程。由于径向传导电流 $\boldsymbol{j}_g(t)$产生的非稳态标量磁场,故电流在初级线圈中产生无旋电场 $\boldsymbol{D}_g(t)$。这一现象在方程(2.14)中描述。$\boldsymbol{D}_g(t)$是非恒定的,会产生径向位移电流$\frac{\partial \boldsymbol{D}_g}{\partial t}$。这些电流可以表示为位移电荷(准电荷)$\varepsilon'\varepsilon_0 \frac{\partial B^*}{\partial t}$沿径向的运动。这样,我们就可以根据连续性方程的形式,将非涡旋电流的不连续部分“闭合”:

$$\varepsilon'\varepsilon_0 \frac{\partial^2 B^*}{\partial t^2} + \nabla\cdot\left(\boldsymbol{j}_g + \frac{\partial \boldsymbol{D}_g}{\partial t}\right) = 0 \tag{3.113}$$

径向电流$\frac{\partial \boldsymbol{D}_g}{\partial t}$也被称为“第二类位移电流”,与已知的麦克斯韦位移电流$\frac{\partial \boldsymbol{D}_r}{\partial t}$不同,从而使涡流“闭合”。注意到位移电流是在没有导体的情况下传播的。因此,线圈匝间的绝缘并不能阻止电流$\frac{\partial \boldsymbol{D}_g}{\partial t}$的流动。

径向位移电流导致次级线圈中心和外围之间的径向准电荷分离。也就是说,线圈中心和外围之间出现了电势梯度,与线圈中心相连的球形辐射天线上出现了非恒定的电动势。这就在球周围形成了一个强电场。它是非恒定的,具有径向结构,并以矢量 $\boldsymbol{E}_g(x,y,z,t-r/c)$为其特征。

让我们来研究一下径向电流的变换机制。考虑位于同一条线路上的两个导体部分(见图 3.15(a))。左边的是初级线圈中径向电流单元,右边的是次级线圈部分。我们认为每个电流的闭合条件都已满足。让初级电流按以下规律变化:

$$\boldsymbol{j}_1=\boldsymbol{j}_{01}\sin\omega t \tag{3.114}$$

在导体之间的空间中，电流 $\boldsymbol{j}_1$ 会产生标量磁场(见图 3.15(a))：

$$B_1^*=B_{01}^*\sin\omega t \tag{3.115}$$

因此，该区域会出现非稳态有效电荷(准电荷)：

$$\rho_{\mathrm{ef}}=\frac{\partial B_1^*}{\partial t}=B_{01}^*\omega\cos\omega t$$

根据连续性方程(2.23)，该区域会产生位移电流源：

$$\nabla\cdot\frac{\partial\boldsymbol{D}_{\mathrm{g}}}{\partial t}=\varepsilon'\varepsilon_0\frac{\partial^2 B_1^*}{\partial t^2}=-\varepsilon'\varepsilon_0 B_{01}^*\omega^2\sin\omega t \tag{3.116}$$

这就在右边导体中产生了传导电流：

$$\nabla\cdot\boldsymbol{j}_2=\varepsilon'\varepsilon_0\frac{\partial^2 B_1^*}{\partial t^2}=\varepsilon'\varepsilon_0 B_{01}^*\omega^2\sin\omega t \tag{3.117}$$

因此，次级线圈中会产生电流 $\boldsymbol{j}_2$，与初级电流 $\boldsymbol{j}_1$ 相向(见图 3.15(b))。根据连续性方程(2.23)，导体之间的连接是通过位移电流实现的。在上述分析中，我们忽略了延迟，假设导体之间的距离远小于相应的波长。

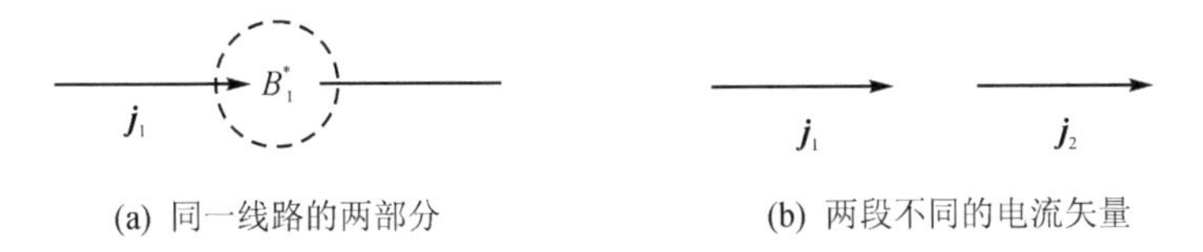

(a) 同一线路的两部分　　(b) 两段不同的电流矢量

图 3.15　无旋电流的变化

当然，初级导体中存在逆流(类似楞次定律)；也就是说，初级电流在一定程度上被削弱，其能量也随之降低。可以说，在这个过程中，能量从初级电流转移到了次级电流。

所述现象解释了螺旋线圈中电荷分离的原理。因此，线圈内部和外围的电场电势会发生反相变化，并且振幅很大。

众所周知，涡旋过程的电磁感应定律可以写成以下形式：

$$U_{\mathrm{r}}=-L_{\mathrm{r}}\frac{\mathrm{d}J_{\mathrm{r}}}{\mathrm{d}t} \tag{3.118}$$

为了推导出描述无旋电磁过程的类似公式，让我们使用方程(2.14)的写法：

$$\nabla\cdot\boldsymbol{D}=\varepsilon'\varepsilon_0\frac{\partial B^*}{\partial t} \tag{3.119}$$

通过对式(3.119)进行积分并应用高斯定理，可以确定在体积区域 τ 中感应的有效电荷(位移电荷)：

$$q_{\mathrm{ef}}=\varepsilon'\varepsilon_0\int_\tau\frac{\partial B^*}{\partial t}\mathrm{d}\tau \tag{3.120}$$

如果是扁平线圈，则 $\mathrm{d}\tau=2\pi rb\cdot\mathrm{d}r$，其中 b 是电缆导电部分的直径(线圈高度)。

此外,可以认为 $\varepsilon'=1$。

根据式(3.112),标量磁场是由径向位移电流产生的,用柱坐标来写式(3.112):

$$\frac{\partial H^*(r,t)}{\partial r}=j_g^{\text{disp}}(r,t)$$

假设在给定时间内,各匝线圈的电流方向相同:从线圈外围到中心。这与H·A·惠勒得到的近似值一致[68]。在这种情况下,位移电流密度随半径变化而变化:

$$j_g^{\text{disp}}(r,t)=\frac{R_0}{r}j_g^{\text{disp}}(R_0,t)$$

考虑到这一关系,经过积分,我们得到

$$H^*(r,t)=R_0\ln|r|j_g^{\text{disp}}(R_0,t)$$

或

$$B^*(r,t)=\mu_0R_0\ln|r|j_g^{\text{disp}}(R_0,t) \tag{3.121}$$

将式(3.121)代入式(3.120),就可以确定线圈外围产生的位移电荷(在线圈内部绕组上形成的电荷相同):

$$q_{\text{ef}}=\mu_0\varepsilon_0\int_{r_0}^{R_0}r\ln|r|\,\mathrm{d}r\cdot\frac{\mathrm{d}J_g^{\text{disp}}(R_0,t)}{\mathrm{d}t}$$

这里考虑到了线圈外围的径向位移电流:

$$J_g^{\text{disp}}=j_g^{\text{disp}}(R_0,t)\cdot 2\pi R_0 b$$

注意到积分 $\int_{r_0}^{R_0}r\ln|r|\,\mathrm{d}r$ 为负值,因此,在给定的电流方向上,线圈外围形成负电荷,中心形成正电荷。

因此,螺旋线圈就像一个圆柱形电容器:径向位移电流导致位移电荷 q^{disp} 沿径向运动(见图3.16)。这些电荷产生与位移电流相抵消的电场。这就是无旋电磁感应的物理本质。

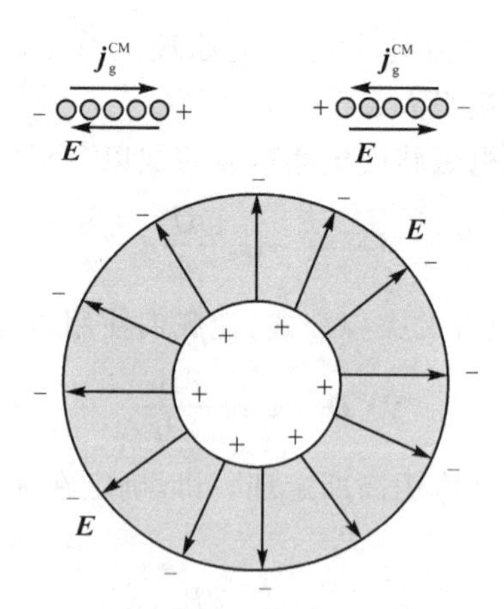

图3.16 特斯拉线圈中的电荷径向分离

因此,螺旋线圈可以看作是一个圆柱形电容器,其容量为

$$C_g = \frac{2\pi\varepsilon_0 b}{\ln|R_0/r_0|}$$

因为 $q_{ef} = C_g U_g$,可以得到

$$U_g = \frac{\mu_0}{2\pi b}\ln\left|\frac{R_0}{r_0}\right|\int_{r_0}^{R_0} r\ln|r|\,dr \cdot \frac{dJ_g^{disp}(R_0,t)}{dt} \tag{3.122}$$

类比式(3.118)可以写出

$$U_g = -L_g \frac{dJ_g^{disp}}{dt} \tag{3.123}$$

与式(3.122)联立,得到

$$L_g = -\frac{\mu_0}{2\pi b}\ln\left|\frac{R_0}{r_0}\right|\int_{r_0}^{R_0} r\ln|r|\,dr \tag{3.124}$$

如上所述,式(3.124)中的积分为负值,因此系数 L_g 是正的。这与第 2.2 节中的结论是一致的。无旋电磁感应现象的本质是,由于感应出位移电荷,产生了一个电动势,它反作用于径向位移电流的变化,因此会产生感抗。这取决于螺旋线圈的电容特性。在这种情况下,电压 U_g 的相位比位移电流 J_g^{disp} 超前 $\pi/2$。

由式(3.118)和式(3.124)可以看出,螺旋线圈的电感特性应由两个不同的系数来表征:L_g 和 L_r。显然,感抗有切向感抗和径向感抗两种类型,即

$$X_{L(r)} = \omega L_r \quad X_{L(g)} = \omega L_g \tag{3.125}$$

建立涡旋和无旋过程的相位关系。初级线圈中的电流分量具有相同的相位,例如:

$$\boldsymbol{j}_r = \boldsymbol{j}_r^{(0)} \sin\omega t,\quad \boldsymbol{j}_g = \boldsymbol{j}_g^{(0)}\sin\omega t$$

利用微分方程(3.13)确定次级线圈中感应的无旋电场强度,该方程写为

$$\nabla \boldsymbol{E}_g - \mu_0\varepsilon_0 \frac{\partial^2 \boldsymbol{E}_g}{\partial t^2} = \mu_0 \frac{\partial \boldsymbol{j}_g}{\partial t}$$

由此可见,矢量 $\boldsymbol{E}_g$(因此 $\boldsymbol{D}_g$ 也是如此)的相位比 $\boldsymbol{j}_g$ 偏离了 $\pi/2$。

$$\boldsymbol{D}_g = \boldsymbol{D}_g^{(0)}\cos\omega t$$

因此,无旋位移电流随时间变化的规律如下:

$$\frac{\partial \boldsymbol{D}_g}{\partial t} = -\boldsymbol{D}_g^{(0)}\omega\sin\omega t$$

即与初级线圈中流动的电流 $\boldsymbol{j}_g$ 反相。

表达式(3.125)描述了感抗的模,没有考虑它们的相位关系。切向和径向感抗的写法应考虑到涡旋和无旋过程中的相位关系:

$$X_r = \omega L_r - \frac{1}{\omega C},\quad X_L = -\omega L_g + \frac{1}{\omega C} \tag{3.126}$$

这些过程可以分别在两个矢量图中表示(见图 3.17)。

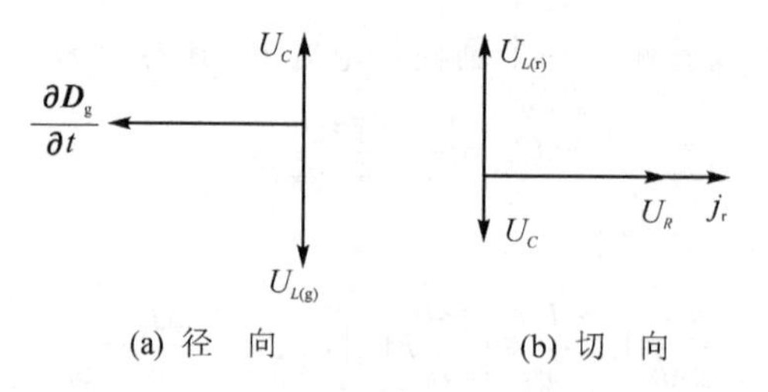

(a) 径　向　　　　(b) 切　向

图3.17　径向和切向感应过程的矢量图

另外,电流矢量 $\boldsymbol{j}_r$ 和 $\frac{\partial \boldsymbol{D}_g}{\partial t}$ 相反,因为它们的相位变化相反。众所周知的规则电流和电压的相位关系如下:电感元件上的电压超前电流 $\pi/2$,而电容元件上的电压滞后电流 $\pi/2$。在式(3.126)中,正号对应垂直向上的电压,负号对应垂直向下的电压。

螺旋线圈中形成了电流 $\boldsymbol{j}_r$ 和 $\frac{\partial \boldsymbol{D}_g}{\partial t}$,是两个独立的并联支路(见图3.18)。当频率为 f_{01} 时,电流 $\boldsymbol{j}_r$ 沿右支路流动,因为其感抗 $\boldsymbol{X}_r$ 在低频时较小$\left(\omega L_r=\frac{1}{\omega C}\right)$,等效电路图为图3.18(a)。当频率为 f_{02} 时,与之相反$\left(\omega L_g=\frac{1}{\omega C}\right)$,右支路被断路而左支路感抗 X_g 较小(见图3.18(b))。

频率为 f_{03} 时的等效电路如图3.18(c)所示,相当于系数为 L_g 和 L_r 的电感元件并联,其总电感由以下公式确定:

$$L=\frac{L_g L_r}{L_g+L_r}$$

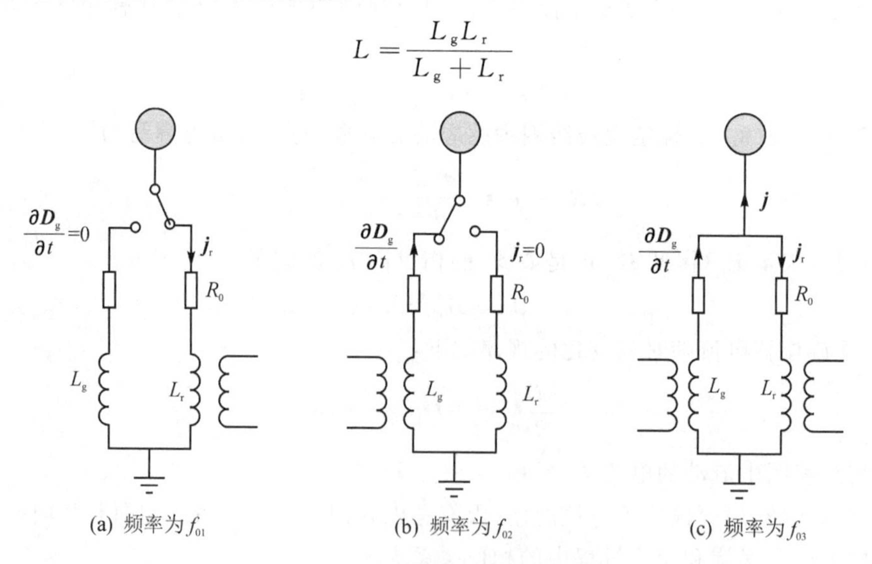

(a) 频率为 f_{01}　　(b) 频率为 f_{02}　　(c) 频率为 f_{03}

图3.18　三个谐振过程的等效电路图

在通向球体的导体中,电流由 $\boldsymbol{j}_r$ 和 $\frac{\partial \boldsymbol{D}_g}{\partial t}$ 的叠加表示。考虑到相位关系,特斯拉

线圈外产生的电流表示为传导电流和径向位移电流之差：

$$\boldsymbol{j}=\boldsymbol{j}_{\mathrm{r}}-\boldsymbol{j}_{\mathrm{disp}}$$

因此，当在计算出的频率 $f_{03}=15$ MHz 处形成第三个谐振峰时，会发生两个反相信号部分相消的情况。也可能会有两个信号几乎完全相互抵消，而导致第三个峰值没有出现的情况。

然而，图 3.18 所示的电路并不能完全模拟特斯拉线圈中发生的过程。第一个区别是，在构建的模型中，传导电流沿着电路的两个支路流动，而且其中一个分量是位移电流。

第二个区别是，在使用图 3.18 所示电路进行实际实验时，开关必须“手动”切换。因此，使用模拟电路可以分别确定三个谐振，但不可能在一张电路图上获得所有的三个谐振峰值。特斯拉线圈的特性是，过程的“切换”根据频率自动进行。因此，振幅-频率振荡图反映了一种“三峰”谐振。

基于上述分析，每个频段（高频和甚高频）都可以区分出三种谐振频率。首先研究高频范围内的谐振：

$$\omega_{01}=2\pi f_{01}=\sqrt{\frac{1}{L_{\mathrm{r}}C}},\quad \omega_{02}=2\pi f_{02}=\sqrt{\frac{1}{L_{\mathrm{g}}C}},\quad \omega_{03}=2\pi f_{03}=\sqrt{\frac{1}{LC}} \tag{3.127}$$

在频率 ω_{01} 下，螺旋线圈中的切向（圆形）电流 $\boldsymbol{j}_{\mathrm{r}}$ 增大；在频率 ω_{02} 下，情况发生了较大的变化。产生了一个标量磁场，其梯度方向沿着线圈径向，因此径向的感抗大大降低，径向电流 $\frac{\partial \boldsymbol{D}_{\mathrm{g}}}{\partial t}$ 大大增强。这将在次级线圈中心产生一个剧烈变化的标量磁场，从而在该处产生一个振幅较大的有效电荷（电势）。可以说，这里发生了“电荷谐振”。

在第三个谐振频率 ω_{03} 时，流过螺旋线圈的总电流 $\boldsymbol{j}$ 达到最大值。在这种情况下，电路并联支路的总感抗最小。

至于计算具体的谐振频率，可以使用专门的网络计算器，网址如下：

http://www.circuits.dk/calculator_flat_spiral_coil_inductor.htm.

在惠勒的近似法[68]框架内，可以利用网站中的程序计算频率小于 30 MHz 时的特斯拉螺旋线圈的涡流电感。该近似值适用于绕组导线长度不超过电磁波波长一半的情况。在这种情况下，天线中所有的电流方向会同时发生变化。

我们计算得出的电感系数为 $L_{\mathrm{r}}^{(0)}=44.7\ \mu\mathrm{H}$，发射天线的电容实验测量值为 $C=5.7$ pF。利用这两个电容和电感参数，计算出第一个谐振峰的频率：$f_{01}\approx 10$ MHz，这一结果与 Sacco 的实验值非常吻合[48]：$f_{01}\approx 9$ MHz。数值之间的差异可以用“杂散”电势的存在来解释，杂散电势通常会产生 2～3 pF 的电容。

频率为 10 MHz 时，半波长度为 15 m。在这种情况下，线圈绕组长度约为 6 m，即满足惠勒的近似条件。在频率为 30 MHz 时，半波长度为 5 m。因此，该频率下的实验条件在一定程度上超出了惠勒近似值的限制。不过，在估算时，我们采用式(3.124),由此确定无旋感应系数 $L_g^{(0)}$ 的惠勒近似值。

$$L_g^{(0)} = -\frac{\mu_0}{2\pi b}\ln\left|\frac{R_0}{r_0}\right|\int_{r_0}^{R_0} r\ln|r|\,dr = 2.13\times10^{-6}\ \mathrm{H}$$

相应谐振频率的计算值为

$$f_{02} = \frac{1}{2\pi}\sqrt{\frac{1}{L_g C}} = 45.6\ \mathrm{MHz}$$

这与实验值之间存在差异($f_{02}=30$ MHz),因为没有严格满足惠勒条件。

频率 $f_{02}=45.6$ MHz 的电磁过程更加超出了惠勒条件,因此对于第三个峰值,无法获得恰当的结果。最令人感兴趣的是甚高频范围内主要谐振频率的理论计算。要计算主要谐振频率 f_1、f_2 和 f_3,必须计算主要电感系数 L_r 和 L_g。

线圈导体的长度约为 6 m,主谐振频率下的电磁波长度接近 2 m。因此,沿导体长度方向有 3 个横波长。电流密度根据半径和极角的函数 $j_r(r,\varphi,t)$ 分布。在这种情况下,整个天线并不符合惠勒的近似条件。不过,可以有条件地将螺旋线圈划分为圆形部分,每个部分内放置一个半波。这就是分段法的精髓所在。

惠勒近似的条件假定沿直线导体的长度方向存在一个横向电磁半波。如果该导体盘绕成螺旋形,那么对于任意外径(R_0)和内径(r_0)半径,它们的差值 R_0-r_0 都等于纵波波长的一半。因此,我们应该区分纵波(径向)长度和横波(切向)长度。这两个值是不同的,但它们通过线圈半径 R_0 和 r_0 相互关联。每段导体的长度总是等于横波波长的一半,而径向的宽度等于纵波波长的一半。

写下内径为 r_n、外半径为 R_0 的 n 段公式。半径为 r 的可变环形电流沿着横截面积为 ds 的导体流动,在线圈中心产生涡旋磁场(不考虑滞后):

$$dB = \frac{\mu_0 j_r(t)}{2r}ds \tag{3.128}$$

线圈径向截面面积微元 $ds=b\,dr$,换元后对式(3.128)积分,我们可以得到

$$B_n(t) = \frac{\mu_0 b j_r(t)}{2}\ln\left|\frac{R_n}{r_n}\right|,\quad n=1,\cdots,6 \tag{3.129}$$

将式(3.129)代入微分方程(3.77),得到

$$\nabla\times\boldsymbol{E}_n = -\frac{\mu_0 b}{2}\ln\left|\frac{R_n}{r_n}\right|\cdot\frac{\partial \boldsymbol{j}_r}{\partial t},\quad n=1,\cdots,6$$

将该方程乘以线圈环形截面的面积微元:$ds=2\pi r\,dr$,经过积分并应用斯托克斯定理,得出

$$U_{(r)n} = -\frac{\mu_0\pi}{2}(R_n+r_n)\ln\left|\frac{R_n}{r_n}\right|\cdot\frac{dJ_{(r)n}}{dt},\quad n=1,\cdots,6 \tag{3.130}$$

其中,$J_{(r)n}=j_r b(R_n-r_n)$,是第 n 段环形电流的强度。

将式(3.130)与式(3.118)进行比较,得到第 n 个段的涡流电感系数:

$$L_{(r)n} = \frac{\mu_0\pi}{2}(R_n+r_n)\ln\left|\frac{R_n}{r_n}\right|,\quad n=1,\cdots,6 \tag{3.131}$$

表3.1显示了每段的计算结果以及总电感系数的值。考虑到在 $f_1=141.7$ MHz时，半波的长度约为1 m，因此在将整段分为6个部分时，它们形成一个串联的电感线圈系统。

表3.1　f_1 下的计算结果

编　号	内径 r_n/mm	外径 R_n/mm	匝　数	电感 $L_{(r)n}/\mu$H
1	5	25	12	0.094
2	25	35	6	0.039
3	35	42	4	0.027
4	42	48.5	4	0.024
5	48.5	53.5	3	0.019
6	53.5	58.5	2	0.018
总和			31	0.222

由此产生的电感值通过简单求和即可确定，即

$$L_r=0.222\times10^{-6}\ \text{H}$$

第一个谐振频率的计算值与实验结果完全相同：

$$f_1=\frac{1}{2\pi}\sqrt{\frac{1}{L_rC}}=141\ \text{MHz}$$

接下来，利用式(3.124)对每个选定点的无涡旋感应系数进行理论计算：

$$L_{(g)n}=-\frac{\mu_0}{2\pi b}\ln\left|\frac{R_n}{r_n}\right|\int_{r_n}^{R_n}r\ln|r|\,\mathrm{d}r,\quad n=1,\cdots,6$$

需要注意，在第二个谐振峰 $f_2=161.5$ MHz的频率下，半波波长小于1 m，为0.925 m。在这种情况下，线圈共有6.5个半波，即7段。此外，还应注意这些段上的电磁场感应方向是交替的。计算结果见表3.2。

表3.2　f_2 下的计算结果

编　号	内径 r_n/mm	外径 R_n/mm	匝　数	电感 $L_{(g)n}/\mu$H
1	5	23	10.5	+0.262
2	23	32.25	5.5	−0.107
3	32.25	39	4.25	+0.023
4	39	45.5	3.5	−0.019
5	45.5	50.5	3	+0.015
6	50.5	55.5	2.75	−0.009
7	55.5	58.5	1.5	+0.004
总和			31	0.169

在每段线圈上，电荷在径向上分离。因此，每段都可以模拟为一个电容器。如果

有多个区段,就会产生一个串联的电容器系统,例如由电容器 C_1 和 C_2 串联组成的系统(见图3.19(a)),注意电荷符号的排列顺序。

该系统可表示为一个多层电容器(见图3.19(b)),并由一个等效电容器取代,在该电容器中产生的电场 $E=E_1-E_2$。

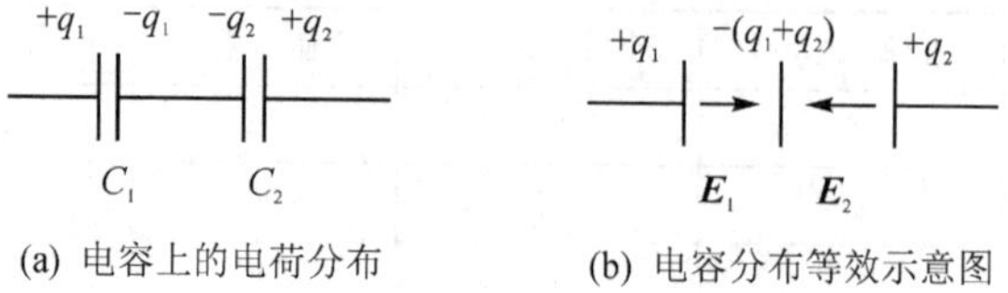

(a) 电容上的电荷分布　　(b) 电容分布等效示意图

图3.19　特斯拉线圈径向的准电荷分布

也就是说,相邻区段上产生的无旋感应电磁场会相互抵消一部分。考虑到这一点,需要让系数 $L_{(g)n}$ 的符号正负交替。

获得了无旋电感系数值后,就可以得到第二个谐振峰频率的计算值,该值与实验值基本吻合:

$$f_2=\frac{1}{2\pi}\sqrt{\frac{1}{L_g C}}=162\ \mathrm{MHz}$$

使用上面得到的电感系数值,就能计算出特斯拉线圈的电感值:

$$L=\frac{L_g L_r}{L_g+L_r}=0.096\times10^{-6}\ \mathrm{H}$$

用它可以计算出第三个谐振峰的频率:

$$f_3=\frac{1}{2\pi}\sqrt{\frac{1}{LC}}=215\ \mathrm{MHz}$$

它明显与实验得到的频率不同(实验中 $f_3=179.8$ MHz),原因是在第三个谐振峰的频率上,系数 L_r 和 L_g 异于上述计算得到的结果。在相应频率上半波的波长为0.83 m,线圈绕组长度为6 m,可分为8个区段,每个区段内都可应用惠勒的近似条件计算近似值,从而可以确定 $L_r(f_3)$ 与 $L_g(f_3)$ 的值,进而获得 $L(f_3)$ 的值。

$$\frac{L_g L_r}{L_g+L_r}=0.109\times10^{-6}\ \mathrm{H},\quad f_3=\frac{1}{2\pi}\sqrt{\frac{1}{LC}}=202\ \mathrm{MHz}$$

表3.3列出了电感系数的计算结果。

表3.3　f_3 下的计算结果

编　号	内径 r_n/mm	外径 R_n/mm	匝　数	电感 $L_{(r)n}/\mu\mathrm{H}$	电感 $L_{(g)n}/\mu\mathrm{H}$
1	5	22	10	0.079	+0.238
2	22	30.5	5	0.034	−0.041
3	30.5	37.3	4	0.027	+0.024
4	37.3	42.8	3.25	0.022	−0.014

续表 3.3

编　号	内径 r_n/mm	外径 R_n/mm	匝　数	电感 $L_{(r)n}/\mu H$	电感 $L_{(g)n}/\mu H$
5	42.8	47.7	2.9	0.019	+0.011
6	47.7	52.15	2.6	0.017	−0.008
7	52.15	56.2	2.4	0.016	+0.007
8（非整）	56.2	58.5	0.85	0.009	−0.002
总和			31	0.223	0.215

这一结果更为精确，与实验值相差约10%。

因此，广义电动力学可以让我们充分描述特斯拉线圈中发生的电磁过程。

我们还需要解释法拉第笼信号传输的现象。我们认为，在第一次实验的条件下，表现出了无旋电磁感应现象。该现象由广义方程式中的项 $\varepsilon'\varepsilon_0\frac{\partial B^*}{\partial t}$ 表示，见式(2.14)。在非稳定标量磁场中，法拉第笼的金属表面会获得可变电荷。法拉第笼内的辐射天线和法拉第笼本身会获得同号的电荷。图3.20(a)显示了辐射天线带正电荷时的系统。此时法拉第笼也带正电，因此在法拉第笼外产生了一个不稳定的电场。由于法拉第笼是接地的，因此它本身也成为了一个辐射电标量波的天线。这些波被接收机接收，并由分析仪记录下来。因此，在实验1的条件下，法拉第笼并没有屏蔽电标量波。

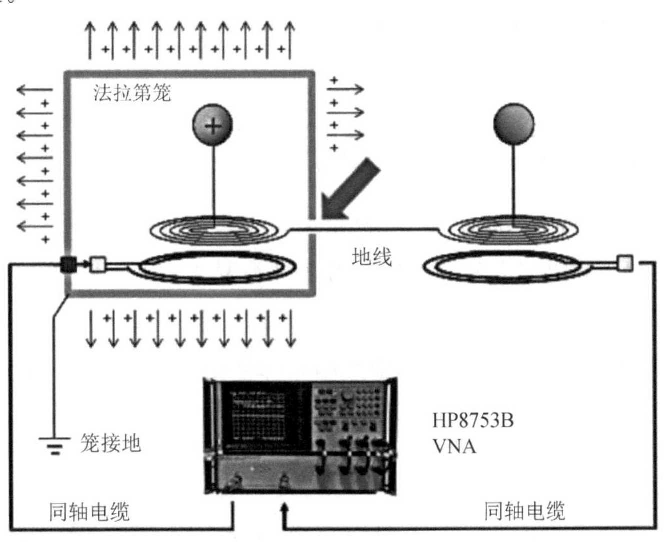

(a) 实验1

图 3.20　实验结果的解释

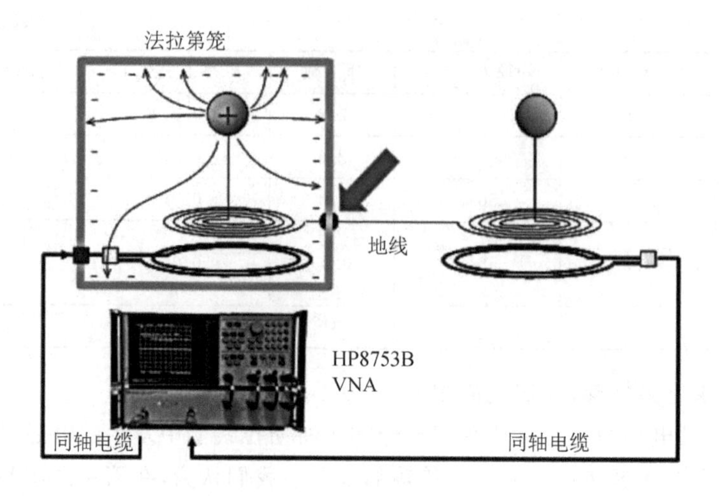

(b) 实验2

图 3.20 实验结果的解释(续)

在实验 2 中,辐射天线的球体和法拉第笼构成了一个球形电容器,它们在任何时刻的电荷都异号(见图 3.20(b))。电容器内部发生的电磁过程不会超出其限制。在这个条件下,电标量波被法拉第笼屏蔽。

信号是通过沿地线传播的横向电磁波从法拉第笼中传递出来的,这一假设不够具有说服力。根据有关电标量波的理论讨论,可以充分解释所观察到的现象。

3.9 纵向电磁波天线设计

根据上述讨论,可以解决第 3.2 节提出的关于纵向电磁波收发机天线设计的问题。目前,辐射和接收纵向电磁波的天线有多种类型。

1. 球形天线

N·特斯拉的实验中使用了与螺旋线圈相连的球形天线[66-67]。K. Meyl[46-47]以及 B. Sacco 和 A. K. Tomilin[48]的著作中对这些实验进行了再现、描述和分析。C. Monstein 和 J. P. Wesley[45]则使用了不带螺旋线圈的球形天线。第 3.7 节讨论了这些实验的结果。

2019 年,A. K. Tomilin 和 A. F. Lukin 设计了一款带有球形天线的收发机,并在日本海(符拉迪沃斯托克市,诺维克湾)进行了测试。12 V 电源电池和振荡电路安装在一个聚乙烯防水盒中。球形天线和连接导线被引出箱外,并用热缩管与海水隔离。接收天线的电缆被置于一个额外的屏蔽层中,该屏蔽层与海水和光谱分析仪的接地触点相连。接收机的球形天线和导线与发射天线类似。发射机球形天线和装有发电机和电池的盒子完全浸没在海水中,没有任何与海面连接的电缆。接收机球形天线和振荡电路装在一个类似的盒子里,也浸没在海水中,并通过同轴电缆与安装在码头上的"Tektronix MSO 4020"频谱分析仪连接。天线之间的距离为5 m,发射机球体在海面80 cm下。当谐振频率为20.5 MHz(波长为1.63 m)时,频谱增益增加了12 dB。

2. 带微型辐射头的天线

某些类型的天线使用微型导电头作为辐射元件,它也是同轴电缆中心线的裸露部分。这种天线已获得美国L. M. Hively公司的专利[69](见图3.21)。

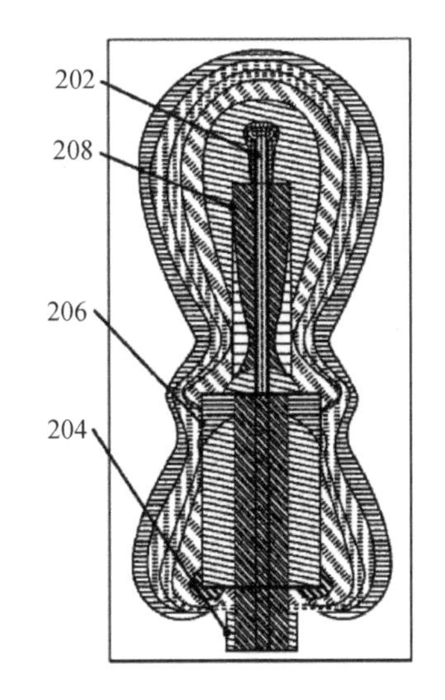

图3.21 L. M. Hively天线

天线的辐射头与特斯拉螺旋线圈相连。这种天线拟用于超短波。测试的源频率为8.606 GHz,空气中的波长为3.48 cm。结果发现,信号在远区会以正比于$1/r^2$的规律衰减。在其中一次测试中,当每根天线都单独放置在各自的法拉第笼中时,电磁信号也会传输。这证明信号的性质与横向电磁波不同。

S. B. Klyuev和E. I. Nefedov对在近区辐射出明显纵向电场分量的天线进行了实验[70](见图3.22、图3.23)。参考文献[70]中给出了位于同轴电缆末端的两种辐射器的近场计算结果。结果表明,在近场区内可以获得有效的纵向电场分量,大大超过横向分量。该研究还指出了近场的特殊性,可以放心地进行医学和生物学检验。

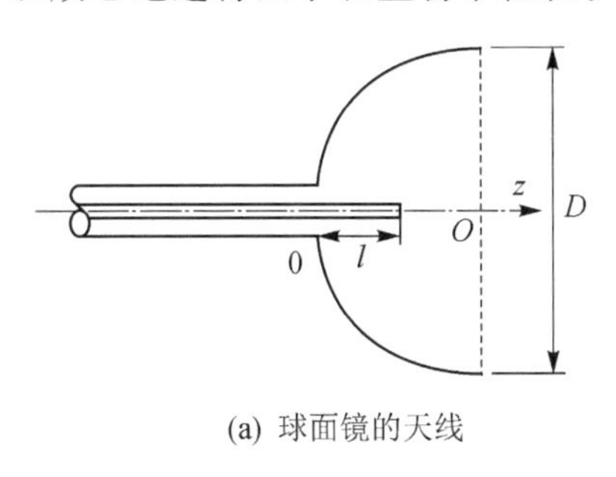

(a) 球面镜的天线

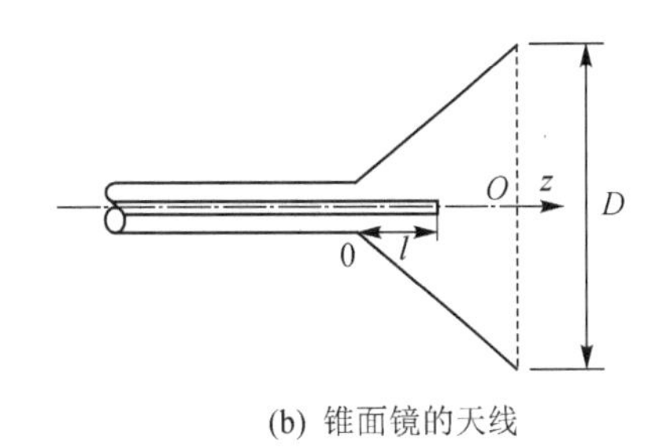

(b) 锥面镜的天线

图3.22 带反射镜的各种天线

图3.24显示了近场的纵向电场,这完全符合纵向电磁波理论中的概念(见第3.2节)。

2007年,K. P. Kharchenko获得了纵向电磁无线电波辐射方法及其天线的专利[71](见图 3.25)。

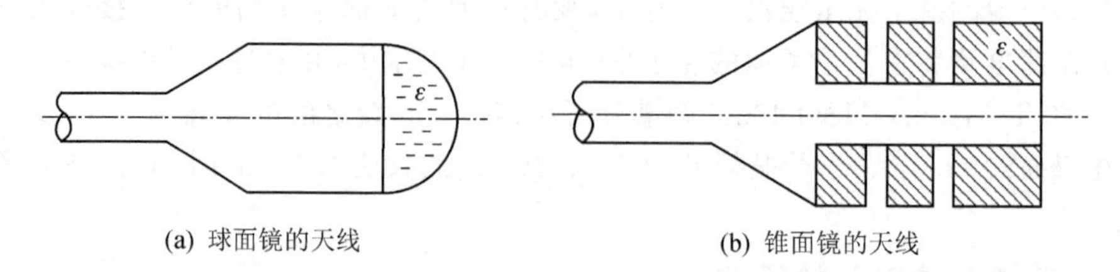

图 3.23 最佳辐射头形状

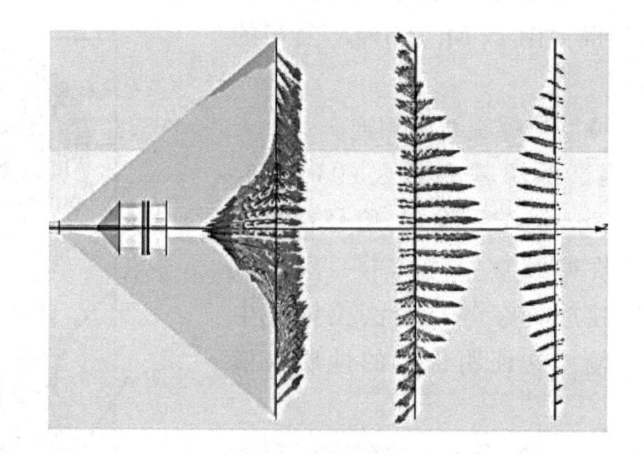

图 3.24 锥形反射镜三个截面上的瞬时场模式

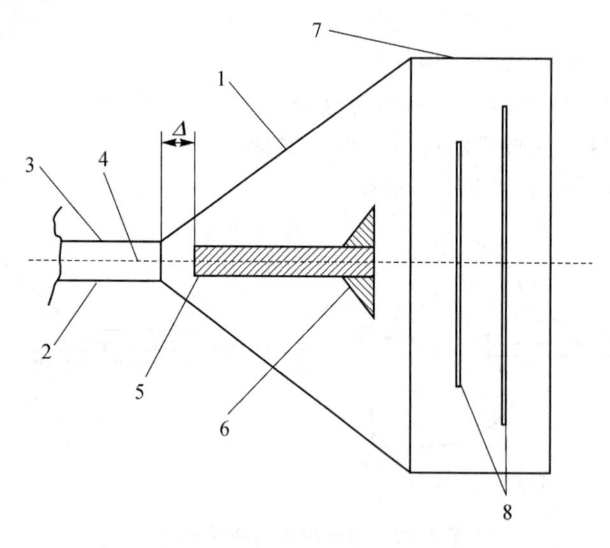

1—反射器;2—同轴电缆;3—外导体;4—内导体;5—激励器;6—感抗补偿元件;7—混合器;8—圆盘导向器

图 3.25 K. P. Kharchenko 的天线

同轴电缆 2 的外导体 3 与反射器 1 相连，位于反射器 1 的锥形表面直径最小的底座区域。内导体 4 安装在反射器 1 的锥形表面直径最小的管端朝向基座的区域，与激励器 5 连接。感抗补偿元件 6 呈圆筒状，安装在激励器 5 的外表面。如实验研究所示，所谓的“高能”天线与已知天线的不同之处在于，它产生的辐射在性质上不同于横向电磁波。

2009 年，M. V. Smelov 还为一种发射和接收纵向电磁波的方法和天线申请了专利[72]（见图 3.26）。天线近区的电场或磁场力线沿波矢量方向纵向集中，并在空间形成纵波前沿，来激发纵向电磁波。天线的辐射头是尖的，以使近区电场线或磁场线集中。天线可包括多个辐射头，形成相控阵，产生聚焦更窄的纵波波束。纵波的一个特性是其辐射具有很强的穿透能力。

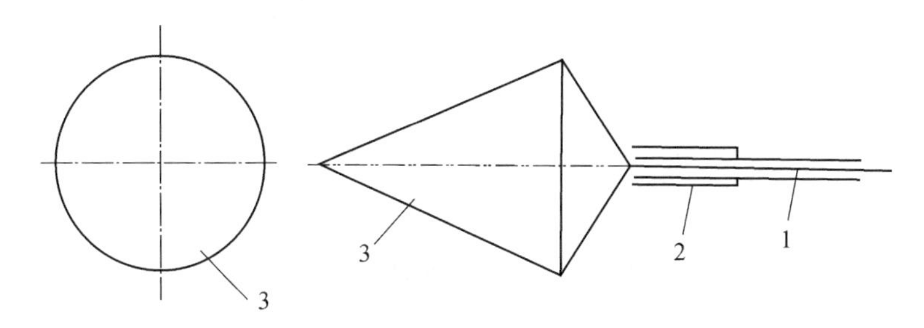

1—馈电装置；2—屏蔽环；3—尖状发射元件

图 3.26　V. M. Smelov 的天线发射器

图 3.27 显示了锥形辐射头附近的电场分布，纵向电磁波沿水平轴传播。

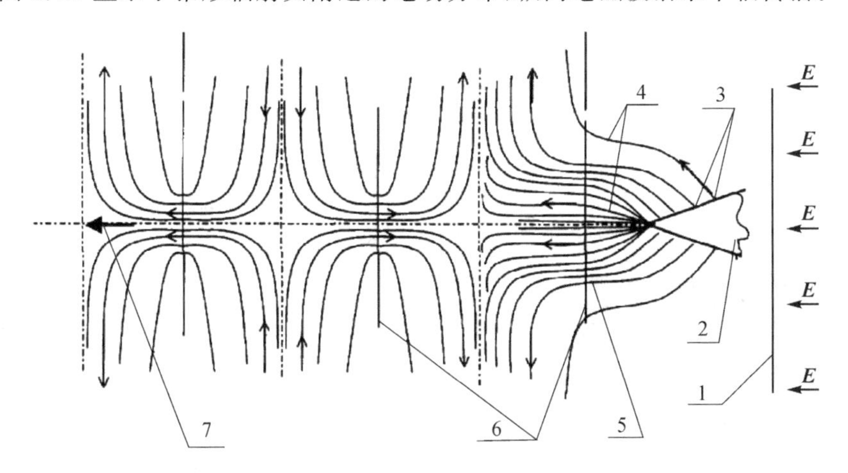

1—平面纵向波的波前与电场强度矢量 $\boldsymbol{E}$；2—天线元件的锥形尖端；

3—振动电子在尖端表面的瞬时位置；4—远端散射纵向电波的电力线；

5—电场延迟形成的电力增强区；6—远端散射纵向波的波前；7—纵向波的波矢

图 3.27　锥形发射头附近的电场分布

3. 带表面辐射器的双电极天线

2009年,N. V. Strizhachenko测试了一种带有两个锥形表面发射器的天线。试验是在一个淡水湖中进行的。实验结果于2011年发表[73]。发射器在液体介质中相隔的距离等于波长,位于防水圆筒的两端(见图3.28)。接收天线的装置如图3.29所示。

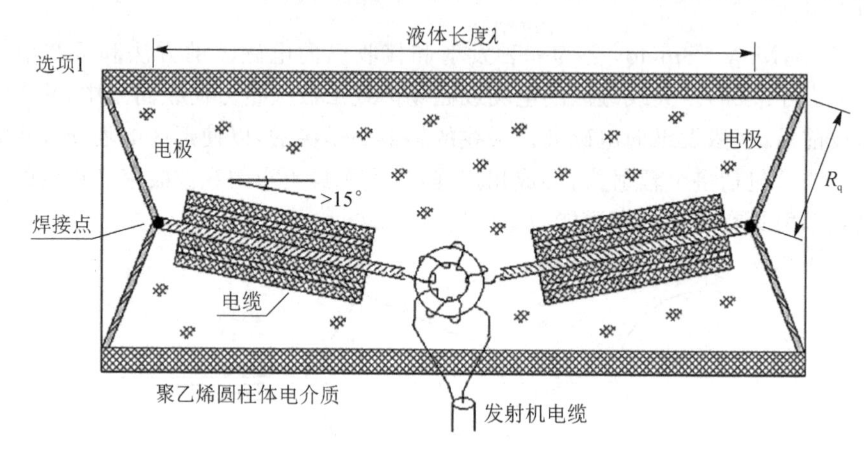

图3.28 N. V. Strizhachenko的发射天线

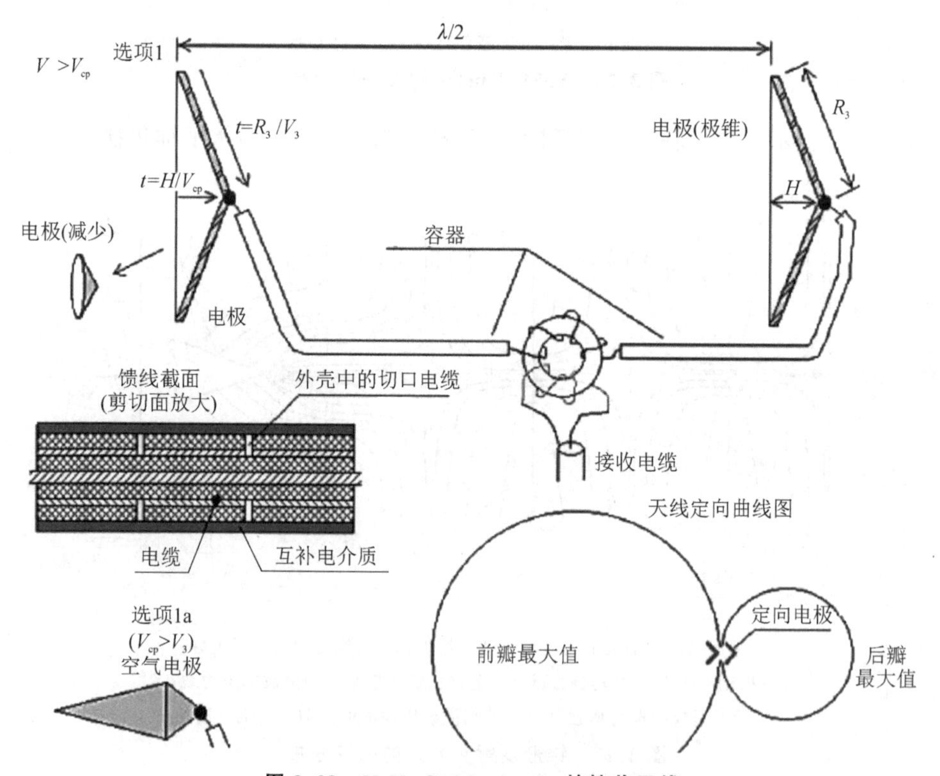

图3.29 N. V. Strizhachenko的接收天线

天线的输出功率为100 μW、调制频率为5 kHz(音频通信)。频率为27 MHz的设备在淡水水体中的通信距离超过300 m。对发射机的浸入深度与通信距离的关系进行了测试。直到发射机沉入水底,即最深6.5 m,都没有发现浸入深度对通信距离的影响。确认了信号从水下穿过冰层的影响,其衰减不超过10～12 dB(在此频率下)。此外,还在现有功率小于10 μW的设备上进行过测试,频率从kHz量级至160 MHz,调制频率高达250 kHz。

N. V. Strizhachenko也在海水中进行了天线测试。在海水中接收到的信号比在河水中弱得多。这是电极之间水介质的电阻R_b与接收天线的内阻R_a之比造成的。为确保信号接收,必须满足以下条件:

$$R_b \gg R_a$$

所有双电极天线都有这个缺点。

2017年和2018年,V. A. Atsyukovsky和M. A. Surin在河水中测试了类似的带有扁平电极的收发设备。在发射机和接收机之间有障碍物遮挡的情况下,27 MHz的调制信号在超过1 km的距离内都能被可靠地接收到。

N. V. Strizhachenko以及V. A. Atsyukovsky和M. A. Surin的实验的缺点是发射和接收设备不能完全浸入水中。因此,通过产生横向无线电波来传输信号的问题仍未解决。

4. 线圈型天线

2005年,V. I. Korobeinikov发明了最初的线圈型天线,它由两个磁通方向相反的相同螺旋线圈组成(见图3.30)。

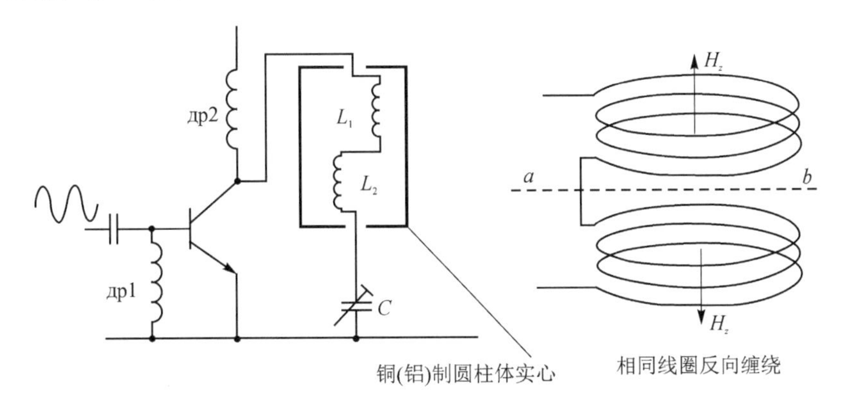

图3.30 V. I. Korobeinikov的天线原理图

在ab平面上,涡旋磁场相互抵消,并形成不稳定的标量磁场,产生准电荷。与此同时,封闭线圈的金属壳成为势电场的发射器,即产生纵向电磁波。

V. I. Korobeinikov天线尺寸小(见图3.31),在河水和海水中也能有效使用,因为接收信号的振幅与介质的导电性无关。根据现有记录,成功地在白海进行了

V. I. Korobeinikov 天线的实验。

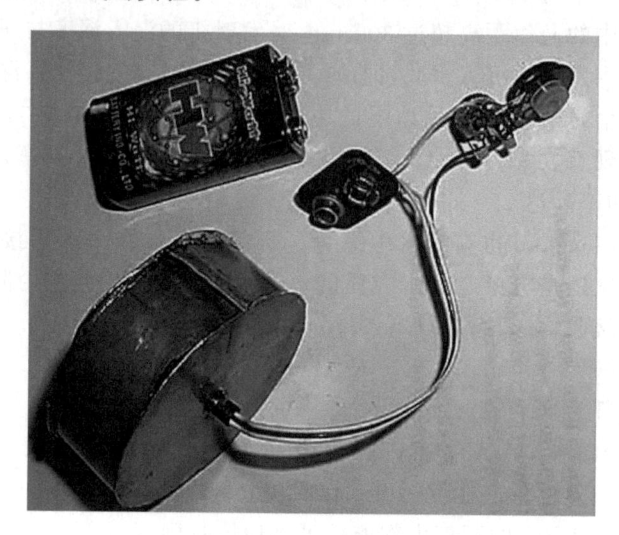

图 3.31 V. I. Korobeinikov 的天线

第4章 世界的物质图景

4.1 概念和假设

广义电动力学中提出的电磁场新观点必然导致对宇宙一般物理图景的新概念。它涉及到物理相互作用的问题，以及相关的物理学基本概念："质量""电荷""场""真空"。本章分析了一些现代概念和假设，认为有必要发展并可能修改目前公认的观点。

许多发展中的理论否认真空是一个空洞的算术化空间，并赋予它物理特性。换句话说，人们假定整个世界空间充满了连续介质。人们使用了"物理真空""世界介质""以太"等术语。对这种介质的表述和描述已经形成了几种不同的方法[75-80]。通常假定物理真空的结构是超精细的，因为它是由"粒子-反粒子"对形成的。在模拟物理真空时，我们将其表示为由电子-正电子对组成——它是由虚拟电子和正电子组成的等离子体。这种方法在量子电动力学中应用已久[42]。正如量子力学创始人P·狄拉克写道："……真空并不是什么都没有的虚空。它充满了大量处于负能量状态的电子，可以把它们看作是一种海洋"[75]。

有时，物理真空被称为在"粒子-反粒子"对湮灭过程中产生的"隐藏"或"暗"形式的物质。物质的湮灭以光量子的形式释放大量能量。相反的过程也是众所周知的："粒子-反粒子"对的形成需要消耗大量能量。因此，物理真空表现为一种高能物质介质，甚至在核内尺度也充满了所有空间。以下是一段陈述。当量子力学被应用于电磁场和描述粒子对(电子-正电子、质子-反质子等)的场时，结果发现在虚空中存在着持续的场振荡，基本粒子诞生和消失。当核子(中子和质子)相撞时，虚空中会出现一整片不同的粒子——真空中充满了粒子。从本质上讲，物理学家又回到了"以太"的概念，但却没有矛盾。如果不是担心与19世纪的天真概念相混淆，一种令人惊讶的复杂而有趣的介质——真空，可以再次被称为"以太"。

根据这种物质组织观点,物理真空及其特性显然应在核力、电磁力和引力等物理相互作用中发挥最重要的作用。这一观点是现代发展理论的基础。我们可以说,在一个新的层面上回归到了一个不承认绝对虚空可能性的物理概念。这一概念有着深厚的历史渊源,几乎所有物理学经典都曾提出过以太理论。它起源于法拉第和麦克斯韦的著作,他们与安培不同,都是近距离作用原理的支持者。麦克斯韦写道:“引导安培的思想属于允许远距离直接作用的观点体系。我努力遵循的思想是通过介质发生作用的思想——从一个部分到邻近的另一个部分,近距离的作用。法拉第经常采用这种方法……[3]”

英国杰出科学家 E. Whittaker 的基础研究成果[6]描述了以太和电理论的发展历史。值得注意的是,Whittaker 在他的专著创作时,以太的概念已完全被科学界所抛弃。他的专著第一卷出版于 1910 年,第二卷出版于 1959 年。在谈到术语问题时,Whittaker 写道:“在我看来,为一个拥有如此多物理特性的类别保留‘真空’这一名称是荒谬的,但‘以太’这一历史术语恰好适合这一目的。”我们将在下文中使用这一术语。为了避免术语上的混淆,将“物理以太”一词用于现代概念。

然而,物理真空——以太如今只用于量子物理学,在现代物理学的其他部分,特别是在描述电动力学的宏观过程时,这一概念的应用被认为是不允许的。人们仍然假定电磁波能够在虚空中传播。因此,使用以太概念提出的理论没有得到普遍认可,人们认为这些理论与相对论的假设相矛盾。在过去的 50 年里,理论物理学家们否认以太存在的最大希望与弦理论有关。然而,正如著名量子物理学专家 L. Smolin 所指出的,“弦理论已经走到了死胡同。”在他的专著[115]中,他列举了在弦理论框架内无法解释的实验数据。

显然,解决现有观点与发展中理论之间的这一矛盾,将使我们对宇宙根本基础的理解达到一个新的高度。

如前所述,在本研究的框架内,我们并不以解决物理学的所有基本问题为目标,我们只对电动力学的某些问题进行思考。在研究的这一阶段,我们得出了一个明确的结论:以唯物主义概念为基础的广义电动力学需要使用物质介质来解释电磁相互作用和电磁波传播的机制。

关于运动的带电粒子与外部磁场的相互作用问题,可以假定这个磁场(矢量和标量分量的总和)代表了以太的变形(应力、运动)或极化,也就是说,它似乎不是均匀的。显然,这种机械论的方法有些“蹩脚”,不过,用它可以在一定程度上表示和解释场与粒子之间的相互作用机制。甚至还可以对这一现象提出一个简单的类比:固体粒子在液体中的运动。众所周知,粒子的运动不仅取决于其自身的特性(如密度、形状),还取决于周围液体的运动。若将流体运动区分为有势流动和有旋流动,则与磁场的电势和涡旋分量相对应。粒子的密度可以大于或小于液体的密度,这个特性类似于模拟现象中粒子电荷的符号。显然,密度低和密度高的粒子在液体流动中的运动是不同的。同样,正电粒子和负电粒子在磁场各分量中的运动也不相同。

我们发现,运动的带电粒子代表了一种梯度结构(见图1.17)。这种粒子在均质标量磁场中的运动可以用旋转环(如烟圈)在外部均质介质(空气)中的运动来模拟。众所周知,这种运动需要外部粘性介质的存在,而环形运动的方向取决于其自身的旋转方向,同时也与介质的运动及其不均匀性有关。因此,当带电粒子在标量磁场中运动时,了解其自身标量磁场的梯度方向和粒子运动的外部标量磁场的梯度方向非常重要。

现在转而考虑能量问题。众所周知,在传统电动力学中,在矢量磁场中运动的带电粒子受到的洛伦兹力的方向是粒子运动轨迹的法线方向。在这种情况下,粒子获得法向加速度,洛伦兹力不做功,因此粒子的动能没有变化。在纵向磁力的作用下,粒子不仅获得了加速度,而且还做了功,从而导致粒子的动能发生变化。因此,可以假设由于矢量磁场的存在,带电粒子不会与物理以太进行能量交换,而标量磁场就提供了这样的机会。不过要注意的是,这种假设只是基于对单独点粒子运动的研究,因此不具有普遍性。与点粒子不同,在考虑电动系统时,应该区分平移运动和旋转运动。可以假定,在电动系统旋转时,它与物理以太之间也可能进行能量交换,但这是以牺牲磁场的矢量分量为代价的。由此可以得出以下结论:所有电动物体通过物理以太相互连接,这是在物理以太(即电磁场)中发生的过程的结果。由于所有电磁场都是无限的,因此可以得出一个一般性结论:自然界中不存在封闭的电动系统。

在分析理论和实验研究结果时,应牢记这一结论。它证实了N. Tesla的说法:"……不仅有可能以光的形式获得能量,而且有可能以驱动力的形式获得能量,以及以任何其他形式的能量获得能量,……直接从介质中获得能量。这个问题终将得到解决……"[5]。

需要指出的是,在第1.1节的一个案例中(在关于电磁场的传统观念框架内),将电磁场纳入系统的构成显然是不太合理的。在新的认知层面上,电磁场显然不是一个独立的物质对象,而只是反映了物理以太的状态和演化。在任何电磁相互作用中,以太作为外部介质的参与都是不可避免的。如果用这种方法来研究两个直线电流截面的相互作用问题(见第1.1节),就会发现第一个微元会影响以太,而以太又会将影响传递给第二个微元。由于以太是一种高能介质,其能量有可能在此过程中进入电动系统,反之亦然。换句话说,第一个微元对以太的影响可以起到一种"阀门"的作用,为以太和电动系统之间的能量交换打开源头或出口。最后一个想法具有科学假设的性质。到目前为止,我们只能谈一些理论上的考虑和在一定程度上证实了它的实验数据。由于以太的一般理论尚未发展起来,"粒子-以太"层面的相互作用机制尚不清楚,但这种相互作用显然具有量子特性。由于从物质中给予或接受能量,以太本身发生的转化(变化)问题仍然没有答案,还有许多其他问题。尽管如此,所提出的概念仍有存在和发展的权利。

拥有质量和电荷的基本粒子与以太有着密不可分的联系。在考虑涉及基本粒子的任何过程时,都不可能脱离这个占据整个世界空间的媒介。此外,也许粒子本身就是具有某种稳定结构的以太形态。显然,粒子的结构可以是不同的,但正是它决定了量子特性:电荷、质量、自旋。这种方法与 V. V. Sidorenkov[81] 提出的“粒子-场二元论”的概念相吻合,原则上,“粒子-场二元论”决定了量子特性:电荷、质量、自旋[81],这与现代量子力学中使用的类似名称的“粒子-波二元论”有着本质的区别。众所周知,“粒子-波二元论”是从粒子的实质与其自身的波状场有密不可分的联系出发的,它允许在绝对空旷的空间中考虑一个单独的粒子。“粒子-场二元论”假定粒子与以太以及粒子运动时在以太中产生的波过程有着不可分割的量子联系。这种表述与物质和以太不可分割的统一性相对应。

正如 V. A. Atsyukovsky 所建议[77],为了解释电磁波的传播机理,显然在某种程度上可以将以太的性质与弹性机械介质或粘性气体的性质进行类比。在一阶近似条件下可以将电磁场在以太中的传播看成是弹性介质中机械应力的传递过程。此外,在弹性介质中传播的横向和纵向机械波通常是相互关联、相互产生的。电磁波(横波和纵波)在以太中的传播过程也是如此。

一方面,电动力学和力学的类比似乎有助于理解所发生的过程;但另一方面,存在着排除以太的特定属性和陷入死胡同的可能。任何类比都有适用的局限性。重要的是要确定以太的物理特性,并在此基础上建立新的以太动力学。

正如第 2.6 节所示,量子水平上电磁场的所有属性都由两个四维矢量势决定:$(\boldsymbol{A},\phi/c)$和$(\boldsymbol{M},\psi/c)$。显然,这是物理以太状态的基本特征。在这种方法中,电磁场代表了以太扰动的起源和演变过程;换句话说,电磁场的特征决定了以太的某些扰动类型。扰动的特征可以是不同的:涡旋和梯度(极化)。矢量磁场是矢量 $\boldsymbol{A}_r$ 场的涡旋不均匀性的结果,而标量磁场与矢量 $\boldsymbol{A}_g$ 的势分量有关。这两个分量都是由于电流对以太的扰动而产生的。当然,以太的状态并不是静止的,其中发生的动态过程才是电动力学的本质。

通过这种方法,广义定律式(1.57)所包含的电磁相互作用机理就变得清晰了:导体中流动的电流扰动(激活)了其周围的以太,这些扰动的相互作用产生了电磁力。利用关系式(1.24)~式(1.25),电磁相互作用的广义定律(1.57)可以表示为

$$\boldsymbol{f}=\frac{1}{\mu'\mu_0}\nabla\times(\nabla\times\boldsymbol{A}_c)\times(\nabla\times\boldsymbol{A})+\frac{1}{\mu'\mu_0}(\nabla\cdot\boldsymbol{A})\cdot[\nabla(\nabla\cdot\boldsymbol{A}_c)_{\perp}-\nabla(\nabla\cdot\boldsymbol{A}_c)_{\parallel}] \tag{4.1}$$

其中,$\boldsymbol{A}_c$ 是由电流产生的场,$\boldsymbol{A}$ 是外部场。其中有一个载流导体或移动的带电粒子。

由此可见,安培力(洛伦兹力)是以太涡旋扰动相互作用的结果,而尼古拉耶夫力则是极化以太扰动相互作用的结果。

引入绝对参照系的可能性问题通常与以太有关。如上所述,以太是一种非均质的流动物质,它可能存在扰动:“变形”和“流动”。因此,不可能将整个世界空间共有的参考框架与它绑定起来。一般来说,参照系只能与物质物体相关联,即使是物质物体,也只能用物质点或绝对实体来模拟。物质连续场形式的主要特性是波过程在其

中的传播,这就排除了毫不含糊地选择与之相关的参照系的可能性。即使在未受扰动的状态下,以太也会发生振荡("零振荡")。此外,在行星、恒星和黑洞等大质量天体附近,以太的状态可能会发生显著变化。最早的一种假说认为,大质量天体可能会"夹带"以太。这一假说尤其被用来解释迈克尔逊实验的结果。采用这种方法,显然可以选择一个参照系,在这个参照系中,忽略零点振荡,可以假定以太不会移动。但这样的参照系必须与大质量天体(恒星、行星)绑定。在这种情况下,我们可以将"局部惯性参照系"与有条件静止的以太的某个部分绑定在一起。

基于上述考虑,显然可以构建一个更新的相对论,一方面保留运动相对性原理(不存在绝对惯性参照系),另一方面允许以太的存在。希望相对论与以太动力学的辩证统一是可能的,而且会真正实现。S. S. Voronkov 在专著《通用动力学》[78]中也表达了类似的观点。该著作对基本物理概念("质量""电荷""场")进行了深入分析,并得出结论:有必要建立一种考虑到以太非线性特性的理论。

V. A. Atsyukovsky 提出了"以太动力学"一词[77],与19世纪静态的以太假说相反,他建议研究这种世界物质的演变。建立在唯物主义基础上的以太动力学可以为认知从微观世界到宇宙尺度的自然现象的物理本质开辟正确的道路。显然,广义电动力学仅与以太的一个侧面有关,并不能反映其所有性质,但是,它可以作为构建一般以太动力学的科学平台。

物理学是研究物质物体相互作用的科学。因此,有必要讨论一个更基本的问题:在相互作用过程中,"作用-反作用"原理和能量守恒定律是否应被接受为主要的物理假设?在广义理论的框架内,这两种立场似乎并没有结合起来。回想一下,我们的研究是从电动力学中违反"作用-反作用"定律的问题开始的。在解决这个问题后,我们得出结论:电动系统的能量会因相互作用而改变,因为一般来说,任何系统都不是封闭的。请注意,正是针对封闭系统制定的能量守恒定律被认为是自然科学的唯物主义基础。广义理论要求人们从更广阔的视角来看待这一定律,因为人们总是要与非封闭系统打交道。只有一个绝对封闭的物质系统——整个宇宙,在这个系统中,能量守恒定律是肯定可以实现的。

任何物质粒子都与以太相连。如果粒子相对于本地惯性参照系是静止的,那么这种结合的能量是恒定的,并由粒子的特性(电荷、质量等)决定。然而,在某些条件下,结合的能量会发生变化。这种情况就叫作粒子与以太的相互作用。如果只考虑粒子与以太之间的一次相互作用,能量可能会转移到一方或另一方,但既不会产生,也不会损失。如果我们考虑两个粒子通过场相互作用,则有两种相互作用行为:① 第一个粒子与以太的相互作用;② 以太与第二个粒子的相互作用。每一次作用都会产生能量的转移。因此,可能会出现粒子初始能量之和不等于相互作用后能量之和的情况。但这并不违反能量守恒定律,因为这些能量的差值(增或减)会转移到相互作用过程的第三个参与者——以太。当然,一个耐人寻味的问题出现了:如何创造这样的条件从以太中提取能量?下一节将给出对这一问题的一些思考和实验事实。

“大自然在宇宙中储存着无穷的能量。认识到以太的存在及其功能,是现代科学研究最重要的成果之一”。N. Tesla[5]于1891年在纽约哥伦比亚学院发表演讲时所说的这段话,鉴于人们对以太的性质和属性有了新的认识,今天看来与一个多世纪前一样具有现实意义。

4.2 基本粒子的力学和电磁特性之间的关系

研究力学和电动力学之间的相互关系似乎是一项既现实而又有远见的科学任务。这种方法不仅可以扩展和补充这两门科学,还可以在基本常数之间建立新的关系,确定自然科学基础概念和假设的物理本质,解决现有问题并解释一些悖论[82]。

将电子质量表示为纯粹的电磁效应的想法被认为是非常有前途的[83]。然而,这一想法至今未能完全实现,也未能获得自洽的电磁质量理论。我们认为,其原因在于电子模型不完善,以及对电磁场的认识不够全面。

通常,孤电子被表示为虚空中的一个球体,电荷分布在其表面[83]。这种模型需要引入将电荷保持在粒子表面的力。为此,我们使用了“庞加莱应力”,它必须是非电磁性质的。正如费曼所说,在这种模型中,“整个画面的美感立刻消失了,一切都变得太复杂了”[83]。换句话说,费曼认为对质量的纯电磁解释是最美和最自然的,但却无法证实它。显然,只有在对电荷和电磁场这两个相互关联的现象的性质有完整和充分的认识的基础上,才有可能将质量解释为电磁现象。

数十年来关于电子结构的科学讨论仍然具有现实意义[84-88]。A. G. Kiryako 的文章[89]对微观世界结构模型进行了相当完整的回顾。文章考虑了质量起源的三种假说:电子理论、标准模型的希格斯机制和基本粒子非线性理论中的质量生成原理。它们各自的优缺点,以及它们之间存在的密切联系都得到了说明。

庞加莱模型正在一些现代研究中得到发展[90-91]。特别是,有学者建议将电子视为一组相同的粒子,这些粒子形成引力束缚系统并填充一定的球形体积[86]。在考虑内部相互作用时,不仅要考虑电磁场,还要考虑引力场、加速度场和压力场。人们认为,电子的所有性质和与之相关的现象都可以完全由内部过程来解释。

我们认为,庞加莱模型及其修改版有一个根本性的缺点。对于基本粒子,不可能使用电荷和质量分布的函数,因此,不可能区分电荷小于基本电荷的内部结构对象。这样的模型不能用于解释基本电荷和相关电磁场的性质。但是,庞加莱模型具有优先优势:摒弃了点理想化和使用了电子特征半径 r_e。需要注意,它与经典的电子半径 $R_e=2.81\times10^{-15}$ m 不同,后者决定了其有效电场的大小。很明显,在这样的模型中,应该满足:$r_e<R_e$。

另一种模型将电子表示为在一个边界模糊的区域内发生的电磁过程[90]。这种方法的优点是无需引入非电磁性质的力,在指定区域外会出现电场。这种模型可以用于研究粒子内部发生的过程,以解释基本电荷的性质。使用这一模型的困难在于电荷产生的区域没有明确的边界[90]。此外，关于环境及其特性的问题仍然悬而未决。

我们使用基于电子混合模型的能量法[89]。假设电子的电荷是由处在一定半径 r_e 的球体中的电磁过程产生的，r_e 的值待定。因此，电子似乎是边界清晰的球形局部粒子，具有固有的电荷和质量。在球形粒子之外，会产生自己的电磁场。

我们已经触及了电磁场的物理本质问题。它与自然科学的概念基础有关。近距离作用的唯物主义概念否认真空是绝对的空。空无一物的空间不具备任何物理特性，即使作为抽象概念也不能用于描述物理相互作用。因此，物理学家使用“物理真空”一词——一种具有已知电磁特性的物质固体介质。我们提出的电子模型表明，电子是由这种介质(可能是环形量子旋涡)中发生的过程产生的。因此，电子是物质真空介质的生成物，始终处于其中，并与之密不可分。例如，参考文献[90]中就使用了这种模型。

在这一概念的框架内，电磁场表现为这种介质的扰动：流动、变形、波。我们并不了解这种介质的所有特性，甚至其本质也仍是未知的。因此，所提出的模型并不完整，因为它没有详细描述电子内部发生的电磁过程，因此也没有描述电荷本身的性质。例如，它无法解释电子的所有量子特性和稳定性问题。不过，它允许我们使用“质量”“电荷”“场”等概念，并将这些概念与某些物质对象联系起来。这些对象之间的关系应该以它们物理特征之间的某些关系的形式来表示。

考虑半径为 r_e 的带电粒子，以速度 v 做匀速直线运动。为了明确起见，我们假设它为正值。让我们把观察者置于某个有条件静止的点上，并建立局部惯性参照系。带电荷量 q 的整个粒子经过观察者的时间等于其纵向距离与运动速度之比：

$$t=\frac{l}{v}$$

一般来说，所选参考系中粒子的线性尺寸是在考虑了沿运动方向的相对论收缩后确定的：

$$l=l_0\sqrt{1-v^2/c^2} \tag{4.2}$$

其中，$l_0=2r_e$。但在大多数情况下，在考虑带电粒子的运动时，相对论效应可以忽略不计。因此，所提出的理论是基于关于空间和时间的经典思想。在某些情况下，讨论了狭义相对论效应出现的原因。

观测器检测到的局部电流是：

$$I=\frac{qv}{l}$$

电流与能量相对应：

$$W=\frac{LI^2}{2} \tag{4.3}$$

球形粒子的动态电感可以通过参考文献[82]中的公式精确地计算出来：

$$L=\frac{\mu_0 l}{4\pi}=\frac{\mu_0 r_e}{2\pi} \tag{4.4}$$

需要注意的是,当把粒子建模为一个物质点时,“动态电感”概念就失去了意义,确定其电磁能量的可能性也随之消失。

根据式(4.3)写出式(4.4),可得到局部电流能量的表达式:

$$W=\frac{\mu_0 q^2 v^2}{8\pi l} \tag{4.5}$$

另一方面,质量为 m 的运动粒子具有动能:

$$K=\frac{mv^2}{2} \tag{4.6}$$

每种能量的变化都代表了导致粒子加速(制动)的力的功。实质上,式(4.5)和式(4.6)表达的是一个量,可以将它们等同起来。由此可以得到电荷和质量的关系式:

$$m=\frac{\mu_0 q^2}{4\pi l} \tag{4.7}$$

忽略相对论效应,可认为 $l=l_0=2r_e$,则式(4.7)的值通常称为带电粒子的“静止质量”:

$$m=\frac{\mu_0 q^2}{8\pi r_e} \tag{4.8}$$

V. B. Morozov[92]在考虑带电球体的运动时,也得到了完全相同的表达式。

从式(4.7)和式(4.8)可以看出,粒子的质量与电荷有关,但与电荷的符号无关。此公式适用于电子,从电子静止质量的表达式可以得到它的特征半径:

$$r_e=\frac{\mu_0 q^2}{8\pi m_0}=1.4\times 10^{-15}\ \text{m} \tag{4.9}$$

其中,电子的静止质量 $m_0=9.1\times10^{-31}$ kg,基本电荷量 $q=1.6\times10^{-19}$ C,真空磁导率 $\mu_0=1.256\times10^{-6}$ H/m。由此产生的电子特征半径是其经典半径 $R_e=2.81\times10^{-15}$ m 的一半。需要注意,洛伦兹获得了几乎相同的自由电子半径值:$r_0=1.5\times10^{-15}$ m[88]。

上文所使用的质量定义方法中的质量,应被称为惯性质量。然而,引力(重)质量和引力现象本身会产生问题。这个问题以及惯性质量和重质量的等效问题将在下一节中讨论。

先来讨论一下所得到的结果及其合理性。考虑单个电子的加速过程,并将加速力的功等同于电子获得的动能。当然,在电子加速过程中,它与物理真空相互作用的能量发生了变化,出现了磁场。这就产生了一个关于电磁场能量的问题:电子的动能是否应该与磁场的能量相加?这个问题的前提是对运动过程进行假设性分离:首先考虑在虚空中运动的电子并确定其动能,然后考虑外部介质并确定由于电子运动而产生的扰动能量。例如，在考虑粘性介质中的物体运动时，就会用到这种方法。但问题是，已知的动能表达式是针对物质物体在实际条件下的运动而得到的，即在物理真空中，而不是在虚空中。因此，它考虑到了物体与这种介质连接的能量变化。在我们的例子中，电子的动能和电子场的能量是一回事。力学和电动力学的能量公式看起来不同，但表达的本质是一样的。因此，在我们的问题中，这些能量不是相加，而是相等的。

这里有必要从狭义相对论的角度解释一下得到的结果。众所周知，狭义相对论中粒子的质量取决于其速度：

$$m=\frac{m_0}{\sqrt{1-v^2/c^2}} \tag{4.10}$$

与质量不同，电荷是相对论不变量[10]，电荷值不取决于粒子的运动速度。这两个概念之间似乎存在矛盾。然而，所得到的关系式(4.7)同时符合电荷和质量的特性。根据式(4.2)，粒子在运动方向上的尺寸收缩可以解释质量的相对论性增加。

现在考虑另一种基本粒子——质子。众所周知，质子的质量是电子质量的 1 836 倍，则有

$$m_p=1.672\times10^{-27}\ \text{kg}$$

它的半径比经典电子半径小约 1/3.2。通常使用的是

$$R_p=0.857\ 1\times10^{-15}\ \text{m}$$

基本粒子的质量与大小之间存在反向非线性关系，因此，由式(4.9)计算的质子的真实半径明显小于电子的半径：

$$r_p=\frac{\mu_0}{8\pi}\cdot\frac{q^2}{m_p}=0.761\times10^{-18}\ \text{m}$$

计算一下比值：

$$\frac{R_p}{r_p}=1\ 150$$

对于电子，这一比值为 2。这些关系证实了上述关于质量性质的观点：基本粒子的尺寸越小，它与物理真空的联系就越紧密，因此它的质量就越大。电荷中性粒子(如中子)的质量是什么样的呢？众所周知，中子衰变产生两个具有静止质量、带相反电荷的粒子：电子和质子。显然，在确定中子的质量时，有必要对组成中子的每个基本粒子分别使用两次式(4.8)，然后将它们的质量相加。在这种情况下产生的质量缺失是由于中子衰变过程中形成了反中微子。光子和中微子(反中微子)的质量应分别讨论。

光子被认为是一种电中性粒子，也被视为电磁波。在广义理论中，电磁波有 4 个特征：2 个涡旋矢量 $\boldsymbol{E}_r$、$\boldsymbol{H}$，电位矢量 $\boldsymbol{E}_g$(或标量势 ϕ)和标量函数 H^*。电磁波的所有特性都会随时间发生周期性变化。可以用正弦函数来表示标量磁场强度的变化规律。在整个电磁波中，可以区分为两个部分：一部分是 $\frac{\partial H^*}{\partial t}>0$，另一部分是 $\frac{\partial H^*}{\partial t}<$

0。在某一时刻,在一个半波上分布着正位移电荷,而在另一个半波上则分布着负电荷。这样,就可以将光子建模为一个线性电磁振动器,这完全符合光子是一种电磁结构的观点。如果对光子整个体积的位移电荷进行求和,就会得到零电荷,因此整个光子的电荷实际上是检测不到的。不过,由于光子有两个带电区域,因此可以通过类似于式(4.8)的公式计算出每个区域的质量:

$$m_{1/2}c^2 = \frac{1}{4\pi\varepsilon_0} \cdot \frac{q^2}{l_\phi} \tag{4.11}$$

其中,l_ϕ 是带电区域的线性尺寸(直径),但这还有待确定。目前为止我们只能认为 $l_\phi<\lambda/2$。

由于存在两个带电区域,故光子的总能量为

$$mc^2 = 2m_{1/2}c^2 = \frac{1}{2\pi\varepsilon_0} \cdot \frac{q^2}{l_\phi} \tag{4.12}$$

这个公式可以解释为物理真空的极化能量。如果将物理真空表示为由虚拟电子-正电子对组成的连续介质,那么可以认为光子代表了极化扰动在该介质中的传播过程。

另一方面,光子的质量由以下关系决定:

$$mc^2 = h\nu \tag{4.13}$$

其中,h 是普朗克常数,ν 是频率。

因此,可以确定线性极化参数(两个带电区域各自的大小):

$$l_\phi = \frac{1}{2\pi\varepsilon_0} \frac{q^2}{h\nu} \tag{4.14}$$

其中,q 是基本电荷量。

例如,在频率 $\nu=700$ THz($\lambda=4.28\times10^{-7}$ m),极化参数为 $l_\phi=9.93\times10^{-8}$ m 下,即相当于波长的1/4:

$$l_\phi = \frac{\lambda}{4} \tag{4.15}$$

也许,这一关系对于所有其他静止质量为零的粒子,尤其是中微子,都是有效的。那么,根据式(4.12),这种粒子的质量是由相应的波长(或频率)唯一决定的。

4.3 惯性和重力

考虑带电粒子加速运动的情况,其模型已在上一小节中提出。局部电流将不再是恒定的,因此其时间导数不等于零:

$$\dot{I} = \frac{\partial I}{\partial t} = \frac{\partial}{\partial t}\left(\frac{qv}{2r_e}\right) = \frac{q}{2r_e}a \tag{4.16}$$

其中,$a=\dfrac{\partial v}{\partial t}$ 为粒子的加速度。

根据电磁感应定律,这种电流会产生自感应电磁场,从而阻止产生这种电磁场的电流发生变化：

$$U=-L\dot{I}$$

将式(4.4)代入上式，可得

$$U=-\frac{\mu_0 r_e}{2\pi}\cdot\frac{q}{2r_e}a=-\frac{\mu_0 q}{4\pi}a \tag{4.17}$$

当电荷移动时，就会做功：

$$Uq=-\frac{\mu_0 q^2}{4\pi}a \tag{4.18}$$

在质点加速时，这个功取负号；相反，在质点减速时，这个功取正号。可确定在位移 $2r_e$ 上做功的力为

$$F=\frac{Uq}{2r_e}=-\frac{\mu_0 q^2}{4\pi}\cdot\frac{1}{2r_e}a=-ma \tag{4.19}$$

无论电荷的符号如何，力的方向都与加速度方向相反，因此它是惯性力。因此，惯性力的来源可以用电动过程来解释。

众所周知，力产生于物质物体之间的相互作用。惯性力也不例外。相互作用的参与者之一是带电粒子。问题在于第二个相互作用物体。我们使用的模型假定，粒子不是在绝对的虚空中运动，而是在具有物理特性的物质介质中运动。物理学中早已使用了这种不同变体的概念[93]。事实证明，惯性力是物体与以太介质相互作用的结果。在这种框架内，惯性力不再是“作用-反作用”定律不适用的一类“特殊”力。

由式(4.19)可知，惯性只在带电粒子相对于物理真空(换句话说，相对于局部惯性参考系)加速运动时才表现出来。在粒子相对于物理真空做匀速直线运动时，惯性不会出现。这与牛顿惯性定律是一致的。

众所周知，爱因斯坦万有引力理论的基本思想是，所有自然过程都发生在空间和时间中，这不符合欧几里得几何，而符合黎曼几何。空间被认为是绝对空的，但其属性与引力质量的分布及其运动密不可分。空间的几何属性与欧几里得几何属性的偏差是由引力质量的存在造成的，也就是说，质量决定了空间和时间的属性，而这些属性又影响着质量的运动。这种纯数学方法得到了一个完备的结果，这就是广义相对论的基础。从物理真空的概念出发，我们想到了构建一个有物理意义的引力理论。当然，它的结果应与已知的广义相对论结果相吻合，但处理方法不同：不使用空洞的弯曲空间的思想。

根据万有引力定律，不难得到地球表面自由落体加速度的表达式：

$$g=\frac{GM}{R^2} \tag{4.20}$$

以及第一宇宙速度和第二宇宙速度：

$$v_1=\sqrt{\frac{GM}{R}},\quad v_2=\sqrt{2\frac{GM}{R}} \tag{4.21}$$

其中,引力常数 $G=6.674\ 08\times10^{-11}\ \mathrm{m}^3\cdot\mathrm{s}^2\cdot\mathrm{kg}^{-1}$,地球的质量 $M=5.9\times10^{24}\ \mathrm{kg}$,地球的半径 $R=6.37\times10^6\ \mathrm{m}$。

经典力学中通常使用引力势来描述引力场。它的量纲是速度的平方,被解释为位于距离引力中心 r 处的物质点的势能与该点的质量之比:

$$\Phi(r)=-\frac{GM}{r} \tag{4.22}$$

在地球表面,重力势能通过第一宇宙速度和第二宇宙速度表示为

$$\Phi(R)=-\frac{GM}{R}=-\frac{v_2^2}{2}=-v_1^2$$

请注意,标量势的定义包含一个任意常数。因此,总引力势的写法应为

$$\Phi(r)=-\frac{GM}{r}-C \tag{4.23}$$

其中,C 是一个常数。选择常数的特定值称为校准。一般假定 $C=0$,即假设在无穷远处,引力势为零。如果把一个引力体看作孤立的,情况确实如此。然而,所有真实的宇宙物体都是相互作用的,都是宇宙的一部分。这样的表述需要使用不同的校准。现在计算一下整个宇宙的第一宇宙速度,把它看作一个球状星体:

$$v_{1\mathrm{U}}=\sqrt{\frac{GM_\mathrm{U}}{R_\mathrm{U}}} \tag{4.24}$$

其中,M_U、R_U 分别是宇宙的质量和半径。根据目前的观点,宇宙的年龄是138亿年。那么它的半径一定不大于138亿光年,即 $1.304\ 7\times10^{26}\ \mathrm{m}$。据估计,当今宇宙的质量介于 $6\times10^{52}\sim8.84\times10^{52}\ \mathrm{kg}$ 之间[94]。取质量的上限估计值,根据式(4.24)可以得到

$$v_{1\mathrm{U}}=\sqrt{\frac{GM_\mathrm{U}}{R_\mathrm{U}}}=2.12\times10^8\ \mathrm{m/s}$$

需要注意,不能将第二宇宙速度应用于整个宇宙,因为我们不知道宇宙之外天体的运动状况。在上述所提出的理论中,并没有违反关于宇宙尺度上光速极限值的假设。

在宇宙的边界将取引力势的值为

$$\Phi(R_\mathrm{U})=-c_\infty^2=-9\times10^{16}\ \mathrm{m}^2/\mathrm{s}^2$$

它应作为标定条件。在这种标定中,任何大质量物体的总重力势的形式为

$$\Phi(r)=-\frac{GM}{r}-c_\infty^2 \tag{4.25}$$

这里的 M 指的是半径为 r 的球形体积内的质量。例如,地球表面总引力势能的大小等于宇宙第一宇宙速度和地球第一宇宙速度的平方和:

$$\Phi(R)=-\frac{GM}{R}-c_\infty^2=-(v_1^2+c_\infty^2) \tag{4.26}$$

基于维度的考虑,假设引力体附近的世界介质(物理真空)的介电常数的变化规律为

$$\varepsilon_0(r) = -\frac{\xi}{\Phi(r)} \tag{4.27}$$

系数 ξ 有待确定。在厘米-克-秒单位制中,它是无量纲的,在国际单位制中的量纲为 m/H。“—”号是必要的,因为重力势 Φ 为负值。

由于世界介质的介电常数与光速值有关,因此根据公认的假设,光速会随着与引力宇宙中心的距离变化而变化。同样的结果也来自于引力理论[93]。然而,已知的天文数据并没有揭示宇宙遥远部分和地球附近光速之间有显著差异。让我们尝试在公认的假设框架内确定 c_∞ 和 c_R 之间的差异。由式(4.26)可知,它们之间的差值等于地球的第一宇宙速度:

$$c_\infty^2 - c_R^2 = v_1^2 = (7.9 \times 10^3)^2\ \mathrm{m^2/s^2}$$

根据式(4.27)和式(4.25),可以得到真空介电常数的变化规律,它取决于到重力中心 r 的距离:

$$\varepsilon_0(r) = \frac{\xi r}{c^2 r + GM} \tag{4.28}$$

严格来说,光速应被视为函数 $c = c(r)$。如果我们假设在宇宙的边界,那么 $r \to \infty$,得到

$$\varepsilon_0(\infty) = \frac{\xi}{c_\infty^2} \tag{4.29}$$

这里省略了导数项 $\mathrm{d}c/\mathrm{d}r$,因为光速的梯度很小。

因为

$$c_\infty^2 = \frac{1}{\mu_0 \varepsilon_0(\infty)} \tag{4.30}$$

则由式(4.29)和式(4.30)可得

$$\xi = \frac{1}{\mu_0} \tag{4.31}$$

在这种情况下,式(4.28)的形式为

$$\varepsilon_0(r) = \frac{r}{\mu_0(c^2 r + GM)} \tag{4.32}$$

在地球表面:

$$\varepsilon_0(R) = \frac{R}{\mu_0(c_R^2 R + GM)} \tag{4.33}$$

现在来确定宇宙边界处的介电常数值与地球之间的差异:

$$\varepsilon_\infty - \varepsilon_R = \frac{1}{\mu_0 c_\infty^2} - \frac{R}{\mu_0(c_R^2 R + GM)} \approx 1.23 \times 10^{-20}\ \mathrm{F/m}$$

地球附近真空介电常数的相对变化(其减少)为

$$\frac{\varepsilon_\infty - \varepsilon_R}{\varepsilon_R} = 1.3 \times 10^{-9}$$

通过实验确定 ε_∞ 和 ε_R 之间的差异是非常困难的。真空介质的介电常数在今天可达到的测量精度范围内实际上是恒定的。但是,尽管这一影响非常弱,介电常数还是取决于引力,并且在大质量物体附近具有非零梯度。这为将引力波视为介电常数扰动在以太介质中的传播过程提供了可能性。

根据上述结果即可以构建引力的静电理论。函数式(4.32)的梯度为

$$\nabla\varepsilon_0(r) = \frac{\partial\varepsilon_0(r)}{\partial r} = \frac{GM}{\mu_0(c^2R + GM)^2} \tag{4.34}$$

在式(4.34)中,与式(4.29)一样,省略了导数项 $\mathrm{d}c/\mathrm{d}r$。在地球表面,则有以下值:

$$\nabla\varepsilon_0(R) = \frac{GM}{\mu_0(c^2R + GM)^2} = 0.96 \times 10^{-27}\ \mathrm{F/m^2} \tag{4.35}$$

将真空介质视为各向异性的电介质,来确定电子在真空介质中受到的静电力。众所周知,置于静电场中的各向异性介质会受到有质动力(Ponderomotive Force)的作用[7],有质动力的体积密度由以下公式确定:

$$\boldsymbol{f} = -\frac{1}{2}E^2\ \nabla\varepsilon \tag{4.36}$$

严格来说,式(4.36)仅适用于介电常数与介电密度呈线性关系的情况[7]。例如,在气体中就满足这一条件。假设真空介质的各向异性,可以用线性函数来近似为一阶。下面考虑的正是这种情况。

电荷位于无界各向异性电介质中,显然,电荷作用在介质上的力与介质作用在电荷上的力大小相等、方向相反。通过对式(4.36)进行体积积分,可算出作用在带电粒子上的力:

$$\boldsymbol{F} = \frac{1}{2}\int_{\tau_0}^{\infty} E^2\ \nabla\varepsilon\,\mathrm{d}\tau \tag{4.37}$$

其中,τ_0 是粒子的体积。

式(4.37)不能用于点粒子。使用上述提出的模型,把电子看成一个边界清晰的球形粒子。我们认为电子处于真空介质中,并且与真空介质密不可分。以电子为中心,连接参考框架和两个坐标系(矩形笛卡儿坐标系和球面坐标系)的原点。笛卡儿坐标系和球面坐标系之间的关系为

$$\begin{cases} x = r \cdot \cos\varphi \cdot \sin\theta \\ y = r \cdot \sin\varphi \cdot \sin\theta \\ z = r \cdot \cos\theta \end{cases}$$

在所选的参照系中,粒子的电场是球形对称的:

$$E = \frac{q}{4\pi\varepsilon_0 r^2} \tag{4.38}$$

各向异性介质的介电常数用线性函数来表示：

$$\varepsilon_0=\varepsilon_0^{(0)}(1+\chi z)=\varepsilon_0^{(0)}(1+\chi r\cos\theta) \tag{4.39}$$

其中，χ 是一个常数量，表征粒子周围环境介电常数的不均匀性。在粒子的中心，介电常数为 $\varepsilon_0^{(0)}$。介电常数函数的梯度沿 z 轴方向，大小为

$$\nabla_z\varepsilon(z)=\chi\varepsilon_0^{(0)} \tag{4.40}$$

将式(4.38)和式(4.40)代入式(4.37)，就可以计算出电荷在介质介电常数梯度方向上的作用力大小：

$$F=\frac{q^2\chi}{32\pi^2\varepsilon_0^{(0)}}\int_0^{2\pi}\int_0^{\pi}\int_{r_0}^{\infty}\frac{\sin\theta\mathrm{d}\varphi\mathrm{d}\theta\mathrm{d}r}{(1+\chi r\cos\theta)^2r^2}=\frac{q^2\chi}{8\pi\varepsilon_0^{(0)}r_0} \tag{4.41}$$

根据式(4.40)和式(4.35)，可以得出地球表面附近参数 χ 的值：

$$\chi=\frac{\nabla\varepsilon_0(R)}{\varepsilon_0^{(0)}}=1.09\times10^{-16}\ \mathrm{m}^{-1} \tag{4.42}$$

上面提出的电子模型揭示了惯性质量的纯电磁性质，并确定了它与电荷的关系式(4.8)。利用这种关系，即可确定地球附近的力：

$$F=\frac{q^2\chi}{8\pi\varepsilon_0^{(0)}r_0}=\frac{m_0\chi}{\varepsilon_0^{(0)}\mu_0}=\chi c_{\mathrm{R}}^2m_0 \tag{4.43}$$

结合参数 χ 的值计算 m_0 前的系数，就可得到地球的自由落体加速度：

$$\chi c_{\mathrm{R}}^2=g=9.81\ \mathrm{m/s^2} \tag{4.44}$$

因此

$$F=\frac{q^2\chi}{8\pi\varepsilon_0r_0}=m_0g \tag{4.45}$$

即为电子在地球表面重力的精确值。式(4.8)使用的是电子的惯性质量。因此，所提出的理论阐明了惯性质量和引力质量。

惯性的原因在于电荷在相对加速运动过程中与真空介质流动的相互作用。引力的起源也有相似的解释。大质量引力体与其周围的真空介质相互作用，结果产生了加速度指向引力中心的真空介质径向流。行星表面的任何物体都会发现自己处于真空介质的加速流中。引力产生于基本带电粒子与介电真空介质的相互作用。

根据所获得的结果，可以合乎逻辑地得出结论：引力是一种静电现象，反映了世界电磁介质与物质之间的有质动力相互作用。这一理论得出的结果与引力理论的结果不谋而合。不同之处仅在于对引力成因的解释。所提出的理论基于两个物质对象(基本带电粒子和物理真空)相互作用的物理机制。

电介质真空介质在所选参照系中的加速运动等同于介质介电常数梯度的出现，这导致了作用在有限大小电荷上的有质动力的出现。这种机制在惯性和引力情况下的作用是相同的。

由于物理真空是一种存在“流动”和“变形”的连续介质，因此显然不可能将其与单一的参照系联系起来，并将其作为绝对的参照系。但是，引入和使用一个有条件静

止的“局部”参考系总是可能的，在这个系统中，一个足够大的物理真空体积至少在一个方向上是静止的。局部真空介质的状态取决于引力体的存在与否。此外，在不同的参照系中，对它的描述也不尽相同。因此，光的传播速度取决于参照系的选择以及在引力体附近的变化。世界环境中发生的事件之间的时间取决于当地的光速。因此，时钟的速率取决于参照系的选择和引力体的存在与否。在广义相对论中，不同参考系中物理真空状态的差异纯粹用数学来解释，作为时空连续体的弯曲。

发展有物理意义的万有引力理论将使我们有可能充分描述和解释自然现象，并找到它们的实际应用。

4.4 “4/3 问题”

考虑一个电荷量为 q 的孤粒子，相对于选定的局部惯性参照系，以速度$\boldsymbol{v}$ 做匀速直线运动。与静止电荷的情况不同，运动电荷的电场在空间的任何一点都是不稳定的，即$\frac{\partial \boldsymbol{E}}{\partial t}\neq \boldsymbol{0}$，因此会产生位移电流，与场源隔离的方程(2.12)写作以下形式：

$$\nabla\times \boldsymbol{H}+\nabla H^{*}=\varepsilon'\varepsilon_0\frac{\partial \boldsymbol{E}}{\partial t} \tag{4.46}$$

如果把运动电荷的电场表示为涡旋过程和电势过程的叠加，则在这种情况下，方程(4.46)可以针对每个过程单独书写：

$$\nabla\times \boldsymbol{H}=\varepsilon'\varepsilon_0\frac{\partial \boldsymbol{E}_{\mathrm{r}}}{\partial t} \tag{4.47}$$

$$\nabla H^{*}=\varepsilon'\varepsilon_0\frac{\partial \boldsymbol{E}_{\mathrm{g}}}{\partial t} \tag{4.48}$$

由于在移动正电荷的前面$\frac{\partial \boldsymbol{E}_{\mathrm{g}}}{\partial t}>\boldsymbol{0}$，而在后面$\frac{\partial \boldsymbol{E}_{\mathrm{g}}}{\partial t}<\boldsymbol{0}$，因此标量磁场的梯度与运动方向一致。运动粒子的磁场分布如图 1.17 所示。在移动的带正电荷的粒子前面产生正标量磁场，在其后面产生负标量磁场。

请注意条件静止参考系 K_0 中标量磁场的非平稳性。时间导数$\partial B^{*}/\partial t$ 具有电荷密度的量纲。根据无涡旋电磁感应定律：非稳态标量磁场会产生势能电场。换句话说，在存在不稳定标量磁场的地方会出现位移电荷(准电荷)。事实证明，运动的带电粒子还具有电偶极子的特性：在其前方(沿着其运动轨迹)出现一个正准电荷，在其后方出现一个负准电荷。考虑到运动粒子的电场传播延迟，第 1.4 节也得出了同样的结果。

众所周知，偶极子电荷之间的结合能是负的，因此，标量磁场能量也应为负号。

如第 1.4 节所述，运动电荷在参照系 K 中的电场具有复杂的构造。它是椭球哈维赛德场和所附电偶极子场的叠加。如果考虑移动电荷与这种复杂构型电场的相互作用，则数学表达式将非常繁琐。因此，这个问题的结构通常是：考虑球面对称(库仑)电场和不具有球面对称性的附加电场的叠加。电场的最后一个分量称为磁场。众所周知,它取决于参考框架的选择。

考虑一个在伴随参照系 K_0 中运动的电子。在该参照系中,电子被认为是静止的,真空介质以恒定的速度围绕电子流动。同时,电子受到"以太风"的影响,因此,它的电场发生了变形,出现了磁场。为了探测磁场,我们需要另一个测试电荷。让它在 K_0 中相对于电子静止。测试电荷也会受到"以太风"的作用,并产生磁场。电子和测试电荷之间的电场和磁场相互作用的总结果将用通常的库仑力来表示。在第1.4节中也考虑了类似的情况,即两个电荷被放置在一个移动的小车上。因此,在这个实验中,尽管电荷处于真空介质的流动中,也不可能检测到磁场。

现改变一下实验条件。让电子仍然静止在伴随的参照系 K_0 中,而测试电荷静止在参照系 K 中,与物理真空的局部流动相关联。这样的参照系通常被称为惯性参照系。如果 K_0 相对于 K 做渐进的匀速运动,则它也是惯性的。测试电荷不会受到"以太风"的作用,它的电场不会变形,是球形对称的,而电子的电场会因"以太风"而变形。这些电荷的相互作用力不同于库仑力。因此,在这个实验中可以确定电子与物理真空的相互作用能。这就是磁场的能量。从给出的假想实验中可以清楚地看出,只有在主电荷和测试电荷相对运动的条件下才能检测到磁场。同时,我们还将两个电荷与惯性参考系联系起来。

因此,磁场现象本身就证明了物理真空的存在。如果我们想象一个带电粒子在绝对虚空中运动,就不可能指定一个有物理意义的因素导致上述电场扭曲。

可以利用式(1.30)和式(1.31)来确定运动带电粒子的磁场能量。如果粒子沿 Ox 轴运动,则其球面坐标下的涡旋磁场表示为

$$B(r,\varphi,\theta,t)=\frac{\mu_0 qv}{4\pi r^2}\sqrt{\sin^2\theta\sin^2\varphi+\cos^2\theta} \tag{4.49}$$

标量磁场表示为

$$B^*(r,\varphi,\theta,t)=\frac{\mu_0 qv}{4\pi r^2}\sin\theta\cos\varphi \tag{4.50}$$

这里,$r=r(t)$ 是从运动粒子的中心到定义场的空间点的距离。角度 θ 和 φ 也是时间的函数。因此,单个移动带电粒子的磁场总是不稳定的。

利用式(4.49)可以写出运动电子的矢量(涡旋)磁场的能量密度分布表达式:

$$w_B=\frac{B^2}{2\mu_0}=\frac{\mu_0}{2}\left(\frac{qv}{4\pi}\right)^2\cdot\frac{(\sin^2\theta\sin^2\varphi+\cos^2\theta)}{r^4} \tag{4.51}$$

以 $r_e\sim\infty$ 为径向积分限确定电子矢量磁场的能量:

$$W_B=\frac{\mu_0 q^2 v^2}{32\pi^2}\int_0^{\pi}(\sin^2\theta\sin^2\varphi+\cos^2\theta)\mathrm{d}\theta\int_0^{2\pi}\mathrm{d}\varphi\int_{r_e}^{\infty}\frac{1}{r^2}\mathrm{d}r=\frac{\mu_0 q^2 v^2}{12\pi r_e} \tag{4.52}$$

利用式(4.8)表示 $l=2r_e$ 时的电子质量,可得

$$W_B=\frac{\mu_0 q^2 v^2}{12\pi r_e}=\frac{4}{3}\frac{mv^2}{2}=\frac{4}{3}K \tag{4.53}$$

一个多世纪以来,这一矛盾的结果一直被称为"4/3 问题"[13]。涡旋磁场的能量超过了粒子的动能。

再利用式(4.50)计算电子的标量磁场能量。如上所说,该能量为负值:

$$W_{B^*}=-\int_V \frac{B^{*2}}{2\mu_0}\mathrm{d}V=-\frac{\mu_0 q^2 v^2}{32\pi^2}\int_0^{\pi}\mathrm{d}\theta\int_0^{2\pi}\mathrm{d}\varphi\int_{r_e}^{\infty}\left(\frac{\sin\theta\cos\varphi}{r^2}\right)^2 r^2\sin\theta\mathrm{d}r$$

结合式(4.8),可得

$$W_{B^*}=-\frac{\mu_0 q^2 v^2}{48\pi r_e}=-\frac{1}{3}\frac{mv^2}{2}=-\frac{1}{3}K \tag{4.54}$$

将式(4.53)和式(4.54)的结果相加即可以得出广义磁场的能量,它与粒子的动能完全相等:

$$W_{B+B^*}=\frac{4}{3}K-\frac{1}{3}K=K$$

结论:考虑到磁场的涡旋和势能分量,将质量定义为纯电磁现象,"4/3 问题"就迎刃而解了。

参考文献[105]没有使用标量磁场的概念,但考虑到运动粒子磁场的不对称性,也得出了类似的结果。

在不使用磁场强度 $\boldsymbol{B}$ 和 B^* 的情况下重新考虑这个问题。让带电荷量为 q、半径为 r_e 的粒子在与局部真空介质相关的参考系统 K 中加速。这里只讨论末速度远小于光速的情况。运动粒子与介质的相互作用由矢量势定义:

$$\boldsymbol{A}(t)=\frac{\mu_0 q}{4\pi r_e}\boldsymbol{v}(t) \tag{4.55}$$

其中的距离 r_e 是因为介质对粒子的影响发生在其球面上。将球形质点视为渐进运动的,因此可以用点的动力学微分方程来描述其运动。质点在外部介质中加速时,会受到外部制动效应(惯性力)的影响:

$$\boldsymbol{F}=-q\frac{\mathrm{d}\boldsymbol{A}}{\mathrm{d}t} \tag{4.56}$$

加速粒子的力具有相同的大小,但符号相反:

$$\boldsymbol{F}=q\frac{\mathrm{d}\boldsymbol{A}}{\mathrm{d}t} \tag{4.57}$$

在粒子减速的情况下,$\mathrm{d}\boldsymbol{A}/\mathrm{d}t<\boldsymbol{0}$,因此方程(4.56)和方程(4.57)将互换。

现用质点的动量变化定理来表示式(4.57),即

$$\boldsymbol{F}\mathrm{d}t=q\mathrm{d}\boldsymbol{A}$$

右侧表示该粒子动量的微分:

$$\mathrm{d}\boldsymbol{Q}=q\mathrm{d}\boldsymbol{A}$$

其中,$\boldsymbol{Q}=m_0\boldsymbol{v}$ 是粒子的动量。

将式(4.55)代入,有

$$\mathrm{d}\boldsymbol{Q} = \frac{\mu_0 q^2}{4\pi r_e}\mathrm{d}\boldsymbol{v}$$

方程的两边都与$\boldsymbol{v}$ /2 相乘，就得到了左边的动能的微分：

$$\mathrm{d}K = \frac{\mu_0 q^2}{4\pi r_e}\frac{\boldsymbol{v}}{2}\mathrm{d}\boldsymbol{v}$$

对上式进行积分并代入式(4.8)，即得如下表达式：

$$K = \frac{\mu_0 q^2}{8\pi r_e}\frac{v^2}{2} = \frac{m_0 v^2}{2}$$

可以看出，这种方法在能量关系上没有问题，因为矢量 **A** 完全考虑了运动的带电粒子与真空介质的相互作用。

基本粒子及其相关场是无法用肉眼观察到的，因此粒子和场的建模问题在概念上就变得非常重要。关于微观世界的观念的演变与这些模型的发展以及在每个认知阶段对其适当性的评估直接相关。因此，对这一问题的科学讨论始终具有现实意义。

本书证实并发展了一个可能的概念，其起源与牛顿、法拉第和麦克斯韦的名字有关。它为力学和电动力学创建了一个统一的科学平台。可以说：力学是物理真空电动力学的宏观概括。通过本书，可以建立一个适当的电子模型，并从逻辑上证明以下结果的正确性：

① 电子的质量是纯粹的电磁性质。

② 惯性和引力是由于带电粒子在相对加速运动过程中与真空介质相互作用而产生的。

③ 当带电粒子相对于真空介质运动时，就会产生磁场。单个带电粒子的磁场能与其动能相对应。

在适当的微观世界模型的基础上，进一步发展力学和电动力学之间的联系和类比，将使自然科学的发展达到一个质的飞跃。

4.5 阿哈诺夫-玻姆效应

自 20 世纪中叶以来，科学文献一直在深入讨论与阿哈诺夫-玻姆(Aharonov-Bohm)效应有关的问题[95-101]。有人认为，粒子无法进入的磁场(指其矢量分量)会影响粒子的状态。结论是矢量势 **A**(经典意义上)会直接影响运动粒子。然而，究竟是什么物质影响了粒子，这一点仍然不清楚。自 20 世纪 60 年代以来，有关阿哈诺夫-玻姆效应的观测实验被反复进行，首先使用细长的螺线管，然后使用环形螺线管[96-97]。所有这些实验都证实，在几乎不存在矢量磁场的区域内的电动系统附近，运动粒子会改变其运动状态。人们继续试图进行实验，以完全满足基本要求：将矢量磁场集中在某个有限的区域，并确保在空间的其余部分绝对不存在矢量磁场。然而，关于这种现象的本质，仍然没有明确的结论，因为作用于粒子的物质对象并不明确。

现代量子理论正式解释了这种效应,因为带电粒子在外部电磁场中的波函数的薛定谔方程包含了该场的电势 $\boldsymbol{A}$。电势的大小决定了波函数的相位,即使磁场对粒子没有直接影响,也会导致干涉的出现[13,97-98]。必须再次强调,这只是一种形式上的方法,并不能让我们理解这一现象的本质。

J. Loshak 在参考文献[98]中提出了谨慎的意见:"……无场磁势对电子波的影响,让一个世纪以来一直坚信电磁势只是数学中间物的人感到震惊。"

下面来看经典的阿伦诺夫-玻姆实验方案(见图 4.1(a))。屏幕上有两个狭缝。由于电子的波长非常小,它们发生干涉的必要条件是狭缝的排列非常紧密。屏幕后面有一个直径很小的长螺线管。有时也用轴向磁化的铁丝代替螺线管[13]。

当有直流电流通过螺线管(或被磁化的铁丝)时,会发生干涉最大偏移。这是由于干涉粒子的相位差发生了变化。显然,矢量场 $\boldsymbol{A}$ 以不同的方式影响通过狭缝 C 和 D 的电子运动的特征(动量、能量)。

在经典的阿哈诺夫-玻姆螺线管实验中,实验室参考系中的矢量 $\boldsymbol{A}$ 没有势分量:$\boldsymbol{A}=\boldsymbol{A}_{\mathrm{r}}$。矢量 $\boldsymbol{A}$ 的场线形成包围螺线管的闭合同心圆(见图 4.1(b))。

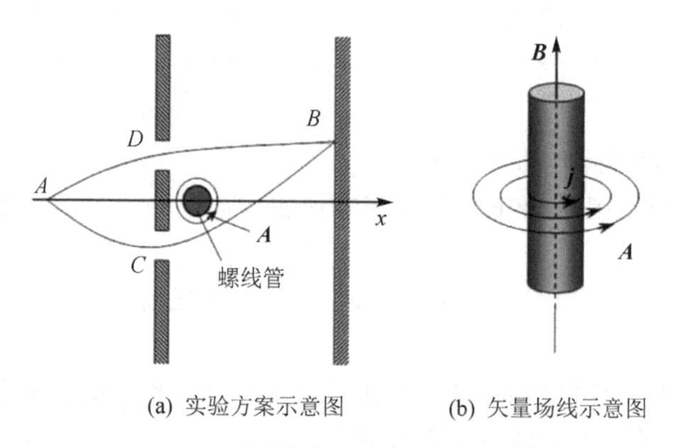

(a) 实验方案示意图　　(b) 矢量场线示意图

图 4.1　阿哈诺夫-玻姆螺线管实验

当粒子接近螺线管或磁化铁丝时,矢量 $\boldsymbol{A}$ 的场强会增加,然后随着粒子的远离而减弱。那么这在与移动粒子相关的波的相位中是如何反映出来的呢?

如果一个自由带电微粒沿 x 轴运动,则相关的波由函数定义:

$$x(\boldsymbol{r},t)=a\cos[(\omega t-\boldsymbol{k}\cdot\boldsymbol{r})+\delta] \tag{4.58}$$

其中,a 为波振幅,ω 为角频率,δ 为初始相位,$\boldsymbol{k}$ 为波矢量。

角频率和波矢量与总能量和动量有关:

$$\omega=\frac{E}{\hbar},\quad \boldsymbol{k}=\frac{\boldsymbol{p}}{\hbar} \tag{4.59}$$

其中,$\hbar=1.054\ 571\ 800(13)\times10^{-34}\ \mathrm{J\cdot s}$ 是约化普朗克常数。因此,波函数可以表示为

$$\Psi(\boldsymbol{r},t)=\Psi_0\exp\left[\frac{\mathrm{i}}{\hbar}(Et-\boldsymbol{p}\cdot\boldsymbol{r})\right] \tag{4.60}$$

自由粒子的总能量和平移运动的动量是相互依赖的：

$$E=\frac{p^2}{2m} \tag{4.61}$$

因此，波函数的相位完全由粒子的动量 $\boldsymbol{p}$ 决定。

量子力学中引入了广义动量的概念，它由德布罗意公式定义[13,98]：

$$\tilde{\boldsymbol{p}}=m\boldsymbol{v}+q\boldsymbol{A} \tag{4.62}$$

这个公式被认为是量子力学最可靠的结果之一。然而，由于在传统电动力学中对矢量 $\boldsymbol{A}$ 应用了梯度变换(见 2.6 节)，事实证明粒子的广义动量 $\tilde{\boldsymbol{p}}$ 不满足规范不变性。因此，正如德布罗意所观察到的那样："……电子干涉不满足规范不变性"[98]。也就是说，在相同的实验条件下，干涉模式会有所不同。这个问题大大增加了对这一现象本质的理解难度。

在广义电动力学中不存在这样的问题。如第 2.6 节所示，广义方法中不使用规范不变性，因为在每个选定的参考系统中，电动势是唯一确定的。德布罗意公式(4.62)可以根据运动电子与处于"活动"状态的物理以太的相互作用来进行物理解释。正如我们在研究过程中反复指出的那样，物理以太的状态以 4 维矢量$(\boldsymbol{A},\phi/c)$为特征。当该矢量的所有分量为零时，带电粒子在局部惯性参考系中做匀速直线运动，即不与物理以太发生相互作用。实验中的这种情况发生在电流没有通过螺线管时。当电流通过螺线管时，以太被激活。在其中运动的电子受到力的作用，导致其速度发生变化，进而动量也发生变化。由于相互干扰的粒子沿着不同的轨迹运动，它们的动量也会因为与"活动"状态的物理以太相互作用而发生不同程度的变化。

事实证明，这一切都归结为在矢量 $\boldsymbol{A}$ 的非平稳场中移动的带电微粒的力效应。在这种情况下，电磁力应写成以下形式：

$$\boldsymbol{F}_{\mathrm{EM}}=-q\,\frac{\mathrm{d}'\boldsymbol{A}}{\mathrm{d}t} \tag{4.63}$$

撇号表示导数算子决定了与运动粒子相关的参照系中矢量 $\boldsymbol{A}$ 的变化。如第 2.6 节所示，势分量与标量磁场感应的关系为

$$\frac{\mathrm{d}'\boldsymbol{A}}{\mathrm{d}t}=\frac{\partial\boldsymbol{A}}{\partial t}+(\boldsymbol{v}\ \nabla)\boldsymbol{A}_{\mathrm{g}}=\frac{\partial\boldsymbol{A}}{\partial t}+\boldsymbol{v}B^{*}$$

在上述实验中，实验室参考系中的矢量 $\boldsymbol{A}$ 场是静止的，即$\frac{\partial\boldsymbol{A}}{\partial t}=\boldsymbol{0}$，因此

$$\boldsymbol{F}_{\mathrm{EM}}=-q\boldsymbol{v}B^{*} \tag{4.64}$$

标量磁场从何而来？第 2.6 节表明，势分量和涡旋分量的关系取决于参考系的选择。在螺线管的条件静止参考系中，矢量 $\boldsymbol{A}$ 场是纯涡旋的，而在伴随粒子的参考系中，两种分量 $\boldsymbol{A}_{\mathrm{g}}$ 和 $\boldsymbol{A}_{\mathrm{r}}$ 都存在。由于纵向电磁力式(4.64)改变了运动粒子的速度，从而改变了其动量 $\boldsymbol{p}$。

采用这种方法，就无需引入广义动量 $\tilde{\boldsymbol{p}}$，因为 $q\boldsymbol{A}$ 可归因于纵向电磁力式(4.63)～式(4.64)。事实证明，在没有磁力分量的理论中，需要在动量 $\boldsymbol{p}$ 上附加 $q\boldsymbol{A}$ 项。

在Tonomura的实验中[97](见图4.2(a)),使用了一个直径约为10 μm的微型环形磁铁。一束电子束穿过环形开口,另一束穿过外部。磁力线被完全封闭在环内,即洛伦兹力被排除在外。

Tonomura实验中的环形螺线管产生矢量场$\boldsymbol{A}$,拥有一个势分量$\boldsymbol{A}_g$(见图4.2(b)),它是沿磁环轴线方向的(见第1.6节)。粒子沿弯曲轨迹飞过环形孔时,会穿过标量磁场区域。因此,它受到一个纵向力的作用:

$$\boldsymbol{F}_{EM}=-q\frac{d'\boldsymbol{A}_g}{dt}=-q\boldsymbol{v}B^* \tag{4.65}$$

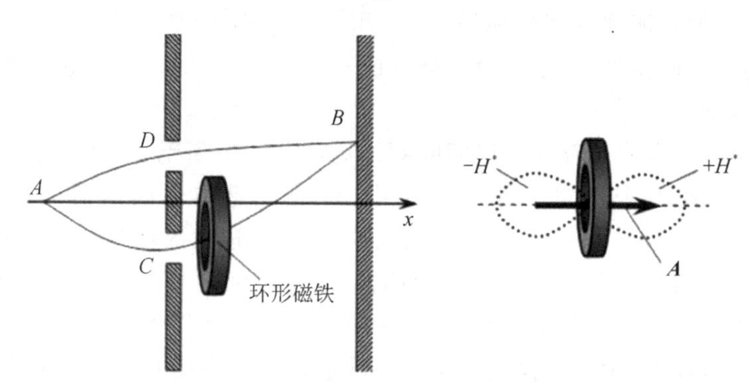

(a) 实验方案示意图　　(b) 实验中产生的矢量和标量场

图4.2　环形的阿哈诺夫-玻姆实验

S. A. Deina在宏观尺度上进行了类似的实验(见图4.3(a))。他制作了一个环形线圈,几乎完全消除了来自外部的矢量磁场。引线导体完全屏蔽。

环形线圈放置在阴极射线管的辐射阴极上(见图4.3(b))。在这种情况下,电子束在单极标量磁场中移动:要么是正($+H^*$),要么是负($-H^*$),取决于环形线圈中的电流方向。当在环形结构中接通直流电时,电子束管屏幕上电子光点的亮度会发生明显的变化:当电子在负标量磁场中移动时,亮度增加;在正标量磁场中移动时,亮度减少。为了确定这种效应并估算亮度变化的幅度,在电子束管的屏幕上安装了一个与示波器相连的光电二极管。示波器屏幕可以清晰地显示电子光斑亮度与环形线圈电流大小和方向的关系。电子光斑在屏幕上几乎没有位移。

请注意,如果存在未补偿的矢量磁场,它只会导致电子束管屏幕上的电子光点发生位移,而不会改变其亮度。顺便提一下,在实验中我们注意到,电子束对矢量磁场的存在非常敏感,即使在磁感应强度$\boldsymbol{B}$值非常小的情况下,电子束也会明显偏离屏幕中心。

从S. A. Deina的实验中可以得出一个明确的结论:外部标量磁场中的电子会受到加速或制动力的作用。这也解释了阿哈诺夫-玻姆效应。

现在提出另一种使用环形磁体的实验方案,即电子束在环形磁体两端附近通过(见图4.4)。与未磁化的环形磁体相比,干涉电子束通过的标量磁场区域的符号不

(a) 实验设备照片

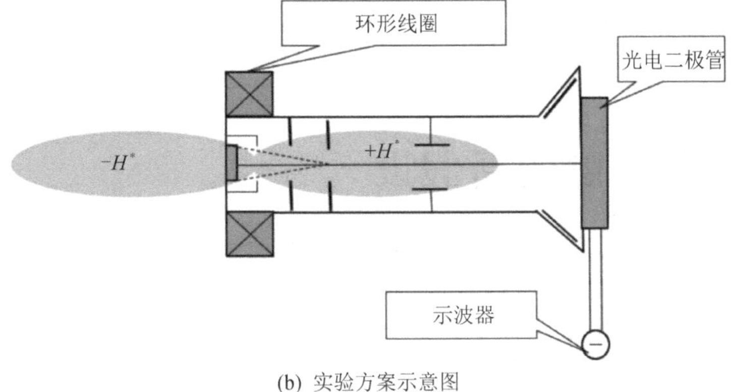

(b) 实验方案示意图

图 4.3　S. A. Deina 实验中的宏观阿哈诺夫-玻姆效应

同，这导致了干涉模式的变化。

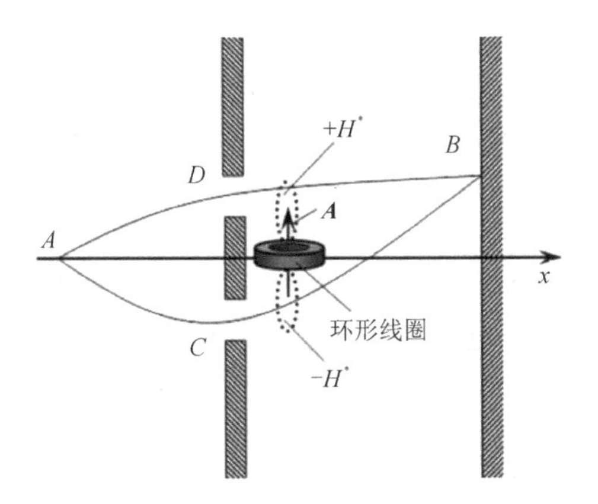

图 4.4　阿哈诺夫-玻姆实验的另一种方案

因此，在广义电动力学中，关于矢量电势对运动中的带电粒子产生直接影响的可能性的问题本身就失去了意义。事实上，在阿哈诺夫-玻姆实验中，存在着两个物质对象的相互作用：粒子和物理以太，这取决于后者在与粒子相关的参照系中的状态。

阿伦诺夫-玻姆效应直接证明了物理以太的真实存在,它与带电粒子之间能量交换的可能性表明了物理以太的物质性。

参考文献[99]提出了当交流电通过螺线管时,在非稳态下观察阿哈诺夫-玻姆效应的问题。作者认为,这种方法可以让我们更广泛地看待这个问题。作者提请我们注意"零场"的电势,并指出它们是静态情况下产生阿哈诺夫-玻姆效应的原因。

但我们认为并非如此。任何物质来源都无法激发"零场"(以太的零振动)。因此,我们无法与它们建立能量联系,粒子不可能与"零场"交换能量。在直流电通过螺线管的情况下,由于对流分量,伴随粒子的参考系中矢量 $\boldsymbol{A}$ 场不是静止的。如果交流电通过螺线管,则应考虑实验室参考系中 $\frac{\partial \boldsymbol{A}}{\partial t} \neq \boldsymbol{0}$。这意味着这种非稳态实验模式没有给问题带来质的变化。无论如何,阿哈诺夫-玻姆效应可以通过伴随粒子的参考系中矢量 $\boldsymbol{A}$ 的非稳态特性来解释。

4.6 关于地磁的新假设

在自然科学的历史上,关于地磁的性质一直存在争议。宇宙论和地磁理论中使用的所有已知假说都无法完全解释地磁的起源和演变。

在一阶近似中,地磁场类似于偶极子场或均匀磁化球,其磁矩与地球自转轴成11.5°角。地球磁场的附加成分是由大尺度非偶极子异常产生的,其大小可达数千km。磁场偶极子分量和非偶极子分量在时间和空间动态上的差异表明,它们有独立的物理来源[108]。偶极子分量的轴线与地球自转轴不重合,相应的地磁极也与地球的地理极点不重合。21世纪以来,偶极子磁场减少了约8%,非偶极子磁场略有增加。

众所周知,宇宙天体的磁矩值与其角动量成正比。然而,这显然不是唯一的因素。将磁性与旋转体的引力或电荷联系起来的尝试仍然没有成功。我们认为,所有这三种假说都不符合以下事实:地球和其他行星的磁矩和角动量不是共线极,磁极的迁移方式与地理极点不同。上述事实清楚地表明,磁性与行星的自转并不存在唯一的直接联系,但不排除存在一种未知的物理因素,在支持天体自转的同时引起磁性。

最常见的假说之一与磁流体发电机的想法有关。该模型基于地核具有导电性这一假设;然而,地核的成分和电特性都不为人所知。另一种众所周知的假说认为,地核由固态磁化铁组成。这种观点显然违背了已知的物理定律。

地磁学的主要问题与磁场源的位置及其性质有关。G. Angenheister 和 J. Bartels[109]指出,地球磁场可能是由相对于磁轴的对称电流造成的,该电流从东向西直接穿过地球表面下方,并按纬度呈差异分布。

目前,地磁被归因于磁活性的岩石在形成过程中被地核磁场磁化,并冷却到约550 ℃的特征温度。以前,磁活跃层的厚度被假定为0.5 km。对来自 MAGSAT 卫星的地磁测量数据进行定量处理后得出的结论是,磁活跃层底部的深度与莫霍面

(30～40 km)相近[110-111]。

综上所述,我们有必要在地球表面附近寻找一个与地球自转有关的物理过程。

地球有相当显著的负电荷。大气中含有相等的正体积电荷,层高几十 km。因此,在 10～20 km 的高度,电场实际上已经为零。这意味着地球的电场并不像带电球的电场,而是像球形电容器的电场。在地球表面,场强 $E=130$ V/m。对这一电场的实验研究和相应的计算显示,整个地球有负电荷,其平均值超过 5×10^5 C($Q=6\times10^5$ C)。由于地球大气层内外(世界空间)各种各样的过程,这些电荷大致保持不变,这些过程仍远未被完全理解。

因此,地球表面附近的电场是以一种球形电容器为模型的。它的"壳"与地球一起旋转。问题来了:这会在与地球相关的旋转参照系中产生磁场吗?毫无疑问,不会,因为这个参照系中的电荷是静止的。

然而,这个模型中不包括以太,也不考虑以太的作用。以太是位于"电容器板"之间的介电介质。在第 4.3 节中对惯性和引力现象进行研究时,得出了关于行星附近以太流径向运动的结论。除此之外,是否还会产生以太的涡流呢?也就是说,"以太风"是否存在?这是一个值得商榷的问题。V. V. Nizovtsev 和 V. L. Bychkov[112] 提供了足够令人信服的证据,证明天体和星系的被迫旋转是以太涡流的结果。众所周知,地球是自西向东自转的。

让我们考虑一下在条件静止的参考系中以行星为中心形成的旋涡(见图 4.5)。涡旋层的旋转角速度随半径的不同而不同。它随着与距离旋涡中心的距离增加而减小,在距行星一定距离时,可以认为以太不进行角向流动。在经过与行星相关的旋转参考系时,以太的运动方向正好相反:从东到西。事实证明,"电容器"的极化介质相对于地球自东向西旋转。电介质的极化方向总是与电容器中的电场方向相反。因此,相对于地球,一个球形的"以太电容器"从东向西旋转,是面向地球的"电容器":地球表面有一个带正电的球体,在它的上方有一个带负电的球体。显然,在这种情况

图 4.5　空间涡流的形成

下,与旋转地球相关的参考系中必然会出现偶极磁场。它的北磁极位于地理南极附近,而南磁极位于地理北极附近。这样的表述符合 G. Angenhaister 和 J. Bartler 的理论[109]。

E. V. Grigorieva[113]对电荷旋转产生磁场的问题进行了理论研究。她得出的结论是,相对于地球静止的观察者必须固定由平稳分布在旋转地球中的电荷产生的磁场。

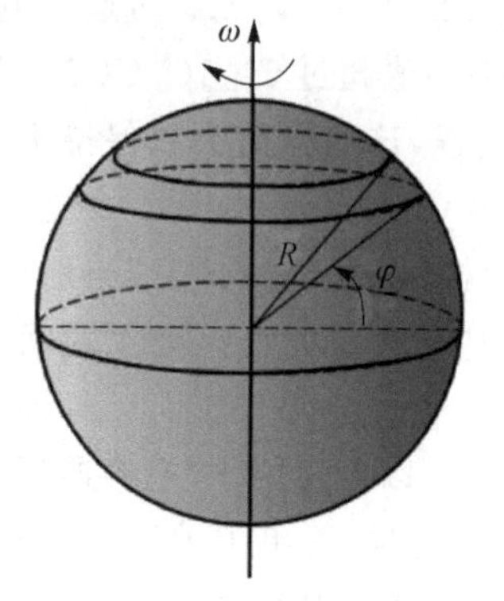

图 4.6 旋转带电球体模型

考虑一个半径为 R 的带正电球体从东到西旋转的模型问题(见图 4.6)。球面上分布着与地球电荷量相等的正电荷:$Q=6\times10^5$ C。当电荷在球面上均匀分布时,表面密度为

$$\rho=\frac{Q}{4\pi R^2} \tag{4.66}$$

在球面上划分出一个位于纬度 φ 的条带。该带的半径为

$$r=R\cos\varphi$$

面积为

$$\mathrm{d}S=2\pi R^2\cos\varphi\mathrm{d}\varphi \tag{4.67}$$

式(4.66)和式(4.67)两式相乘,可得这条带表面的电荷量

$$\mathrm{d}Q=\frac{Q\cos\varphi}{2}\mathrm{d}\varphi \tag{4.68}$$

当球体以角速度 ω 旋转时,条带上会产生环流:

$$\mathrm{d}J=\omega r\mathrm{d}Q=\frac{\pi RQ}{T}\cos^2\varphi\mathrm{d}\varphi \tag{4.69}$$

这里考虑了角速度和旋转周期之间的关系:$\omega=\frac{2\pi}{T}$。该环形电流在旋转轴上产生感应磁场:

$$\mathrm{d}B=\frac{\mu_0}{2r}\mathrm{d}J$$

将式(4.69)代入上式,在$\left(-\frac{\pi}{2},\frac{\pi}{2}\right)$的范围内对 φ 积分,结果为

$$B=\frac{\mu_0\pi Q}{T} \tag{4.70}$$

值得注意的是,旋转带电球体轴上产生的磁场感应与球体半径 R 无关。因此,无需估算以太旋涡的大小。周期 T 与地球的日自转周期一致。

由于"以太电容器"是由两个带相反电荷的球体组成的,因此磁场在旋转轴上(即地球内部)得到了补偿,但在"电容器衬里"之间(靠近地球表面)则加倍。因此可以说:磁场从地球内部"位移"到了地球表面。在地球表面附近,感应磁场取决于纬度:

$B=B(\varphi)$。由该模型只可估计其平均值：

$$B=\frac{2\mu_0\pi Q}{T} \tag{4.71}$$

根据式(4.71)计算得出

$$B=5.46\times10^{-5}\ \mathrm{T}\quad 或\quad H=43.4\ \mathrm{A/m}$$

这些数值实际上与地球表面磁场的已知平均特征相吻合：

$$B=5\times10^{-5}\ \mathrm{T}\quad 或\quad H=40\ \mathrm{A/m}$$

这表明所提出的关于地磁成因的观点是正确的。与所有已知模型不同的是，它假定地磁的成因不在行星内部，而是在外部：在行星周围的以太环境中（见图 4.7）。

(a) 行星周围的场景示意图

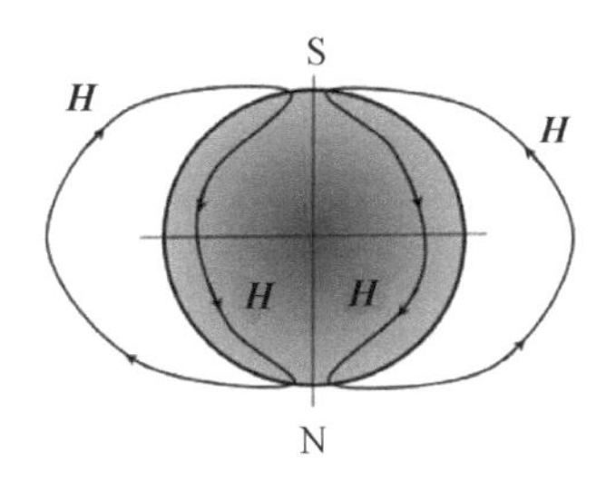

(b) 地磁场线示意图

图 4.7　偶极子地磁场的构造

根据提出的假设，行星和恒星的全球偶极磁场的必要条件是其表面附近的电极化和自转。第一个条件显然与大气层的存在及其成分有关。例如，火星几乎没有大气，也不会出现雷暴。因此，火星没有磁场。月球上没有磁场的原因也是如此：没有大气层。金星有非常浓密的大气层，但其环流周期为 243 个地球日。因此，金星的磁场非常弱。

上述提出的地磁学假说为解释磁极漂移及其反转开辟了道路。显然，这可以用地球表面的电荷分布及其非稳态特性来解释。造成这种现象的原因显然既有地球上的，也有地球外的。例如，地球电荷的减少可能与大气现象有关，大气现象会导致地球“电容器”的放电。其原因之一可能与全球变暖和大气中雷暴放电强度增加有关。外部原因可能与地球周围的以太环境状况有关。

是否有令人信服的实验证据证明地球表面存在以太风？让我们举出其中的一个例子。E. I. Shtyrkov(喀山国立大学)[114] 在跟踪地球静止卫星 Intelsat－704 时，发现了地球运动对来自卫星上安装的信号源（地面望远镜天线为接收器）的电磁波畸变的系统性影响。这使得在不使用恒星天文观测的情况下测量地球和太阳系的绝对运动参数成为可能。获得的地球速度轨道分量值(29.4 km/s)和太阳系绝对速度值(600 km/s)与天文学的已知观测值一致（特别是，地球轨道速度被确定为

29.75 km/s)。

该方法的思路如下:由于卫星悬浮在地球上空一动不动,因此可以非常准确地计算其坐标。此外,可以非常准确地计算出天线实际接收点的坐标。事实证明,为了获得最优质量的接收信号,天线不需要指向卫星本身,而是指向某个预设点,这是在将天线配置到卫星时设置的,但实际上在地球绕太阳公转一圈期间会发生变化。

总　　结

根据辩证法的规律，任何科学概念随着时间的推移都会彻底消耗其资源和可能性，并显露出其局限性。因此，有必要超越固有的观念框架。在这个过程中，新旧之间的斗争是不可避免的。当然，在选择新的发展方向时，健康的保守态度是必需的，因为我们需要认真考虑所有的替代选项。至关重要的是，寻找过程应该是积极建设性的。

在这本专著中，对于现代电动力学的有限性问题给予了相当多的关注。它详细阐述了该领域形成的历史原因，并分析了存在的悖论，同时也指出了在传统理论框架内解决这些悖论的不可能性。所提出的方法基于场论的通用理论，尤其是基于亥姆霍兹定理。令人惊讶的是，长期以来，我们已经拥有了适用于广义电动力学所需的完整数学工具，但却因为人为的校准问题一直没有得到应用。如今我们发现，这些校准只适用于理想化的对象：无限长的直线电流和孤立的闭合回路。此外，我们还指出通常作为引入校准依据的梯度变换在物理上是没有实际意义的。通过采用整体方法，我们能够将电动力系统看作是由任意数量的元素组成的系统，这无疑使得理论更加接近实际的电气和无线电技术对象。

这种新的观点对于电磁场的本质提出了重大改变。我们逐渐认识到，电磁场实际上只是在特定参考系中反映了以太的状态，而以太是一种填满宇宙空间从微观世界到宏观宇宙尺度的物质实体。基于以太的概念，能够解释电磁相互作用中的悖论、阿哈诺夫-玻姆效应、“4/3 问题”、单极感应现象，并提出了关于地球磁场等方面的新的前瞻性观点。建立起一个融合电动力学、引力理论、相对论和量子物理的唯物主义以太动力学，被认为是当代基础研究中最具现实意义的任务之一。

只有通过来自各个知识领域的科学家们有针对性的努力,才能实现对知识的崭新认知水平,进而推动技术的发展。这要求科学家们清晰地理解当代物理学所面临的问题,并能够超越传统观念和概念的局限性。因此,在培养年轻科学人才的过程中,尤其需要关注现有知识的局限性,并指出分析替代的科学理论。在这方面,《广义电动力学(第 2 版)》可以作为一本教学和方法指南,其中包含了关于广义电动力学的相关信息。这些内容已经被纳入俄罗斯和美国等国出版的一些教材中[102-104]。

参考文献

[1] Ампер А М. Электродинамика / А.-М. Ампер. -М. : АН СССР, 1954.
[2] Фарадей М. Экспериментальные исследования по электричеству. Т. 2 / М. Фарадей. -Изд. АН СССР, 1951. -538 с.
[3] Максвелл Дж К. Трактат об электричестве и магнетизме. В двух томах / Дж. К. Максвелл. -М. : Наука, 1989.
[4] Максвелл Дж К. Избранные сочинения по теории электромагнитного поля / Дж. К. Максвелл. -М. : ГИТТЛ, 1952. -632 с.
[5] Тесла Н Лекции. Статьи / Н. Тесла. -М. , Tesla Print. 2003. -386 с.
[6] Уиттекер Э. История теории эфира и электричества / Э. Уиттекер. -Москва - Ижевск: НИЦ《Регулярная и хаотическая динамика》, 2001. -512 с.
[7] Тамм И Е. Основы теории электричества / И. Е. Тамм. -М. Наука, 1976. - 616 с.
[8] Механика и теория относительности / А. Н. Матвеев. -М. ВШ, 1976. -416 с.
[9] Ландау Л Д. Механика. Электродинамика. Краткий курс теоретической физики. Кн. 1 / Л. Д. Ландау, Е. М. Лифшиц. -М:. Наука, 1969. -271 с.
[10] Парселл Э. Электричество и магнетизм. Берклеевский курс физики. Т. 2 / Э. Парселл. -М. Наука, 1975. -439 с.
[11] Зоммерфельд А. Электродинамика / А. Зоммерфельд. -М. : ИЛ, 1958. - 501с.
[12] Фейнман Р. Фейнмановские лекции по физике. Т. 5. Электричество и магнетизм / Р. Фейнман, Р. Лейтон, М. Сэндс. -М. : Мир, 1965. -292 с.
[13] Фейнман Р. Фейнмановские лекции по физике. Т. 6. Электродинамика / Р. Фейнман, Р. Лейтон, М. Сэндс. -М. : Мир, 1966. -340 с.

[14] Тоннела М А. Основы электромагнетизма и теории относительности / М.-А. Тоннела. -М. : ИЛ, 1962. -488 с.

[15] Берк Г Ю. Справочное пособие по магнитным явлениям / Г. Ю. Берк. -М. : Энергоиздат, 1991. -384 с.

[16] Николаев Г В. Непротиворечивая электродинамика. Теории, эксперименты, парадоксы / Г. В. Николаев. -Томск, 1997. -144 с.

[17] Николаев Г В. Современная электродинамика и причины её парадоксальности/ Г. В. Николаев. -Томск: Твердыня, 2003. -149 с.

[18] Николаев Г В. Научный вакуум. Кризис в фундаментальной физике. Есть ли выход? / Г. В. Николаев. -Томск, 1999. -144 с.

[19] Николаев Г В. Тайны электромагнетизма и свободная энергия. Изд. Второе дополненное / Г. В. Николаев. -Томск, 2002. -150 с.

[20] Тихонов А Н. Уравнения математической физики / А. Н. Тихонов, А. А. Самарский. -М. : Наука, 1972. -375 с.

[21] Денисов А А. Основы теории отражения движения (ТОД)/ А. А. Денисов. -СПб: Изд-во СПбГПУ, 2006. -57 с.

[22] Томилин А К. О проблеме магнитостатического взаимодействия// А. К. Томилин, Т. Н. Колесникова. -Региональный вестник Востока. Усть-Каменогорск, 2001. -№ 3. -С. 21-26.

[23] Томилин А К. Анализ проблем электродинамики и возможные пути их решения// Труды 7-ого Международного симпозиума по электромагнитной совместимости и электромагнитной экологии/А. К. Томилин. -С. -Петербург, 26-29 июня 2007 г. -С. 214-217.

[24] Томилин А К. О свойствах векторного электродинамического потенциала// А. К. Томилин. -[Электронный ресурс] -Режим доступа: http://www. scite-clibrary. ru/rus/catalog/pages/8828. html, свободный -Загл. с экрана. -Яз. рус.

[25] Болотовский Б М. Об изображении поля излучения с помощью силовых линий// Б. М. Болотовский, А. В. Серов. -УФН, 1997-т. 167, № 10 -С. 1107-1111.

[26] Trouton F T. The mechanical forces acting on a charged electric condenser moving through space// F. T. Trouton, H. R. Noble. -Phil. Trans. Roy. Soc. London A 202, 1903. -P. 165-181.

[27] Jefimenko O D. The Trouton-Noble paradox// O. D. Jefimenko. -J. Phys. A: Math. 1999 -Gen. 32 -P. 3755-3762.

[28] Потапов А А. Деформационная поляризация: Поиск оптимальных моделей/

А. А. Потапов. -Новосибирск: Наука, 2004. -511 с.
[29] McDonald K T. Onoochin's paradox// K. T. McDonald. -[Электронный ресурс] -Режим доступа: https://pdfs. semanticscholar. org/6a46/515aa98e3422821a9c2ec1dbc7 ad22f18393. pdf свободный. -Загл. с экрана -Яз. англ.
[30] Lindell I V. Differential Forms in Elektromagnetics/ I. V. Lindell. -John Wiley &Sons. -2004 -254 p.
[31] Еньшин А В, Илиодоров В А. Способ изменения свойств парамагнитных газов// А. В. Еньшин, В. А. Илиодоров. -Патент № 2094775 от 27. 10. 97 по заявке № 93050149/25 от 03. 11. 93.
[32] Еньшин А В, Илиодоров В А. Генерация продольных световых волн при рассеянии бигармонического лазерного излучения на магнонных и вращательных поляритонах в атмосфере// А. В. Еньшин, В. А. Илиодоров. -В сб. "Горизонты науки 21 века", 2002.
[33] Томилин А К. Экспериментальное исследование продольного электромагнитного взаимодействия// А. К. Томилин. -[Электронный ресурс] -Режим доступа: http://www. sciteclibrary. ru/rus/catalog/pages/9087. html, свободный.-Загл. с экрана. -Яз. рус.
[34] Wesley J P. The Marinov Motor, Notional Induction Without a Magnetic Field// J. P. Wesley. -Apeiron 1998, Vol. 5, № 3-4 -P. 219-225.
[35] Месяц Г А. Взрывная электронная эмиссия: Порционная концепция электрической дуги. Доклад на Президиуме РАН 15 октября 2013 года// Г. А. Месяц. -[Электронный ресурс] -Режим доступа: http://polit. ru/article/2013/11/21/mesyats_doklad/, свободный. -Загл. с экрана. -Яз. рус.
[36] Букина Е Н. О высших векторных поляризациях и квазистационарных явлениях в системах объемлющих торов// Е. Н. Букина, В. М. Дубовик. -Препринт Объединенного института ядерных исследований. Дубна, 1999 г. -[Электронный ресурс] -Режим доступа: http://www. iaea. org/inis/collection/NCLCollectionStore/_Pu blic/31/011/31011689. pdf -Загл. с экрана. -Яз. рус.
[37] Зельдович Я Б. Электромагнитное взаимодействие при нарушении четности// Я. Б. Зельдович. -ЖЭТФ, 1957, т. 33 -С. 1531-1533.
[38] Докторович З И. Несостоятельность теории электромагнетизма и выход из сложившегося тупика// З. И. Докторович. -[Электронный ресурс] -Режим доступа: http://www. sciteclibrary. ru/rus/catalog/pages/4797. html, свободный. -Загл. с экрана. -Яз. рус.

[39] Менде Ф Ф. Существуют ли ошибки в современной физике? / Ф. Ф. Менде. -Харьков:《Константа》, 2003. -72 с.

[40] Ohmura T. A new formulation on the electromagnetic field// T. Ohmura. -Prog. Theor. Phys., 1956, Vol. 16 -P. 684-685.

[41] Хворостенко Н П. Продольные электромагнитные волны// Н. П. Хворостенко. -Изв. ВУЗов. Физика. -1992, № 3. -С. 24-29.

[42] Протопопов А А. Физико-математические основы теории продольных электромагнитных волн: Монография // Под общ. ред. Е. И. Нефедова, А. А. Яшина. -Тула: ТулГУ, 1999. -110 с.

[43] Райдер Л. Квантовая теория поля// Л. Райдер. -М.: Мир, 1987 -509 с.

[44] Alexeyeva L A. Biquaternionic Model of Electro-Gravimagnetic Field, Chargesand Currents. Law of Inertia// L. A. Alexeyeva. -Journal of Modern Physics, 2016, 7, 435-444.

[45] Monstein C. Observation of Scalar Longitudinal Electrodynamic Waves// C. Monstein, J. P. Wesley. -Europhysics Letters. -2002, Vol. 59, No. 4. -P. 514-520.

[46] Meyl K. Scalar Waves: Theory and Experiments// K. Meyl. -Journal of Scientific Exploration. 2001, Vol. 15, № 2. -P. 199-205.

[47] Weidner H. Experiments to proof the evidence of scalar waves Tests with a Tesla reproduction by Prof. Konstantin Meyl// H. Weidner, E. Zentgraf, T. Senkel, T. Junker, P. Winkels. -[Электронный ресурс] -2001. -Режим доступа: https://pdfs. semanticscholar. org/8334/3afb28217f785cb34ddf-201240bf6fd1c7cb. pdf? _ ga = 2. 182723110. 1425588436. 1582190935-1825972486. 1582089743, свободный. -Загл. с экрана. -Яз. англ.

[48] Sacco B, Томилин А К. The Study of Electromagnetic Processes in the Experiments of Tesla// B. Sacco, A. Tomilin. -[Электронный ресурс] -2012. -Режим доступа: http://viXra. org/abs/1210. 0158, свободный -Загл. с экрана. -Яз. англ.

[49] van Vlaenderen K J. Generalization of classical electrodynamics to admit a scalar field and longitudinal waves// K. J. van Vlaenderen, A. Waser. -Hadronic Journal 2001, 24. -P. 609-628.

[50] Woodside D A. Three-vector and scalar field identities and uniqueness theorems in Euclidean and Minkowski spaces// D. A. Woodside. -Am. J. Phys. 2009, Vol. 77, № 5. -P. 438-446.

[51] Arbab A I. On the Generalized Maxwell Equations and Their Prediction of Electroscalar Wave// A. I. Arbab, Z. A. Satti. -Progress in physics, 2009,

v. 2. -P. 8-13.

[52] Podgainy D V. Nonrelativistic theory of electroscalar field and Maxwell electrodynamics// D. V. Podgainy, O. A. Zaimidoroga. -[Электронный ресурс] -2010. -Режим доступа: http://arxiv. org/pdf/1005. 3130. pdf , свободный. -Загл. с экрана. -Яз. англ.

[53] Zaimidoroga O A. An Electroscalar Energy of the Sun: Observation and Research // O. A. Zaimidoroga. -J. Mod. Phys. 2016. V. 7, No. 8. -P. 808-818.

[54] Tomilin A K. The potential-vortex theory of electromagnetic waves// A. K. Tomilin. -Journal of Electromagnetic Analysis and Applications, 2013, v. 5, № 9. -P. 347-353.

[55] Томилин А К. Потенциально-вихревая электродинамика// А. К. Томилин. -《Электродинамика и техника СВЧ, КВЧ и оптических частот》, 2012, т. 17, № 1 (46). -С. 169-173.

[56] Tomilin A K. The Potential-Vortex Theory of the Electromagnetic Field// A. K. Tomilin. -[Электронный ресурс] -Physics e-print. -2010. -Режим деступа: http://arxiv. org/pdf/1008. 3994, свободный. -Загл. с экрана. -Яз. англ.

[57] Tomilin A K. The Fundamentals of Generalized Electrodynamics// A. K. Tomilin -[Электронный ресурс] -2009. -Режим доступа: http://arxiv. org/ftp/arxiv/papers/0807/0807. 2172. pdf, свободный. -Загл. с экрана. -Яз. англ.

[58] Томилин А К. Обобщенная электродинамика/ А. К. Томилин. -Монография. Усть-Каменогорск: ВКГТУ, 2009. -168 с.

[59] Томилин А К. Основы обобщенной электродинамики/ А. К. Томилин. -[Электронный ресурс] -Интернет-журнал СПбГТУ "Математика в ВУЗе". -2009. -№ 17. -Режим доступа: http://portal. tpu. ru: 7777/SHARED/a/AKTOMILIN/Scientific/2/Osnovi. pdf, свободный. -Загл. с экрана. -Яз. рус.

[60] Жилин П А. Реальность и механика// П. А. Жилин. -Труды XXIII школы-семинара 《Анализ и синтез нелинейных механических колебательных систем》. -С. -Пб. ИПМаш АН, 1996 г. -С. 6-49.

[61] Болотовский Б М. Об одном《парадоксе》электродинамики// Б. М. Болотовский, В. А. Угаров -УФН, 1976. т. 119, вып. 2. -С. 371-374.

[62] Кузнецов Ю Н. Об одном заблуждении в трактовке сферически-симметричной электродинамики// Ю. Н. Кузнецов. -[Электронный ресурс] -Режим доступа: http://www. sciteclibrary. ru/rus/catalog/pages/9334. html, свободный. -Загл. с экрана. -Яз. рус.

[63] Томилин А К. Колебания континуальных электромеханических систем/ А. К. Томилин Г. А. Байзакова, О. А. Береговая, Е. В. Прокопенко. -Монография. Усть-Каменогорск, ВКГТУ, 2010. -122 с.

[64] Томилин А К. Ультразвуковой генератор с продольным электромагнитным возбуждением// А. К. Томилин, Е. В. Прокопенко. -Изв. вузов. Физика, 2012. -№ 6/2. -С. 248-251.

[65] Харченко К П. Юбилейная《исповедь》// К. П. Харченко. -Информост -Радиотехника и телекоммуникации, 2006. -№ 4 (46).

[66] Tesla N. Apparatus for transmission of electrical Energy// N. Tesla. -US Patent 649′621, 1900.

[67] Weidner H. Experiments to proof the evidence of scalar waves Tests with a Tesla reproduction by Prof. Konstantin Meyl// H. Weidner, E. Zentgraf, T. Senkel, T. Junker, P. Winkels -[Электронный ресурс] -Режим доступа: https://www. semanticscholar. org/paper/Experiments-to-proof-the-evidence-of-scalar-waves-a-WeidnerZentgraf/83343afb28217f785cb34ddf201240bf6fd1c7cb, свободный. -[Загл. с экрана. -Яз. англ.

[68] Wheeler H A. Fundamental limitations of small antennas//H. A. Wheeler. -Proceedings of the IRE, 1947-P. 1479-1488.

[69] Hively L M. Systems, apparatuses, and methods for generating and/or utilizing scalar-longitudinal waves// L. M. Hively. -Patent № US 9, 306,527 B1, Apr. 5, 2016.

[70] Клюев С Б, Нефедов Е И. Антенна с явно выраженной продольной составляющей электрического поля в ближней зоне // С. Б. Клюев, Е. И. Нефедов. -Физика волновых процессов и радиотехнические [системы, 2008. -Т. 11, № 4. -С. 26-32.

[71] Харченко К П. Способ излучения продольных электромагнитных радиоволн и антенны для его осуществления// К. П. Харченко. -Патент РФ, 20. 11. 2007. -[Электронный ресурс] -Режим доступа: http://www. freepatent. ru/patents/2310954, свободный. -Загл. с экрана. -Яз. рус.

[72] Смелов М В. Способ и антенна для передачи и приема продольных электромагнитных волн// М. В. Смелов. -Патент РФ, 27. 04. 2009. -[Электронный ресурс] -Режим доступа: http://www. freepatent. ru/patents/2354018, свободный. -Загл. С экрана. -Яз. рус.

[73] Стрижаченко Н В. Основы беспроводной подводной ВЧ-связи// Н. В. Стрижаченко. -[Электронный ресурс] -Режим доступа: http://gravit. izhnet. ru/kpet1r/1kpet. htm, свободный. -Загл. с экрана. -Яз. рус.

[74] Коробейников В И. Новый вид электромагнитного излучения? // В. И. Коробейников. -[Электронный ресурс] -Режим доступа: http://n-t. ru/tp/ts/nv. htm, свободный. -Загл. с экрана. -Яз. рус.

[75] Дирак П. Электроны и вакуум/ П. Дирак. -М. : Знание, 1957. -15 с.

[76] Николаев Г В. Электродинамика физического вакуума. Новые концепции физического мира/ Г. В. Николаев. -Изд-во НТЛ, 2004. -700 с.

[77] Ацюковский В. А. Общая эфиродинамика. Моделирование вещества и полей на основе представлений о газообразном эфире/ В. А. Ацюковский. -Изд. 2-е. -М. Энергоиздат, 2003. -584 с.

[78] Воронков С С. Общая динамика// С. С. Воронков. -Псков: Квадрант, 2008. -155 с.

[79] Иванов М Я, Терентьева Л В. Элементы газодинамики диспергирующей среды// М. Я. Иванов, Л. В. Терентьева. -М. : Информконверсия, 2002. -166 с.

[80] Бычков В Л, Зайцев Ф С. Математическое моделирование электромагнитных и гравитационных явлений по методологии механики сплошной среды/ В. Л. Бычков, Ф. С. Зайцев. -2-е изд. , расшир. и доп. -М. : МАКС Пресс, 2019. -640 с.

[81] Сидоренков В В. О скрытых реалиях физического содержания великих уравнений электродинамики Максвелла// В. В. Сидоренков. -[Электронный ресурс] -Режим доступа: http://www. sciteclibrary. ru/rus/catalog/pages/8965. html, свободный. -Загл. с экрана. -Яз. рус.

[82] Tomilin A K, Misiucenko I L, Vikulin V S. Relationships between Electromagnetic and Mechanical Characteristics of Electron// A. K. Tomilin, I. L. Misiucenko, V. S. Vikulin. -American Journal of Modern Physics and Application, 2016. -Vol. X, № 1. -P. 1-10.

[83] Feynman R, Layton R, Sands M. Feynman Lectures on Physics. Volume 6: Electrodynamics/ R. Feynman, R. Layton, M. Sands. -Mir, Moscow, 1977. -515 p.

[84] Rohrlich F. The dynamics of a charged sphere and the electron// F. Rohrlich. -American Journal of Physics, 1997. -65 (11). -P. 1051-1056. 10. 1119/1. 18719.

[85] Schwinger J. Electromagnetic mass revisited// J. Schwinger. -Foundations of Physics, 1983. -13 (3). -P. 373-383. 10. 1007/BF01906185.

[86] Fedosin S G. The Integral Energy-Momentum 4-Vector and Analysis of 4/3 Problem Based on the Pressure Field and Acceleration Field// S. G. Fedosin. -

American Journal of Modern Physics, 2014. -Vol. 3, №. 4. -P. 152-167.

[87] Fedosin S G. 4/3 Problem for the Gravitational Field// S. G. Fedosin. -Advances in Physics Theories and Applications, 2013. -Vol. 23. -P. 19-25.

[88] Лорентц Г А. Теория электронов и ее применение к явлениям света и теплового излучения/ Г. А. Лорентц. -ГИТТЛ, Москва, 1956. -с. 475.

[89] Kiryako A G. Theories of origin and generation of mass// A. G. Kiryako. --[Электронный ресурс] -Режим доступа: http://electricaleather. com/d/358095/d/massorigin. pdf, свободный. -Загл. с экрана. -Яз. англ.

[90] Daywitt W C. A Planck Vacuum Pilot Model for Inelastic Electron-Proton Scattering// W. C. Daywitt. -Progress in Physics, 2015. -V. 11. -P. 308-310.

[91] Chang D C, Lee Y K. Study on the Physical Basis of Wave-Particle Duality: Modeling the Vacuum as a Continuous Mechanical Medium// D. C. Chang, Y.-K. Lee. -Journal of Modern Physics, 2015. -№ 6. -P. 1058-1070.

[92] Морозов В Б. К вопросу об электромагнитном импульсе заряженных тел// В. Б. Морозов. -УФН, 2011. -Т. 181, № 4. -С. 389-392.

[93] Фок В А. Теория пространства, времени и тяготения/ В. А. Фок. -М.: ГИТТЛ, 1955. -504 с.

[94] Jarosik N, et. al. (WMAP Collaboration). Seven-Year Wilkinson Microwave Anisotropy Probe (WMAP) Observations: Sky Maps, Systematic Errors, and Basic Results// N. Jarosik-[Электронный ресурс] -Режим доступа: https://iopscience. iop. org/article/10. 1088/0067-0049/192/2/14, свободный. -Загл. с экрана. -Яз. англ.

[95] Aharonov Y, Bohm D. Significance of Electromagnetic Potentials in the Quantum Theory// Y. Aharonov, D. Bohm. -Physical Review, 1959. -V. 115. -P. 485-491.

[96] Peshkin M, Tonomura A. The Aharonov-Bohm Effekt/ M. Peshkin, A. Tonomura. -Berlin; Heideberg; New York; London; Tokio; Hong Kong; Springer-Verlag, 1989. -154 p.

[97] Tonomura A. The Quantum World Unveiled by Electron Waves, with a Preface of Chen Ning Yang/ A. Tonomura. -World Scientific, Singapore, 1998. -215 p.

[98] Лошак Ж. Новая теория эффекта Ааронова -Бома для случая, когда источник потенциала находится вне электронных траекторий// Ж. Лошак. -Прикладная физика, 2003, № 2. -С. 5-11.

[99] Чирков А Г, Агеев А Н. О возможности наблюдения эффекта Ааронова-Бома

при нестационарных потенциалах// А. Г. Чирков, А. Н. Агеев. -Письма в ЖТФ, 2000, т. 26, в. 16. -С. 103-110.

[100] Афанасьев Г Н. Старые и новые проблемы в теории эффекта Ааронова-Бома// Г. Н. Афанасьев. -Физика элементарных частиц и атомного ядра, 1990. Том 21, Вып. 1. -С. 172-250.

[101] Зубков М А. Поликанов М И. Эффект Ааронова-Бома в теории поля // М. А. Зубков, М. И. Поликанов. -Письма в ЖЭТФ, 1993, Т. 23, № 57. -С. 461.

[102] Nefyodov E I, Smolskiy S M. Understanding of Electrodynamics, Radio Wave Propagation and Antennas// E. I. Nefyodov, S. M. Smolskiy. -Scientific Research Publishers, USA, 2012. -426 p.

[103] Нефедов Е И. Электромагнитные поля и волны// Нефедов Е. И. -М.: Издательский центр Академия, 2014. -368 с.

[104] Nefyodov E I, Smolskiy S M. Electromagnetic Fields and Waves. Microwave and mmWave Engineering with Generalized Macroscopic Electrodynamics// E. I. Nefyodov, S. M. Smolskiy -Springer International Publishing AG, part of Springer Nature 2019. -306 p.

[105] Мюсиченко И. Л., Викулин В. С. Электромагнитная масса и решение проблемы 4/3// И. Л. Мюсиченко, В. С. Викулин. -[Электронный ресурс] -Режим доступа: http://electricaleather. com/d/358095/d/em43 _ 1. pdf, свободный. -Загл. с экрана. -Яз. рус.

[106] Spaldin N A, Fiebig M, Mostovoy M. The toroidal moment in condensed-matter physics and its relation to the magnetoelectric effect// N. A. Spaldin, M. Fiebig, M. Mostovoy. -Journal of Physics: Condensed Matter, 2008, V. 20, 434203. DOI:10. 1088/0953-8984/20/43/434203.

[107] Basharin A A, et al. Dielectric Metamaterials with Toroidal Dipolar Response// A. A. Basharin. -Physical Review, 2015. -X 5, 011036. DOI: 10. 1103/PhysRevX. 5. 011036.

[108] Шрейдер А А. Инверсии магнитного поля Земли и изменения в природной среде// А. А. Шрейдер. -Известия РАН. Физика Земли. 1994, № 9. -С. 97-101.

[109] Ангенхейстер Г, Бартельс Ю. Магнитное поле Земли/ Г. Ангенхейстер, Ю. Бартельс. -Москва; Ленинград: ОНТИ НКТП СССР, 1936. -152 с.

[110] Васильев Б В. Откуда у Земли магнитное поле? // Б. В. Васильев. -Природа, 1996, № 6. -С. 13-23.

[111] Паркинсон У. Введение в геомагнетизм/ У. Паркинсон. -М.: Мир, 1986. -

528 с.

[112] Низовцев В В, Бычков В Л. Вихревая природа геомагнетизма// В. В. Низовцев, В. Л. Бычков. -Сборник Ротационные процессы в геологии и физике. М.: КомКнига Москва, 2007. -С. 383-401.

[113] Григорьева Е В. Магнитное поле, порождаемое зарядами в медленно вращающейся системе отсчета// Е. В. Григорьева. -Известия АН СССР. Физика Земли, 1990, № 10. -С. 24-30.

[114] Штырков Е И. Обнаружение влияния движения Земли на аберрацию электромагнитных волн от геостационарного спутника -новая проверка специальной теории относительности// Е. И. Штырков. -В сб. ст. Эфирный ветер. 2-е издание. -М.: [Энергоатомиздат, 2011. -419с.

[115] Smjlin L. The trouble with physics: the rise of string theory, the fall of a science, and what comes next// Houghton Miffin, Boston, 2006. Размещение в сети: http://www.rodon.org/sl/nsfvtsunichzes/#p1.